KB043331

세계의 카르스트지형

서무송

1927년 중국 길림성 안도현 명월진에서 출생하였으며 평양종합대학 지리학부와 경희대학교 대학원 지리학과를 졸업하였다. 건국대학교, 상지대학교, 공주대학교에서 지형학 강의를 하였으며 아주공과대학 전임교원을 지냈다. 한국동굴학회 창립부회장 및 고문과 대한지리학회, 한국지리교육학회, 한국지형학회의 이사를 역임하였다.

한국 최초로 고수동굴을 개발하였으며 국내외 동굴 130여 개소를 탐험·답사하고 연구하여 동굴퇴적물에 대한 새로운 명칭을 부여하고 학계에 보고하였다. 특히 제주도 용암동굴에서 나타나는 패각사 기원의 종유석과 석순을 연구하여 2차원의 위종유동이란 이름으로 국내외 학술시에 발표하였나.

대표저서로는 『신지형학』(1972), 『한국의 동굴』(1987), 『한국의 석회암지형』(1996), 『지리학 삼부자의 중국지리 답사기』(2004), 『지형도를 이용한 제주도 기생화산 연구 및 답사』(2009), 『카르스트지형과 동굴 연구』(2010), 『나의 지리답사 60년』(2010), 『블라디보스토크에서 바이칼호까지』(2017) 등이 있다. 『한국의 동굴』로 제6회 한국과학기술도서 저술부문 과기처장관상을 수상하였고, 『지형도를 이용한 제주도 기생화산 연구 및 답사』는 2010년 문화체육관광부 우수학술도서로, 『카르스트지형과 동굴 연구』는 2011년 대한민국학술원 우수학술도서로 선정되었다.

세계의 카르스트지형

초판 발행 2019년 10월 25일

지은이 **서무송**
펴낸이 김선기
펴낸곳 (주)푸른길
출판등록 1996년 4월 12일 제16–1292호
주소 (08377) 서울시 구로구 디지털로 33길 48 대륭포스트타워 7차 1008호
전화 02–523–2907, 6942–9570~2
팩스 02–523–2951
이메일 purungilbook@naver.com
홈페이지 www.purungil.co.kr

ISBN 978–89–6291–836–6 93980

세계의
카르스트지형

서무송

푸른길

▶▶▶ **머리말**

나는 카르스트지형과 석회암동굴이 발달한 중국 길림성 조선족자치주 백두산 입구인 안도현 명월진에서 태어났다. 철이 들면서 회막곬에서 석회석을 발파하고 소성하여 생석회와 소석회를 만드는 과정과 석회암 암벽에 물때 묻은 건폭을 바라보며 유년시절을 보냈다. 초등학교에 들어가서는 독립군들의 승전보와 민족의 지도자들이 미국에서, 상해에서, 백두산 밀림에서 용감하게 싸우는 활동상을 어설피 들으며 지냈다.

중학교로 진학하면서는 지리학과 지구과학에 많은 관심을 가지고 열심히 공부하며 의문을 키워 나갔다. 수업시간에 철없이 질문을 쏟아부어도 지리학통론 담당 선생님은 명쾌한 설명과 함께 끊임없는 격려와 칭찬으로 용기를 북돋아 주었다. 결과는 대학에도 제2지망 없이 지리학과로 직행하였고 수많은 카르스트지형과 석회암 동굴을 답사하며 뜻있고 유익한 학창시절과 전문화 과정을 이수하여 교단에서 열심히 준비한 교육보조 자료를 활용한 수업으로 많은 지리학도와 지리학을 사랑하는 후배들을 지도하였다.

학생들을 가르치는 동안에도 지속적으로 계획된 코스를 답사하고 연구하는 생활을 이어 왔다. 나이가 90이 넘은 오늘날에도 답사의 꿈을 접지 않고 서재에서 새벽부터 3시간 동안 규칙적인 저술활동에 몰두할 수 있는 건강과 맑은 정신을 물려주신 부모님과 하느님께 감사한다.

1996년 7월에 그간의 연구성과를 담은 『韓國의 石灰岩地形(KARST LANDFORM OF KOREA)』을 출간하였다. 이 책은 1:8,500 지형도 214매를 수록한 방대한 저작물이다. 책의 크기는 가로 30.5cm × 세로 42.5cm, 555쪽, 두께 4.5cm이고, 고급 아트지로 되어 있어 무게는 무려 5.2kg이다. 나는 카르스트지형을 연구하는 모든 학도와 지리학과에서 이 지형도를 복사하여 사용하도록 허락하였다. 출처만 밝히고 마음놓고 활용하기를 바란다.

2010년 8월에는 저서 『카르스트지형과 동굴 연구』를 출간하였는데 2010년도 교육과학기술부인증 우수과학도서(Excellence Certification Science Books)로 지정되었고, 뒤이어 2011년도에는 대한민국 학술원 우수학술도서로 선정되는 겹치기 명예를 얻게 되었다.

사람의 욕망은 끝없다고 하지만, 90세가 되어서도 또 한 권의 책을 출간하고자 출판사의 문을 두드렸다. 그동안 나는 돋보기를 손에 들고 각종 자료와 문헌을 찾아 읽었다. 극심한 시력 감퇴와 싸우며 돋보기를 쓰고서도 다시 크고 무거운 돋보기를 손에 들고 깨알 같은 문헌과 사전을 살피는 어려움은 늙어 보지 못한 사람은 이해하기 힘들 것이다. 나보다 2살 연상으로 미국 유타대학교 종신명예교수인 이정면 선생과의 오찬 자리에서 눈이 잘 보이지 않아 글쓰기가 매우 힘겹다고 아무 생각 없이 말하였는데 선생께서 미국에 다녀오면서 외과의들이 수술 시에 사용하는 대물안경을 사 가지고 오셨다. 마치 모래밭에 엎질러놓은 녹두알을 젓가락으로 집어담듯 조심조심 써 가던 거북이 저술에 활력이 붙었다. 지면을 빌어 선생의 호의에 감사함을 전한다.

현재까지 카르스트지형 관련 저서 중 국지적인 연구를 벗어난 세계적 저작물은 1972년 구 유고슬라비아의 M. Herak와 미국의 V. T. Stringfield가 공동 발간한 『KARST- Important Karst Regions of the Northern Hemisphere』가 유일하다. 나는 이 책을 읽고서, 무모한 출발인 줄 알면서도 힘을 다하여 새로운 구도 아래 독자들의 읽을거리를 준비해 왔다. 그래서 지난 9년 동안 꾸준히 문헌을 탐색하고 자료를 수집 분석하며 때로는 현장과 주한 외국 공관을 방문하고 지리학회의 도움을 받았다.

이번에 출간되는 『세계의 카르스트지형』은 전 세계를 아우르는 카르스트지형과 동굴에 관한 것이다. 부족하고 아쉬운 점은 많을 것으로 생각하나, 그런 대로 평생을 공부하며 현장에서 습득한 기초지식이 있으니 용기를 내어 집필에 온 정성과 노력을 아끼지 않고 달려 왔다. 어지럽고 멀미가 날 정도로 넘치는 정보의 홍수 속에서 이 책이 카르스트지형학을 공부하며 사랑하는 후진들의 본이 되고 길잡이가 되기를 기대한다. 또한 석회암지형에 관심 있는 일반 독자들의 끊임없는 격려와 성원을 기대한다.

나이 90에 깨닫는다. "學海無涯苦作舟" 학문의 바다는 끝이 없으며 어렵사리 배를 짓는 것 같다는 중국의 고사(故事)가 마음속에 와닿는다. 꾸준히 의문의 영역을 넓혀 왔으나 아직 못다 이룬 것은 카르스트지형학을 사랑하는 후배들이 있기에 마음 든든하게 생각한다.

2015년 11월 6일 대한지리학회 창립 70주년 지리학대회 만찬석상에서 집필의 어려움과 자료의 부족을 들어 도움을 호소하였는데 며칠 뒤 이강원 선생께서 평생 동안 수집한 귀중한 지하공간 정보자료 764건을 저장한 외장하드를 2차에 걸쳐 기증을 받았다. 놀라운 탐사기술의 혁신, 수중동굴과 후빙기 해면의 상승으로 일만 년 가까운 세월 동안 물속에 화석같이 보존되어 있던 2차생성물, 제비동굴로 불리는 멕시코의 직경 50m, 깊이 367m 수직동굴, 행글라이더를 짊어진 스카이다이버들의 아슬함을 손에 땀을 쥐고 관람하였다. 이들 자료들을 지난 6개월 동안 분석 정리하며 이와 같이 방대한 자료를 오랜 세월 동안 수집하고 정리한 이강원 선생의 학문에 대한 사랑과 끈기에 감탄과 찬사를 아낌없이 보내 드린다.

끝으로 경제성이 낮고 난해한 지리학의 고전과 후세에 남겨야 하는 책에 이윤과 상관없이 소명이라고 생각하며 아낌없이 투자하는 지리학도 (주)푸른길 김선기 대표에게 감사하는 마음을 전한다.

2019년 7월 27일 92회 생일날
부천시 중동 무애서당에서 서무송

차례

Ⅲ. [특집] Adria해 연안의 카르스트지형

Ⅳ. 아시아의 카르스트지형

IX. 위카르스트(pseudo karst)

2014년 구순을 바라보는 나이로 바이칼호 주변 카르스트지형을 답사할 당시의 저자 서무송

세계의 카르스트지형

Ⅰ. 카르스트지형 일반론

01_ 용식작용과 카르스트지형

    약한 산성을 띤 빗물에 쉽게 용해되는 암석으로는 탄산염암인 석회암(limestone), 백운암(dolostone)을 비롯해 석고(gypsum)나 암염(rock salt) 같은 증발암(烝發巖)이 대표적이며, 이들 암석이 분포하는 지역의 지표면에는 용식하강으로 인한 깔때기 또는 접시 모양의 오목지형이 주로 나타난다.

    반면 용식에 저항하여 남은 암골의 노두는 대개 볼록지형인 고봉과 군봉으로 존재하는데 열대카르스트지역에서는 첨탑 모양의 pinnacle karst, 바가지를 엎어 놓은 것 같은 mogote, 잔존 석회암괴가 늘어선 karrenfeld(석탑원) 등 다양한 형태의 지형들이 경승지를 이루어 관광자원으로 활용되기도 한다.

    이 밖에도 석회암지대의 지하에는 용식과 침식으로 생성된 공동(空洞), 즉 석회암동굴이 형성되는데 그 속에는 석회암을 녹인 이온 상태의 중탄산칼슘용액 $Ca(HCO_3)_2$에서 발달한 종유석과 석순, 석주를 비롯한 2차적 생성물들이 경이로운 세계를 연출한다.

석회암의 기본 구성물질인 calcite(방해석)의 단일 결정체. 한 변의 길이가 무려 3cm인 거정(巨晶)이다. calcite 결정체는 마치 두부를 밀어 찌그러뜨린 인상을 주는 것이 특징이다.

석회암 풍화토 terrarossa. 석회암은 약한 산성을 띤 빗물에 용해되어 검붉은 찌꺼기 토양을 남긴다. 사진 속 석회암의 예리한 능선은 용식의 흔적을 잘 보여준다.

02 _ 약산성의 빗물에 용해되는 석회암과 백운암

석회암은 물, 공기와 더불어 인류의 생존과 번영을 위해 조물주가 준비한 무진장한 3대 자원에 속한다. 그러나 이들 자원에 대해 고마움을 느끼는 사람은 별로 없다. 그 이유는 너무 흔하며 남아돌 정도로 풍부하기 때문이다.

석회암은 $CaCO_3$, 즉 calcite(방해석) 성분을 50% 이상 함유한 암석을 가리킨다. 앞서 말했듯이 석회암은 세계적으로 가장 널리 분포하는 암석이다.

백운암은 $CaCO_3$와 $MgCO_3$가 같은 비율로 섞여 있는 암석인데 현지조사를 통해 경험한 바로는 카르스트지형의 발달은 언제나 석회암보다 백운암 쪽에 우세하게 나타난다. 이는 Mg이 Ca보다 산에 더 잘 용해되기 때문이다. Ca/Mg의 비율은 탄산염암을 화학성분상으로 분류할 때 가장 중요시되는 것이지만 어쨌든 이들 성분은 모두 산에 잘 용해된다.

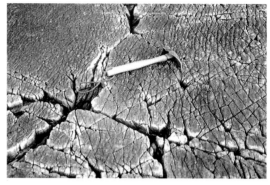

평평한 백운암 표면이 십자 절리를 따라 용식이 시작되는 모습. 용식이 진행되어 확대되면 doline으로 성장하게 된다. 망치를 척도로 가늠해 볼 수 있다.

카르스트지형 연구에 있어 석회암이나 백운암의 암석학적 성질을 파악하는 것은 중요하다. 하지만 암석학적으로 너무 깊게 접근하는 것은 시간과 노력의 낭비로, 이는 암석광물학 분야에 맡기는 것이 현명하다.

로마시대 석회암 채석장의 수직절단면에 남겨진 용식흔. 수평층의 벽면에 있는 용식상은 빗물로 인한 빠른 용식을 보여준다.

중국 구이저우(貴州)성 석회암지대에서 흔히 볼 수 있는 중국 전통 정원은 석회암의 용식상을 잘 보여준다. 이와 같은 용식의 결과, 지표에는 검붉은 토양 terrarossa가 남는다.

03_ 카르스트지형의 기본은 오목지형

카르스트지형에서 가장 기본이 되는 오목지형은 doline(돌리네)다. 석회암이나 백운암, 드물게는 석고나 암염 등의 지층 표면에 있는 절리면의 교차점을 따라 단순하게 용식저하된 깔때기 또는 접시 모양의 지형, 때로는 측벽이 수직으로 된 굴뚝형의 오목지형(수직굴) 모두를 doline라고 부른다.

이들 doline는 용식의 진전에 따라 둘 또는 그 이상이 연합된 불규칙한 형태의 오목지로 발달하는데 이를 uvale(우발레)라고 한다. uvale의 바닥에는 배수공인 sinkhole 또는 ponor가 여러 개 발달하는데 호우 시 이곳을 통해 빗물이 배수된다.

한편 polje(폴리예)는 거대한 용식분지라고 할 수 있다. 보스니아 헤르체고비나의 Livno Polje는 그 면적이 자그마치 405km²에 이른다. polje는 세르보크로아티아어로 '경지(耕地)'를 의미하며 발칸반도의

충주호 부근의 접시형 doline상에 나타난 함몰성 sinkhole. terrarossa로 피복된 경지면의 작은 sinkhole도 커지면 훌륭한 깔때기형 doline로 진화한다.

일본 제2의 석회암대지인 기타큐슈(北九州) 히라오다이(平尾台)의 나출카르스트(nackt e karst) 경관. 결정질 석회암에 발달한 doline와 karren이 공존한다.

Popovo Polje, Nevesinje Polje, Gacko Polje 등이 유명하다.

polje의 성인에 관해서는 현재 단층작용 등이 구조운동에 따른 선인론은 완전히 폐기되었고, 다만 구조적 적지, 예컨대 향사곡(synclinal valley) 또는 향사지대에 발달한 화석곡(fossil valley)일 가능성이 높다는 견해가 지배적이다.

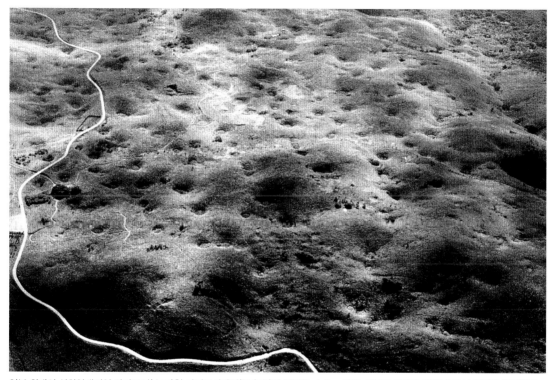

일본 최대의 석회암대지인 야마구치(山口)현 아키요시다이(秋吉台)에 발달한 doline 무리. 아키요시다이과학박물관이 촬영한 항공사진.

강원도 정선군 남면 무릉리 일대의 발구덕 doline 발달 현장에서 학생들을 지도하는 필자와 건국대학교 지리학과 2학년 학생들. 1973년 8월 촬영.

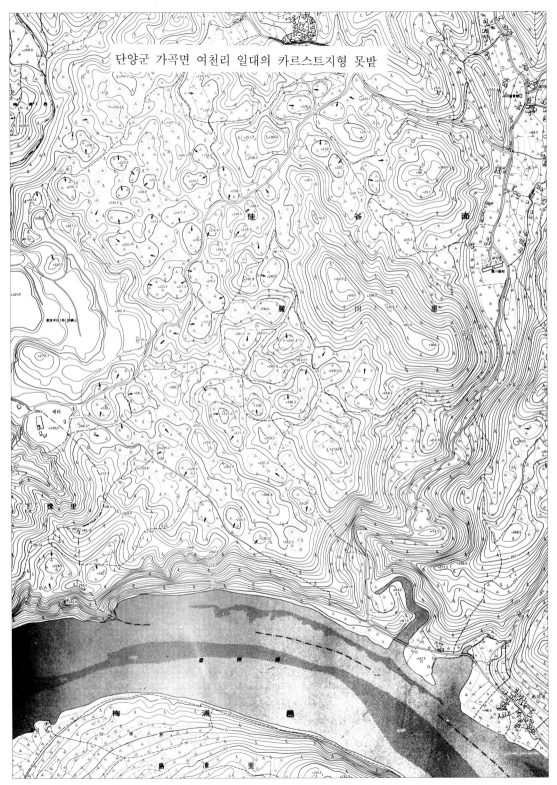

단양군 가곡면 여천리 일대의 카르스트지형 못밭

우리나라 최대의 doline 밀집지역인 충북 단양군 가곡면 여천리 일대. 1 : 8500 지형도상에 '못밭'이라 불리는 doline들이 가득하다.

04_ 용식에 저항하여 남은 볼록지형

　카르스트지형에 있어서 볼록지형을 대표하는 것은 karren과 karrenfeld이다. 이는 검붉은 terrarossa 토양 위를 석회암 노두들이 장식하는 암골로서, 멀리서 보면 산기슭에서 풀을 뜯고 있는 양 떼를 연상시키는 경관이다. pinnacle karst, tower karst(탑카르스트)도 있는데, 중국에서 말하는 구펑(孤峰)과 췬펑(群峰)이 여기에 해당된다. 이 밖에 쿠바의 mogote, 여러 개의 doline 오목지 사이의 언덕 hum, 퇴비나 건초 더미(haystack) 형태의 석회암 둔덕 등도 석회암 볼록지형에 속한다.

일본 야마구치현 아키요시(秋吉) 대지 위에 발달한 카르스트지형 경관. 용식에 저항하여 남은 볼록지형인 karrenfeld가 doline와 절묘하게 조화를 이루고 있다.

오스트레일리아 서부 Perth 북쪽에 위치한 Nambung 국립공원 내 해안사막에 발달한 pinnacle karst 전경. 풍식과 염식에 의한 tafoni 현상이 뾰족탑(pinnacle) 표면에 잘 나타나 있다.

석회암 볼록지형의 대표적 사례로는 중국 구이린(桂林)의 tower karst, 쿤밍(昆明) 근처의 루난스린(路南石林), 쉬저우(徐州)의 몐양스보(綿羊石坡), 마다가스카르 Bemaraha 국립공원의 Tsyngy pinnacle karst, 오스트레일리아 남서부 Nambung 국립공원 해안사막의 pinnacle karst 등이 유명하다.

중국 장쑤(江蘇)성 쉬저우(徐州)시 전쟁기념관 부근 산지에 발달한 karrenfeld는 고생대 캄브리아계의 회백색 석회암이며 그중 몐양스보(綿羊石坡)는 실제로 양들이 풀을 뜯고 있는 것 같은 착각을 일으키기에 충분하다.

영국 Yorkshier Dales 국립공원과 아일랜드의 Burren을 중심으로는 홍적세(Pleistocene epoch) 뷔름빙기(Würm glaciation)에 극성을 부리던 빙하의 삭마지형(削磨地形)인 석회암포상(limestone pavement)이 모식적 발달을 보이는데 이것 역시 karrenfeld의 범주에 속한다. 후빙기 해수면 상승으로 군봉의 일부가 수몰된 베트남 Ha Long 만의 기묘한 경관도 대표적인 석회암 볼록지형이다.

예외적으로 열탕이 지하에서 탄산염암을 녹여 뿜어올려 만들어진 미국 Yellowstone 국립공원의 Mammoth Hot Springs 석회화단구, 중국 쓰촨(四川)성 난핑(南坪)현 주자이거우(九寨溝)와 황룽구스(黃

영국의 Yorkshier Dales 국립공원에 발달한 석회암포상(limestone pavement). 홍적세 최후 빙기인 뷔름빙기의 빙하가 할퀴고 지나간 마식지형(磨蝕地形)으로 일종의 karrenfeld이다.

베트남 Ha Long 만에 형성된 석회암 군도(群島). 후빙기의 해수면 상승으로 평야지대에 있던 군봉(群峯)과 고봉(孤峯)이 천여 개에 달하는 괴이한 석회암 군도로 바뀌었다.

미국 Yellowstone 국립공원의 북부 Mammoth Hot Springs에 발달한 석회화단구(travertine terrace). 열수온천을 통해 지하에서 솟아오른 중탄산칼슘용액이 만들어 낸 장관이다.

龍古寺) 앞 석회화단구 등도 유명하다.

05_ 흥미로운 동굴카르스트지형

　석회암이나 백운암, 석고, 암염층으로 이루어져 있는 땅속이나 용암이 흐른 화산지대의 땅속에는 여러 형태의 특색 있는 동굴이 형성되어 있다. 이들 지하동굴은 지표 공간의 일부이긴 하지만 아직도 많은 곳이 인간의 발길이 닿지 않은 미지의 공간으로 남아 있다.

　지하동굴 중 일반적으로 접할 수 있는 동굴은 석회암동굴(limestone cavern), 즉 종유굴(鐘乳窟)이다. 종유굴에서는 약한 산성을 띤 삼투수에 석회암이 용해된 중탄산칼슘용액 Ca(HCO$_3$)$_2$, 이른바 유수(乳水)가 천장에서 점적(點滴)되면서 종유석과 석순 및 석주를 만들어 낸다.

　그 과정을 화학식으로 설명하면 다음과 같다.

$$CaCO_3 + H_2O + CO_2 \rightleftarrows Ca(HCO_3)_2$$
석회암 + 물 + 탄산가스 $\rightleftarrows$ 중탄산칼슘용액

1973년 6월 9일 한국동굴학회 창립총회에 참석한 300여 명 모든 이들에게 기념으로 제공된 사진. 고씨동굴 막장에서 석순과 종유석이 연합하여 석주가 되는 순간을 포착한 사진이다.

뒤늦은 감은 있지만 8.15 광복 28년 만인 1973년 6월 9일 우리나라의 동굴학회가 창립되었다. 초대회장에 지형학자 박노식 경희대 부총장, 지형지질 담당 부회장에 서무송, 생물 담당 부회장에 임문순, 관광 담당 부회장에 홍시환, 상임이사에 마나슬루 원정대장 김정섭 등이 선출되었다.

한국동굴학회 창립총회에서 필자가 지형지질 분야의 부회장 선임에 대한 수락인사와 더불어 인류와 동굴의 관계, 동굴학(speleology)의 중요성 등에 관한 기념강연을 하고 있다.

중국 구이저우(貴州)성 윈구이(雲貴)고원의 페이룽(飛龍)동굴에 발달한 거대 석순과 석주. 석주의 높이는 무려 39m로, 아주 오랜 세월 초점의 변화 없이 안정되게 점적(點滴)된 결과이다. 성장 속도가 100년에 2mm라고 할 때 자그마치 4만 년의 세월이 걸린 셈이다. Jin Deming 촬영.

프랑스 남동부 Grenoble의 남서쪽 35km에 자리 잡은 Choranche 동굴에 발달한 반투명의 aragonite(산석)질 종유관. 수천 줄기가 발달한 경이로운 경관을 보여준다.

처음 생성되는 종유관(soda straw)은 일반적으로 산화철, 박쥐 똥, 석회암잔재토(terrarossa) 등의 작용으로 검붉은 색을 띠지만 때로는 주황색, 분홍색으로 착색되는 경우도 많다.

일종의 기형종유관(erratic soda straw). 관상종유석 자체가 비틀어지고 꼬여 있으며 종유관 표면에 기성(氣成) 첨가증식물인 곡석(helictite)이 생성되어 있다.

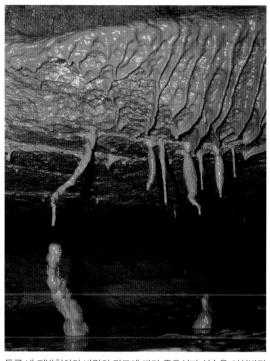

동굴 내 지반침하와 바람의 강도에 따라 종유석과 석순은 이상발달을 하는데 이를 기형동굴퇴적물(erratic speleothem)이라 부른다.

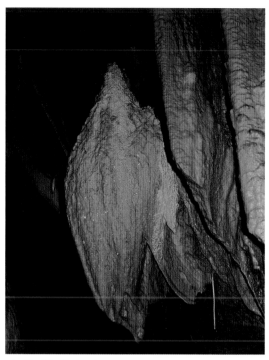

기묘한 방추형(紡錘形) 동굴퇴적물. 상단부는 석순이고 하단부는 종유석으로 주객이 전도된 형태이다.

동굴 내에서 동굴퇴적물의 기형적 성장은 첫째 점적의 비정상, 둘째 지반의 극히 완만한 침하, 셋째 바람의 방향과 강도 등에 의해 발생한다.

일본이 자랑하는 아키요시(秋芳)동굴은 동굴류가 풍부하기 때문에 동굴 입구에 교량을 부설하여 통로로 사용하며 엘리베이터와 터널을 이용하여 아키요시다이(秋吉台) 대지 위로 올라간다.

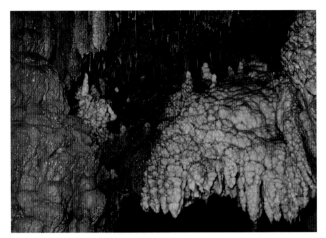

유절봉(stream cut bench) 위의 작은 동방 안에 생성된 종유석과 석순. 울퉁불퉁한 유절봉 아래 매달린 종유석은 동굴류의 수면 부근까지 성장해 있다.

고수동굴의 상징물이 된 동굴퇴적물. 동굴개발 당시 필자가 '손가락바위'라는 이름을 부여하고 동굴 입장권의 바탕그림에 채용함으로써 널리 알려졌다.

필자와 동굴학 공동연구 40년을 넘긴 일본의 동굴학자 N. Kashima가 1978년 강원도 삼척시 초당굴 내에서 지진동으로 추락한 거대한 동굴퇴적물 위에 자리 잡은 기형석순을 배경으로 기념촬영을 하였다.

약한 산성을 띤 삼투수는 석회암이 녹아 있는 중탄산칼슘용액 상태에서 천장에서 한 방울 한 방울 점적됨으로써 천장에서는 종유관(soda straw)과 종유석(stalactite)을 만들고, 동굴바닥으로 떨어져시는 수분이 증발하고 탄산가스가 공중으로 날아가 탄산칼슘($CaCO_3$)이 재침적되면서 석순(stalagmite)을 만든다. 즉 석회암으로 되돌아가는 것이다.

이것이 종유석과 석순을 만드는 과정이며, 젖빛 같은 석회암이 녹은 물에서 다시 동굴퇴적물(speleothem)을 생산하였다는 뜻에서 석회암은 1차생성물, 종유석과 석순 같은 동굴퇴적물은 2차생성물이라고 한다.

동굴퇴적물은 실로 다양한 모습으로 우리를 동굴 속으로 이끄는 매력적인 2차생성물이다. 점적되는 중탄산칼슘용액에 의해서는 종유석과 석순, 석주(stalactic column)는 물론이고 포상종유석(bacon like sheet), 동굴방패, 동굴산호, 유석벽 등 다양하고 동굴퇴적물이 생성되며, 동굴바닥을 흐르는 동굴류에 의해서는 석회화단구(travertine terrace) 등이 만들어진다. 이들이 만들어 내는 눈부신 아름다움과 기기묘묘한 조화는 사람들의 탄성을 불러일으키며 동굴관광의 세계로 유혹한다. 그리고 이러한 점이 카르스트지형을 크게 오목지형, 볼록지형과 더불어 동굴지형으로 분류하는 이유이기도 하다.

06_ 농업에 적합한 석회암잔재토 terrarossa

농민들은 석회암이나 화강편마암, 현무암이 분해된 진흙땅은 힘 있는 땅이요, 화강암 같은 암석이 분해된 사질토양은 힘 없는 땅으로 규정한다. 그리고 사질토양은 퇴비와 같은 유기질비료를 많이 주어도 지력을 유지하기 힘들다고 여겨 화학비료의 사용량을 해마다 늘려 간다. 그래서 토양은 산성화되고 농작물의 성장과 수확에 상당한 지장을 초래한다.

이렇게 산성화된 토양의 중화에는 농용석회, 즉 석회석 가루가 그 역할을 한다. 석회석 가루가 농작물이 화학비료의 성분을 흡수하는 데 도움을 주기 때문이다. 이러한 관점에서 보더라도 석회암을 용해시키고 남은 찌꺼기인 terrarossa 토양이 농업에 얼마나 적합한지는 명확하다. 두말할 필요 없이, 전 세계 육지 표면적의 15%를 차지하는 석회암과 석회암토양은 인류의 생활 향상에 공헌한 바가 크다고 할 수 있다.

추수의 계절인 가을철에 석회암지대를 답사하다 보면 doline, uvale(uvala), polje와 같은 석회암 용식오

중국 광시좡(廣西壯)족자치구의 수도인 구이린(桂林)의 교외지역 경관. 펑총(峯叢) 사이사이를 누비며 발달한 농경지가 윤택한 농촌지역임을 말해 주고 있다.

29

경상북도 문경군 호계면 우로리 일대의 경관. 이 지역에 발달한 용식와지 지형을 이용한 경지들이 구릉지를 연면히 이어가며 펼쳐져 있다.

슬로베니아 북부 Maribor 부근의 요철이 심한 파랑상 카르스트구릉지에 한없이 펼쳐지는 농업경관. 바라만 보아도 마음이 풍요로워지는 풍경이다.

목지에 쌓아놓은 농작물 가리를 보며 기쁨에 찬 얼굴을 하고 있는 농민들을 볼 수 있다. 풍요로움을 느끼지 않을 수 없는 풍경이다.

이들 용식오목지에는 여름철 내내 풍화된 암설과 더불어 광물성 미량 요소 및 유기질 풍화생성물이 사면을 따라 유입되기 때문에 오목지 바닥은 농민들이 가장 선호하는 경지가 된다. Adria해 연안에는 수많은 polje가 발달해 있는데 이 polje의 뜻이 바로 '농사짓는 들판'이다.

한편 발칸반도의 카르스트지역에는 vrtača라는 이름의 doline가 있다. 암골에 둘러싸여 축력을 이용할 수 없는 소형 doline들인데, 이곳에 석회암 풍화토 terrarossa가 잔적되어 아담한 작은 경지를 수없이 많이 제공하여 농민들을 정착하게 한다. 하지만 우리들이 생각하는 doline와는 근본적으로 차이가 있다.

07_ 카르스트지형 연구의 여명기를 빛낸 학자들

1) 쉬샤커(徐霞客)

중국 구이린(桂林)의 암용지질연구소(岩溶地質研究所: Institute of Karst Geology) 앞뜰 중앙에는 중국이 낳은 걸출한 지리학자 쉬샤커(徐霞客, 1587~1641)의 거대한 백색 대리석상이 서 있어 방문객들의 시선을 압도한다.

쉬샤커의 이름은 홍쭈(宏祖), 자는 전즈(振之)이며, 샤커(霞客)는 호다. 오늘날의 장쑤(江蘇)성 사람으로 약관 22세에 진사에 등과하였으나, 명나라 말기의 부패한 정치에 환멸을 느껴 벼슬길에 오르지 않고 평생 여행가, 저술가로서의 인생을 살았다.

그는 오늘날의 중국 19개 성시와 자치구를 배나 말을 타거나 걸어서 세밀하게 답사하였다. 동굴을 탐험할 때에는 죽을 고비도 수없이 넘겼다고 술회하였다. 현재 장쑤(江蘇), 저장(浙江), 산둥(山東), 허베이(河北), 안후이(安徽), 산시(山西), 싼시(陝西), 허난(河南), 장시(江西), 푸젠(福建), 광둥(廣東), 후난(湖南), 후베이(湖北), 광시(廣西), 구이저우(貴州), 윈난(雲南), 베이징(北京), 톈진(天津), 상하이(上海) 등에 그의 족적이 남아 있다.

쉬샤커는 현지답사를 통해 얻은 지식을 기초로 카르스트지형의 특징과 동굴 생성에 대한 이론 등을 담은 방대한 동굴탐사기를 집필하였다. 그 대표적 저서가 『리선

구이린 암용지질연구소 자료관에 전시된 쉬샤커의 현지답사 초상화. 1991년 필자가 방문했을 때는 연구소가 수리 중에 있었으나 특별히 안내되어 이를 촬영할 수 있었다.

왼쪽 : 1988년 우잉서우(吳應壽)가 저술한 『쉬샤커유기(徐霞客遊記)』. 바수(巴蜀)출판사가 펴낸 고전으로 명산유기를 비롯하여 동굴탐험기, 카르스트지형 고찰 등의 내용을 주로 담고 있다.
오른쪽 : 1987년 앞의 책의 출판에 앞서 출간된 톈상(田尚)과 펑줘쩌(馮佐哲) 공저의 『지리학자 여행가 쉬샤커(徐霞客)』. 쉬샤커의 가문과 수많은 지역을 답사한 내용이 담긴 120쪽의 소책자이다.

(歷險)일기』와 『옌동(顔洞)일기』, 『치싱옌(七星岩)일기』다. 그중 『리셴(歷險)일기』에는 생명의 위협을 느끼면서까지 100여 개의 동굴을 탐험하는 과정이 설명되어 있다. 동물의 기름과 광솔을 광원으로 한 원시적 조명기구를 가지고 이룩한 탐험성과라는 것에 감탄하지 않을 수 없다. 더욱 놀라운 것은 그가 『카르스트지형고찰(岩溶地貌考察)』이란 저서에서 "동굴천장에서 떨어지는 중탄산칼슘용액의 점적으로 동굴퇴적물이 생성된다(由適水中所含鈣質堆積成)"고 기술하였다는 점이다. 그의 과학적 관찰력이 얼마나 정확하였는지를 알 수 있다.

쉬샤커는 석회암의 용식현상과 카르스트지형의 3대 유형을 빠짐없이 기록한 명대의 카르스트지형학자이다. 진정 카르스트지형학의 비조(鼻祖)로서 숭앙되어 마땅하다고 생각한다.

2) Johann Weichard von Valvasor

Valvasor 남작. 그는 슬로베니아에서 크로아티아에 이르는 Dalmatia 지방의 석회암 산지를 연구하고 70여 곳의 동굴을 탐험하였다.

아드리아해의 해안선을 따라 슬로베니아에서 크로아티아를 향해 달리는 Dalmatia 해안에는 150km에 걸쳐 석회암 산지가 연속된다. 이곳에는 세계에서 가장 훌륭한 카르스트지형이 발달해 있어, 카르스트지형 연구의 원초적 마당을 제공하였다.

17세기 후반에 이 지방에서 동굴탐험가 또는 동굴과학자로서의 족적을 유감없이 남긴 사람이 오스트리아인 Johann Weichard von Valvasor(1641~1693) 남작이다. Valvasor는 카르스트지방의 동굴 70여 곳을 탐험하고 지도와 삽화 등이 포함된 4권의 저서, 총 2800쪽에 이르는 방대한 저작물을 남겼다. 그리고 이와 같은 업적이 인정되어 영국왕립학회의 특별회원에 선정되었다.

특히 Valvasor는 슬로베니아에서 가장 유명한 Adelsberg 동굴, 즉 오늘날의 Postojna 동굴에 대한 깊이 있는 기록물을 남겼다. 또한 암흑세계에서는 불필요한 시각기관이 없어진 도롱뇽 *Proteus angui-nus*의 존재도 확인하여 삽화로 기록하는 등 여명기의 동굴학 발전에 지대한 공헌을 하였다. 하지만 때로는 목측에 의한 다소 부정확하고 과장된 연구결과도 남겼다.

1689년에 Valvasor 남작이 저술한, 지도와 그림을 삽입한 총 4권의 저서가 출판되었다.

3) William Morris Davis

William Morris Davis(1850~1943)는 지질학자 출신의 미국인 자연지리학자이며 지형학자인 동시에 기상학자이다. 그의 지형윤회설은 당시의 전 세계 지리학계를 태풍처럼 휩쓸고 지나갔다.

Davis는 지형의 진화를 인간의 일생에 비유하여 유년기, 장년기, 노년기로 나누었다. 출발점을 원지형으로, 종말을 준평원으로 가정하고 모든 지형 발달은 일정한 틀 속에서 규칙적으로 진화·발달한다고 생각하여 이를 도식화하였다.

그러나 지형의 발달은 출발에서 끝날 때까지 정지상태에서 진행되는 것이 아니라 화산활동, 지진, 단층 등 내인적 지질작용과 외인적 풍화작용에 따른 사면의 이동 등이 동시에 작용하여 이루어지는 것이다. 즉 지표면에서는 끊임없이 물질이 이동하며 이들 물질의 이동에 따른 불균형을 보충하기 위한 보정적 승강운동도 계속된다.

오늘날 지형윤회설은 지리학적 고전에 불과한 것으로 취급되고 있으며, 반면에 1960년대 후반에 판구조론(plate tectonic theory)이 등장하면서 이 문제를 명쾌하게 해결하여 20세기 초 Wegener가 제시한 대륙이동설(continental drift theory)이 화려하게 부활하였다.

한편 Davis는 카르스트지형 발달에 있어서도 지형윤회 이론을 적용하려 하였으나, 침식작용은 물리적·기계적 작용인 데 반해 용식작용은 화학적 풍화작용이란 점에서 지형의 진화는 일정한 틀 속에서 취급될 수 없다는 결론에 이르게 된다.

Davis는 1869년 하버드대학을 졸업하고 아르헨티나의 관측소를 출발점으로 여러 연구기관과 교육기관을 거쳐 1876년 모교의 강단에 섰다. 그 이후 눈부신 학술활동을 전개하며 빛나는 업적을 쌓아 나갔다. 20세기 초에는 베를린대학와 파리대학에서 객원교수로 있으면서 많은 유럽의 지리학자들과 만나 학문적 세계를 넓혀 나갔다. 그는 입버릇처럼 학생들에게 "가서 봐라! 그리고 현장에서 생각해 보라!"고 강조하였다.

Davis는 지형윤회설로 19세기 말 전 세계 지리학계에 돌풍을 일으켰다. 그는 지형의 진화·발달 단계를 인간의 일생에 비유하여, 원지형에서 유년기, 장년기, 노년기를 거쳐 종지형인 준평원에 이르며 이것이 끝나면 다시 지리적 윤회가 시작된다고 보았다.

1909년에는 미국지리학학회를 창설하고 초대학회장에 취임하였고,

근대 동굴학의 창시자 Martel. 그는 동굴 탐사 기술과 장비를 개발하여 동굴학을 동굴과학으로 자리매김하는 데 크게 공헌한 프랑스 지리학자이다.

1911년에는 미국지질학회 회장에 취임하여 미국의 자연지리학적 위상을 전 세계에 과시하였다. 생애에 500편에 달하는 논문 발표와 저술 활동으로 한 시대를 주름잡았다. 1930년에는 "The Origin of Limestone Cavern"란 논문을 발표하여 잠자고 있던 동굴학을 태동케 하였으며, 갑론을박 논쟁의 소용돌이 속에서 동굴학을 동굴과학(speleology)으로서 자리매김하게 하였다.

4) Edouard Alfred Martel

프랑스 출신의 Edouard Alfred Martel(1859~1938)은 소년시절부터 지리학을 사랑하고 여행을 즐겼으며 지리학적 지식의 확대와 더불어 활동범위를 넓혀 나갔다. 그의 아버지는 변호사인 동시에 아마추어 생물학자이자 자연애호가로 여행 시에는 늘 아들 Martel을 데리고 다녔다.

Martel은 일곱 살 때 처음으로 아버지를 따라 동굴관광을 했는데 동굴의 아름다움과 신비함에 크게 감명을 받았다고 한다. 그리고 그때의 심적 충격으로 일생동안 동굴탐험과 동굴탐사 기자재 연구에 몰두하게 되었다고 술회하였다. 청소년기인 학창시절에는 방학이면 친구들과 함께 스위스와 이탈리아의 험준한 Alps 산지 탐사와 프랑스 남부의 석회암 고원 Causses에서의 동굴탐험에 대부분의 시간을 할애하였지만 학업 성적은 늘 수석자리를 양보하지 않았다. 그는 1883년 파리대학의 법과를 졸업한 후에도 Causse 지역에서 동굴탐험에 열중하였고, 동굴탐사에 필요한 장비를 연구, 개발하였다.

그는 가업인 변호사 일에 종사하면서도 19세기 말 현대적 동굴과학자로서 세계적 명성과 신뢰를 얻었으며, 1895년에는 영국 런던에서 개최된 국제지리학대회의 요청으로 동굴탐험에 관한 특별강연을 하기도 하였다. 그는 같은 해 프랑스동굴학회를 창립하고 회장에 취임하였으며, 과학으로서의 동굴학의 학적 발전에 선구적 역할을 담당하였다.

1899년 Martel은 변호사 일을 접고 파리대학에서 동굴학을 강의하며 장년기를 동굴학자, 교수, 저술가, 기술고문 등으로 다양하게 활동함으로써 요람기의 동굴학을 동굴과학으로서 체계화하는 데 크게 공헌하였다. 1928년에는 파리지리학회 회장으로 피선되었다.

5) Jovan Cvijić

Jovan Cvijić(1865~1927)는 19세기 말에서 20세기 초에 걸쳐 활동한 세르비아 출신의 자연지리학자로 여명기 카르스트지형의 학문적 발달과 학술적 명칭 부여 등에 기여하였다. 그는 당대의 석학인 미국학파의 거두 W. M. Davis와 독일학파의 큰 별 A. Penck 등과 어울려 토론하며 카르스트지형을 연구하였다.

Cvijić는 주로 Adria해와 Dinaric Alps 산지 사이에 펼쳐진 세계적 카르스트지형과 보스니아헤르체코비나의 Dalmatia 지방을 배경으로 한 카르스트현상은 현장에서 연구하며 국제적 유대를 강화하고, 그의 학문적 세계를 넓혀 나갔다.

Cvijić는 오스트리아 빈에서 지질학을 공부하고 1893년 세르비아 베오그라드대학 철학부의 지리학 강사가 되었고, 1905년에 교수가 되었다. 그는 옛 유고슬라비아연방 세르비아공화국의 500 dinara 지폐의 인물로 등장할 만큼 세르비아 민족의 존경과 추앙을 받은 20세기 초의 위대한 카르스트지형학자였다.

Cvijić는 보스니아헤르체코비나와 몬테네그로의 빙하지형과 관련된 카르스트지형 발달에도 관심을 두었으며, 특히 polje의 수문학적 연구와 Lapie의 진화에 관한 연구에도 관여하였다.

미국의 저명한 여류 카르스트지형학자인 Marjorie M. Sweeting이 저술한 『KARST LANDFORMS』를 살펴보면 자그마치 30곳 이상에서 Cvijic의 문헌을 인용하고 있다. 카르스트지형학자로서의 Cvijic의 학문을 매우 존중하였음을 알 수 있다.

Cvijić는 세르비아 출신의 카르스트지형학자로 당대의 석학 W. M. Davis, A Penck 등과 두터운 교분을 맺고 현장에서 토론하며 깊은 연구로 카르스트지형학 발전에 큰 족적을 남겼다.

6) 쓰지무라 타로(辻村太郎)

아시아에 지형학, 특히 카르스트지형학을 전파한 쓰지무라 타로(辻村太郎, 1890~1983)는 도쿄(東京) 남서쪽 사가미(相模)만에 접한 가나가와(神奈川)현 오다바라(小田原)시에서 출생하였다. 1912년 도쿄제국대학 지질학과에 입학하여 고토 분지로(小藤文次郎) 문하에서 지질학을 전공하였고, 1916년 대학원에 진학해서는 야마자키 나오가타(山崎直方) 문하에서 지형학을 전공하였다.

쓰지무라는 1922년에 아시아 최초의 지형학 교본인 『신고지형학(新考地形學)』제1권을 출간하였고, 1932년 제2권을 출간하였다. 제1권 제5장 '카르스트지형'에는 무려 38쪽에 걸쳐 카르스트지형에 관한 서술이 상세히 이어지고 관련 서양의 문헌들도 자세히 소개되고 있다.

이는 아시아인들에게 카르스트지형학에 눈을 뜨게 해 준 혁명적 사건이 아닐 수 없다. 필자는 8.15 광복 후 읽을거리가 없던 시절에 쓰지무라의 『신고지형학』을 세 번이나 숙독하였고, 제5장 '카르스트지형' 264쪽부터 302쪽까지는 학창시절에 이미 거의 통달하였다.

쓰지무라는 1922년~1959년 사이 22권의 저서를 출간하고 1917년~1956년 사이에는 40편의 지형학 중요 논문을 발표하였다. 또한 1923년부터 1959

쓰지무라는 아시아 지형학계에 혜성처럼 나타나 지형학, 특히 카르스트지형학에 눈을 뜨게 한 일본 지리학자이다. 아시아 최초의 지형학 교본인 『신고지형학(新考地形學)』을 출간하여 카르스트지형을 소개하였다. 생애 22권의 저서와 40편의 논문을 발표했으며 238편의 지형학 관련 서구 문헌을 일본지리학회지에 소개하였다.

년까지 무려 238편의 지형학 관련 외국 문헌을 일본지리학회지『지리학평논(地理學評論)』을 비롯한 학술지에 발표하는 등 맹위를 떨쳤다.

여기에 쓰지무라와 한국인 지리학도의 짤막한 일화 하나를 소개하고자 한다. 서울대학교 사범대학 지리학과를 졸업한 이정면은 학구열을 불태우기 위해 도일하였다가 운이 없어 오무라(大村)수용소에 수용된 적이 있다. 이에 그는 쓰지무라에게 한 통의 편지를 띄웠다. 쓰시무라를 존경하여 문하생이 되고자 찾아왔으니 길을 열어 달라는 내용이었다. 쓰지무라는 즉시 자신의 저서와 기타 지리서를 가지고 오무라수용소에 와서 이정면을 만났지만, 결국 이정면은 강제로 한국으로 보내졌다. 후에 이정면은 유네스코 장학생이 되어 미국 미시간대학교 지리학과에 입학하였고 대한민국 제1호 지리학박사의 영예를 안았다. 그는 귀국하여 경희대학교 교수가 되었다가 말레이지아 쿠알라룸푸르대학에 교수로 초빙되었고, 현재 미국 유타대학교의 종신명예교수로 활동 중이다.

08_ 세계적으로 이름 있는 동굴과 동굴생성물

2015년까지 밝혀진 동굴들 가운데 세계에서 가장 긴 동굴과 가장 깊은 동굴을 찾으려고 조사한 결과, 지금까지 알려진 동굴의 대부분은 부유한 선진국에 치우쳐 있었다. 후진지역이나 개발도상지역의 동굴 연구가 매우 미흡한 상태임을 알 수 있었다. 따라서 아래 조사결과(표 참조)는 잠정적 조사연구에 따른 선진지역의 연구성과를 수록한 데 불과하며, 앞으로의 연구에 따라 수정이 불가피할 것이다.

예를 들어 중국이나 아프리카 및 남미 지역의 연구와 극한지의 한지사막과 중위도 고기압대의 사막기후지역의 연구가 진행된다면 희귀한 고기후(ancient climate)하의 유존카르스트(relict karst)지형과 해면의 승강운동(Eustatic movement)과 관련된 해면하의 동굴 등 특수한 예들이 추가될 수 있을 것이다.

현재까지 알려진 세계 최장(最長) 동굴 10개소(2015년 기준)

순위	동굴 명	소재지	길이(km)
1	Mammoth Cave	Kentucky, USA	591
2	Jewel Cave	South Dakota, USA	218
3	Optymisticeskaja	Podoliya, Ukraine	215
4	Wind Cave	South Dakota, USA	199
5	Holloch	Schwyz, Switzerland	194
6	Lechuguilla Cave	New Mexico, USA	193
7	Fisher Ridge Cave	Kentucky, USA	177
8	Siebenhengste Hohgant Bern	Bern, Switzerland	149
9	Sistema Ox Bel Ha (Under Water)	Quintana Roo, Mexico	144
10	Gua Air Jernih	Sarawak, Malaysia	129

* 2006 National Speleological Society of America list를 참고로 하였다.

현재까지 알려진 세계 최심(最深) 동굴 10개소(2015년 기순)

순위	동굴명	소재시	깊이(m)
1	Krubera Cave	Abkhazia, Georgia	2,170
2	Lamprechtsofen	Salzburg, Austria	1,632
3	Gouffre Mirolda	Haute Savoie, France	1,626
4	Reseau Jean Bernard	Haute Savoie, France	1,602
5	Torcadel Cerro	Picos de Europa	1,589
6	Sarma	Abkhazia Georgia	1,543
7	Shakta Vjacheslav Pantjukhina	Abkhazia Georgia	1,508
8	Čehi 2	Kanin Plateau Slovenia	1,502
9	Sistema Cheve	Oaxaca Mexico	1,484
10	Sistema Huautla	Oaxaca Mexico	1,475

09_ 20~21세기 카르스트지형학과 동굴학

1) Lobeck의 『GEOMORPHOLOGY』, 1939

A. K. Lobeck에 의해 저술된 『GEOMORPHOLOGY』는 지형학의 명 저로서 총 720쪽에 달하는 방대한 규모를 자랑한다. 모두 20개의 장으로 구성되었으며 카르스트지형은 제4장 '지하수' 편의 99~154쪽에 기술되 어 있다.

이 책은 지표지형도 훌륭하게 기록하고 있지만, 지하의 동굴에 대해서 당시로서는 믿기 어려울 만큼 자세히 기술하고 있다. 그중에서도 동굴퇴 적물의 분류와 도식, Mammoth 동굴의 다이어그램은 매우 훌륭한 역작 이다.

Lobeck은 세계적 카르스트지역으로 아드리아해(Adriatic Sea) 연안 과 프랑스 남부의 Causses 지방, 미국 켄터키주의 Pennyroyal 고원, 그 리고 멕시코의 Yucatan 반도와 미국의 Florida 반도를 예로 들었는데, 이들 지역은 오늘날에도 카르스트지형 발달의 세계적 모식지에서 제외 될 수 없는 지역들이다.

Lobeck의 지형학 교본을 들여다보고 있자면 뛰어난 사진 솜씨에 감

Lobeck의 『GEOMORPHOLOGY』. 여 기에 들어 있는 동굴 미지형에 관한 풍부 한 도식과 Mammoth 동굴을 입체적으로 묘사한 다이어그램은 매우 뛰어난 역작 으로 평가되고 있다.

탄을 하게 되는데 이것만으로도 학문의 즐거움을 만끽할 수 있다. 1930년대의 카메라와 사진기술을 가지 고도 놀라울 만큼 지형학적 핵심을 잘 표현한 사진들이 수록되어 있을 뿐만 아니라 뛰어난 스케치 작품도 첨가되어 있다.

2) Jennings의 『KARST』, 1971

여류 학자 Joseph Newell Jennings의 저서 『KARST』는 같은 시기에 저술된 여류 학자 Marjorie M. Sweeting의 『KARST LANDFORMS』와 함께 카르스트지형 전문서로서 학계에 많은 공헌을 하였다. 카르스트지형의 3대 분야인 오목지형, 볼록지형, 동굴지형을 망라한 이들 저서는 학계에서 카르스트지형 연구의 기초적인 읽을거리로서 참신하게 받아들여졌다.

3) Sweeting의 『KARST LANDFORMS』, 1973

여류 학자 Marjorie M. Sweeting의 저서 『KARST LANDFORMS』는 서문을 시작으로 석회암과 카르스트지형, 석회암의 용식 및 석회암의 용식지형, 돌리네, 용식잔존지형 카렌, 카르스트곡지의 형태, 물과 sinks, 동굴과 동굴퇴적물, 폴리에, 카르스트용천, 물의 순환, 카르스트수문학, 카르스트지형의 유형 등등 17개 장으로 구성되어 있다.

특히 15장 열대카르스트에 이어 다양한 카르스트지형의 형태와 카르스트지형의 진화이론, 끝으로 카르스트지형학이 지향하는 바 목표 등의 결론으로 유도하여 초보자도 쉽게 카르스트지형에 가까워질 수 있도록 기술한 것이 특징이다.

4) Hill의 『Cave Minerals of the World』, 1976

미국의 여류 동굴광물학자인 Carol A. Hill이 세계의 동굴광물에 대해 기술한 이 책은 동굴학의 전문서로서 매우 귀중한 문헌이며 현대 동굴학의 학적 발전에 지대한 공헌을 하였다.

Hill을 비롯하여 앞서 기술한 여류 학자들은 모두 고인이 되었다.

Carol A. Hill과 Paolo Forti가 1997년에 공저한 『CAVE MINERALS OF THE WORLD』 제2판. 전체 463쪽에 이르는 방대한 양으로 풍부한 문헌과 특색 있는 자료들이 수록되어 있다.

5) 우루시바라 가즈코(漆原和子)의 『カルスト』, 1995

최근에 이르러 일본의 우루시바라 가즈코(漆原和子)가 앞서의 여류 카르스트지형학자들을 승계하고 있는 듯하다. 우루시바라는 1970년대 초 구 유고슬라비아의 류블랴나대학에서 유학하고 돌아와 도쿄의 고마자와(駒澤)대학에 적을 두고 연구를 시작하였다.

1995년에 출간된 우루시바라 가즈코 편 『カルスト ‒ その環境と人びとのかかわり(카르스트 ‒그 환경과 사람들의 관계)』의 구성은 다음과 같다.

제 I 부
　제1장 카르스트와 사람
　제2장 카르스트지역의 다채로운 이용

제3장 석회암의 이용과 보전
제4장 종유동의 이용과 보호

제Ⅱ부
제1장 카르스트지역의 형성
제2장 종유동과 그 환경
제3장 카르스트지역의 지하수
제4장 산호초와 카르스트지형

이 책은 부록으로 카르스트 용어집을 수록하고 있는데, 전체 325쪽 가운데 본문은 1~176쪽, 용어집은 179~325쪽이다.

6) Palmer의 『CAVE GEOLOGY』, 2007

Arthur N. Palmer가 2007년에 저술한 『CAVE GEOLOGY』은 동굴 관련 좋은 책 중의 으뜸이라고 할 수 있다. 총 454쪽에 달하는 방대한 동굴지질 저작물로 전체 15장으로 구성되어 있으며 그 내용을 살펴보면 다음과 같다.

제1장 동굴학과 동굴과학(Speleology: The science of caves)
제2장 동굴의 세계(Cave country)
제3장 동굴을 만들 수 있는 암석들(Cavernous rocks)
제4장 카르스트와 지하수(Underground water in karst)
제5장 산성을 띤 물의 화학(Chemistry of karst water)
제6장 용식동굴의 특성(Characteristics of solution caves)
제7장 동굴의 생성과 기원(Speleogenesis: the origin of caves)
제8장 지하수의 충전이 조절하는 동굴유형(Control of cave patterns by Ground water recharge)
제9장 지질이 동굴유형에 미치는 영향(Influence of geology on cave patterns)
제10장 동굴광물(Cave minerals)
제11장 화산암 속의 동굴(Cave in volcanic rocks)
제12장 동굴 내의 기상과 일기(Cave meteorology and internal weathering)

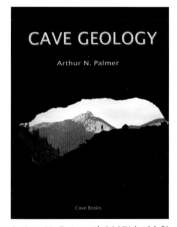

Arthur N. Palmer가 2007년 저술한 『CAVE GEOLOGY』. 전체 454쪽에 이르는 대작으로 풍부한 문헌과 자료들을 수록하고 있어 동굴학에 관심 있는 사람들은 반드시 읽어야 할 책이다.

제13장 동굴과 지질학적 시간(Caves and time)

제14장 동굴의 지질학적 연구와 약도(Geologic studies of caves field mapping)

제15장 동굴지질의 지구과학적 응용(Application of cave geology to other geosciences)

위 목차로도 알 수 있듯, 이 책은 동굴지질학을 분류하여 적게는 4~5개 항, 많게는 10개 항을 설정한 대작으로서 Carol A. Hill이 저술한 『Cave Minerals of the World』와 더불어 현대 동굴과학의 쌍벽을 이룬다.

이상은 동굴학 전반에 걸친 저작물들로 매우 귀중한 문헌들이다. 이 밖에도 분야별 전문서로 Allan Pentecost가 2005년에 저술한 『Travertine』, Vinod Tewari와 Joseph Seckbach가 2011년에 저술한 『Stromatolites』, Márton Veress가 2010년에 저술한 『Karst Environment』, Tony Waltham이 2013년에 저술한 『The Yorkshire Dales: Landscape and Geology』 등이 있다.

7) Vinod Tewari의 『STROMATOLITE: Interaction of Microbed with Sediment』, 2011

호주 남서부 Perth에서 북쪽으로 700km 떨어진 Shark 만의 Hameline Pool에는 남조류의 광합성에 따른 분비물로 만들어진 생물기원암, 즉 층상구조를 나타내는 둥근돌 bioherm limestone이 널려 있는데 이름하여 stromatholite라고 한다.

이러한 암석은 시원대(始原代)부터 생성되어 오늘날 세계 각지에 널려 있는데 우리나라에도 함경남북도의 경계를 이루는 마천령산계에 Cryptozoon이란 이름으로 분포되어 있다. 이들 stromatolite를 집대성한 책이 바로 Vinod Tewari가 저술한 『Stromatolites』이다. 이 책은 아래와 같이 구성되어 있어 카르스트지형학을 전공하는 사람들은 꼭 읽어야 한다.

제1장 시원대의 stromatolites와 미생물

제2장 현화식물(顯花植物)과 stromatolites

제3장 연천해 호수온천 등 오늘날의 stromatolites

제4장 현대적 측정기법에 의한 stromatolites와 미생물

제5장 지화학과 미생물학상의 stromatolites

제6장 우주 와 생물학

제7장 요약 및 결론

8) Máton Veress의 『Karst Environments』, 2007

Máton Veress는 헝가리 Szombathely대학 자연지리학 교수로 시간이 날 때마다 험준한 알프스산지를 오르내리면서 고산지대에 발달한 특색 있는 카르스트지형, 특히 Karren과 Karrenfeld를 연구하였다. 이를

집대성한 책이 『Karst Environments』이다. 필자도 이 책을 통해 karren 이라는 용어와 개념을 처음 접하고 공부하게 되었다.

제1장 서언
제2장 연구목적과 방법
제3장 고산지대에 발달한 karren
제4장 karren의 경관
제5장 karren의 종합검토
제6장 karren의 집중적 분포
제7장 karren의 연합

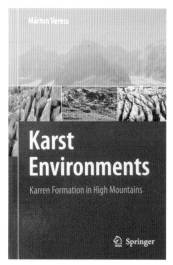

Veress가 2010년에 저술한 책 『Karst Environments』. 융빙수가 식각한 알프스산지의 karren 연구를 집대성한 훌륭한 저작물로 필자도 처음 대하는 용어와 개념들이 많아 큰 영감을 받은 바 있다.

karren 개체의 세부 명칭을 비롯해 융빙수의 강력한 용식력에 의한 grattalp도 등장한다. 필자는 grattalp를 봉소(蜂巢)상 doline로 번역하였고 Tony Waltham은 shakehole로 기록하였는데 밀집도가 매우 높아 벌집 같은 인상을 주는 지형이다. 이 밖에도 meander karren 등 새로운 개념이 많아 카르스트지형학을 전공하는 사람들은 반드시 읽어야 할 필독서이다. 많은 삽화와 도식을 곁들여 상세히 설명하고 있다.

9) Tony Waltham의 『The Yorkshier Dales』, 2013

영국에서 발행된 카르스트지형학 저서로는 보기 드물게 화려하다. 매 쪽마다 칼라사진과 도표 및 지도를 삽입하여 그림만 봐도 즐거울 정도이다. 지역 내에서 산출되는 동식물화석을 비롯하여 빙성 퇴적물 심지어 미아석과 동굴퇴적물에 이르기까지 다양하고도 화려하다.

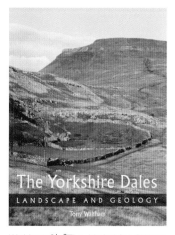

Waltham의 『The Yorkshire Dales: Landscape and Geology』. 224쪽의 작은 책이지만 pavement karst로 유명한 지역의 지질과 지형환경을 비롯하여 동굴퇴적물과 산출되는 화석과 지질구조에 이르기까지 지도와 도표, 풍부한 칼라사진을 곁들여 기술한 호화로운 책이다.

제1장 – 암석의 놀라운 기록이며 내용은 5개 절로 구성되었다.
제2장 – 지형의 생성이며 내용은 4개 절로 구성되었다.
제3장 – 인간의 족적이며 내용은 4개 절로 구성되었다.

총 224쪽의 작고 아담한 책이지만 내용은 풍성하게 꾸며져 있다.

10_ 원시에서 현대에 이르는 인간과 동굴의 관계

1) 지구는 어디에서 왔으며 인류의 조상은 누구인가?

지구상의 생명체는 장대한 지구의 진화발전 단계의 가장 자연스럽고 합리적인 산물이다. 단계별로 고찰하면 별의 시대, 암석시대, 원시해양시대를 거쳐 유생대(Eozoic era)로 나뉜다. 유생대 또한 크게 5개로 나뉘는데 시생대(Archean era), 원생대(Proterozoic era), 고생대(Paleozoic era), 중생대(Mesozoic era), 신생대(Cenozoic era)의 순이다.

다시 말해 별의 시대는 성운에서 분리되어 지구 자체가 발광하며 높은 열을 우주공간으로 발산한 시대이며, 암석시대는 지구의 온도가 낮아지며 원시지각을 만든 시대이다. 지구 자체의 온도는 섭씨 100도 이상으로 물은 존재하지 않았다.

원시해양시대는 지구의 온도가 섭씨 100도 이하로 내려가면서 지구 대기권을 둘러싸고 있던 두터운 구름층이 응결하여 비를 만들고, 지표면의 오목한 곳을 물로 충전함으로써 원시해양을 만든 시대이다. 그리고 이 원시해양이 적당한 온도로 내려가면서 그속에서 생명체가 자연발생되었다.

이 때부터 유생대, 즉 장대한 지질시대가 시작된다. 원시적인 생명체가 시작되었다는 뜻으로 해석되는 시생대가 그 시작이며 지질학적 시간은 대략 45억 년 전에서 25억 년 전이다.

시생대 다음은 원생대로, 대략 25억 년 전에서 고생대의 캄브리아기가 시작되는 5억 4천만 년 전까지로 추리한다. 당시의 원시적 생명체 화석이 세계의 여러 곳에서 발견되고 있는데 중국 텐진(天津)시 북쪽 지셴(薊縣)의 북부에 있는 충산(崇山) 준령의 원생계지층 단애에서 이들 화석이 풍부하게 산출되며 세계적으로 유명하다.

다음은 고생대이다. 생명체가 얕은 바다에 서식하였으며 이들은 오늘날 화석으로 만나 볼 수 있다. 평양에서 동쪽으로 10여km 떨어진 승호리 시멘트공장 들판의 석회암괴에서는 고생대 초기의 연체동물 화석들이 풍부하게 산출된다. 용식에 저항하여 남은 석회암괴, 즉 karren의 용식면에 있는 캄브리아기(cambrian period)의 얕은 바다를 기어다니는 모습 그대로의 연체동물 화석에서 완족류(brachiopoda)와 복족류(gastropoda)를 찾아볼 수 있다.

이처럼 진화를 거듭하여 고생대 전반을 통하여 많은 생명체가 바다에서 육지로 이동하였다. 석탄기(carboniferous period)에는 식물상이 마치 현세의 열대정글을 연상케 하는 거대 밀림을 이루었는데 이들 식물은 오늘날 무연탄으로 산출된다.

한편 중생대는 우리가 잘 아는 거형동물 공룡이 출현해 공룡시대를 연출하였다. 영화 〈쥐라기 공원〉은 중생대의 자연환경을 재현하며 바다와 하늘과 지상을 가득 메운 공용들의 감동적인 연출로 우리를 즐겁게 해 주었다.

신생대는 포유동물의 전성시대이며 제3기(tertiary period)와 제4기(quaternary period)로 나뉜다. 우리 인류는 제4기의 홍적세(pleistocene epoch)에 출현하였으며 이후 진화를 거듭하고 번성하여 오늘날에는

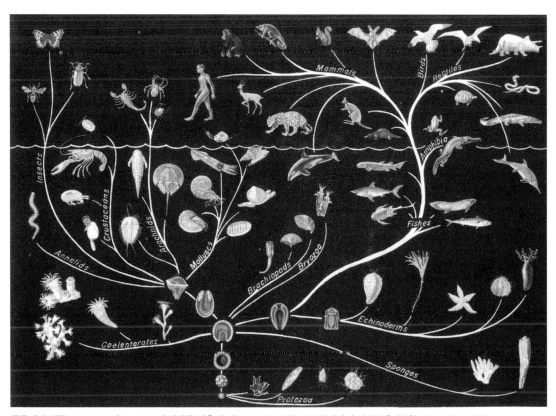

동물계의 계통도. Heintz 및 Stormer의 벽화를 간추린 것으로 1952년 문교부에 의하여 번역된 『지사학』 82쪽의 그림이다.

미국 아메리카자연사박물관에 있는 파충류에서 인류에 이르는 골격의 계통도. W. K. Gregory에 의한 개념도로 1952년 문교부에 의하여 번역된 『지사학』 85쪽의 그림이다.

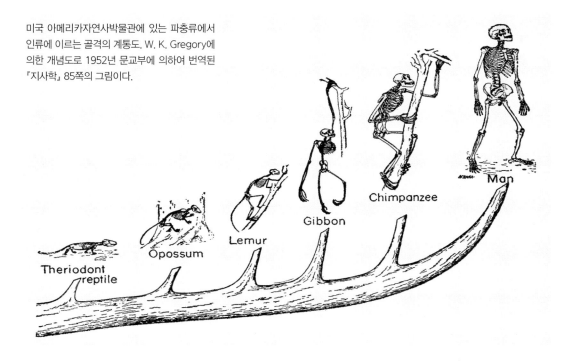

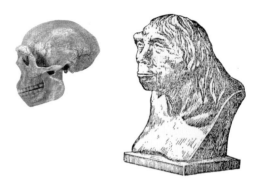

저우커우뎬(周口店) 베이징인 유적 안내판

베이징인 두개골과 복원한 춘화

지구의 강력한 지배자가 되어 우주 진출의 꿈까지 꾸고 있다.

인류는 영장류에서 오스트랄로피테쿠스(Australopithecus)란 원인(猿人)으로 진화했고, 몇 번의 빙기와 간빙기를 교대로 거치면서 동굴에 주거를 둔 자바원인(Pithecanthropus erectus), 북경원인(北京原人: Pithecanthropus pekinensis) 등이 출현하였다.

인류는 진화를 거듭하여 유럽에서 네안데르탈(Homo Neanderthalensis)인이 나타났다. 이들은 조형예술에 뛰어난 감각을 지녀 동굴벽화와 조소 등 많은 예술작품을 남겼는데 석회암동굴 깊숙한 곳의 천장이나 벽면에 사냥하는 모습과 같은 활동적인 그림을 그렸다.

프랑스 Lascaux 동굴의 크로마뇽인이 그린 동굴벽화

약 4만 년 전인 구석기시대 후기에 현생인류인 크로마뇽(Cro-Magnon)인이 나타났고 최종 빙기인 뷔름빙기 후기에 최대로 번성을 하였다. 이들은 건조한 동굴 오부에 수많은 동물의 활동 모습, 예를 들어 사냥하는 동작 등을 채색화로 생생하게 묘사하였다. 넓적한 동물의 뼈를 팔레트로 이용하여 여러 가지 색깔의 진흙을 손가락을 이용하여 발랐으며, 돌가루와 같은 천연안료는 갈대나 대나무 파이프로 불어 붙였다. 때로는 반죽한 액상 안료를 멧돼지 털로 만든 붓으로 바르기도 했다.

크로마뇽인 모녀 복원 사진

2) 오늘날의 동굴은 어떻게 이용되는가?

초기 인류는 천연재해와 맹수의 위협을 피해 동굴을 안식처로 삼았다. 모닥불을 지펴 놓고 혹한을

헝가리의 Tapolca에 있는 동굴병원. 주로 유소년의 호흡기 질환 치료에 특효가 있는데, 저녁에는 집으로 돌아가는 통원치료 방식을 취하며 대부분 완치된다고 한다

러시아의 소금광산 동굴을 이용한 동굴치료소(speleotherapy)

피하거나, 때로는 사냥한 고기를 굽기도 하고 말려서 비상식량으로 비축하는 등 두뇌 발달에 따른 다양한 방법으로 동굴을 활용하였다.

　오늘날의 인류는 동굴을 관광자원으로 활용하고 있으며 박쥐 구아노는 비료 또는 너 나아가 실산 제조의 원료로 이용하고 있다. 미국의 독립전쟁인 남북전쟁 때는 남군이 화약 원료로 박쥐 구아노를 사용하기도 했다. 이 밖에도 연중 변화가 적은 동굴 내 항온 환경을 이용해 저장고로 쓰는 등 활용가치가 다양해졌다. 예를 들어 농산물의 저장, 포도주나 새우젓의 숙성, 표고버섯의 재배에도 이용하며 심지어는 핵전에 대비한 대피장소, 핵폐기물의 저장소로도 이용된다. 또한 풍부한 동굴지하수는 건조지방의 생활용수와 농업용수로 쓰이며 때로는 호냉성 어류의 양식에도 이용되는 사례가 많다.

　한편 동굴대기를 냉난방에 이용하여 전력을 아끼는 사례와 위험물인 석유와 천연가스의 비축 기지, 나아가서는 동굴치료(speleotherapy)를 통해 호흡기질환을 취급하는 동굴병원 등으로 사용하는 것은 특기할 만하다. 헝가리의 Tapolca에 있는 무니시파루 병원은 연장 500m의 석회암동굴을 자연 상태 그대로 동굴병원으로 이용한 최초의 사례이다.

　무니시파루 동굴병원은 연중 거의 변함 없는 온도와 높은 습도가 특징인 동굴환경을 이용하고 있다. 동굴 내에는 화랑(gallery)이라고 불리는 넓은 공간과 동굴 통로를 그대로 이용한 병실에 침대와 운동기구를 놓고 기관지천식과 폐기종 및 만성기관지염 등 만성 호흡기질환 치료를 시행하고 있다. 환자의 대부분은 어린아이고, 출퇴근 형식의 치료를 시행하여 매일 저녁때는 집으로 돌려보낸다. 치료는 14일간의 일정으로 시행하는데 그 효과가 뛰어나 대부분 완치되어 퇴원한다고 전해지고 있다.

　이와 같은 사례는 러시아에도 있는데 암염광산의 갱도를 이용한 동굴치료를 시행하고 있다. 우리나라에서는 충북 충주시 살미면 공이동 소재 오르도비스계의 석회규산염암층에 발달한 돔형의 암소바위동굴이 동굴병원 개설의 적지이다.

Ⅱ. 동굴과 동굴퇴적물의 다양한 유형

01_ 모든 기후대에 나타나는 카르스트지형과 동굴퇴적물

　지구상에는 기본적으로 열대기후, 온대기후, 냉대기후, 한대기후, 건조기후, 고산기후 등 다양한 기후대가 존재하며, 카르스트지형의 발달은 각 기후대의 기후학적 특성에 따라 다소의 차이는 있으나 전 기후대에 걸쳐 모두 나타나고 동굴퇴적물 또한 그러하다.

　카르스트지형의 발달은 용식, 즉 약한 산성을 띤 빗물과 관련이 있기 때문에 근본적으로 강수량이 거의 없는 절대사막에서는 카르스트지형이 발달할 수 없다. 그렇지만 가장 가까운 지질시대인 홍적세에 일어난 수차에 걸친 기후사변으로 인해 오늘날의 사막에도 카르스트유존지형(遺存地形)은 남아 있다.

　한대기후인 툰드라와 영구빙설기후 그리고 절대사막을 제외한 모든 기후대의 지하에 발달한 석회암동굴에는 풍부한 동굴류와 더불어 물자원이 갖추어져 있다. 반면 한대기후의 석회암동굴에는 동결로 인한 빙천(氷川)과 함께 얼음동굴퇴적물(snowtites)이 있다.

　예외적으로 캐나다의 Nahanni 국립공원이나 동부시베리아의 북서부에 자리 잡은 시베리아고원에는 우수한 카르스트 지표지형과 상상을 초월하는 아름다운 석회암동굴이 지하에 발달해 있다. 이는 이들 기후지역에 나타나는 몇 주간의 짧은 여름철 기온상승과 관련이 있다.

　이렇게 지구상에 존재하는 모든 탄산염암 동굴이나 잔류암(everpolite) 동굴에 발달하는 동굴퇴적물(speleothem)은 그 생성 원리와 명칭이 모두 동일하다. Ⅱ장에서는 이들 동굴퇴적물의 다양한 유형을 분류하고 사진과 함께 설명하였다. 여러분이 여기에 열거된 지식만 숙지하더라도 동굴 전문가이자 동굴을 통달한 동굴 박사가 될 수 있다. 자신감을 갖고 차근차근 읽어 보기를 바란다.

　Ⅲ장부터 전개되는 나라별 각론에서는 특색 있는 카르스트지형 자료들만 취급하였다. Ⅱ장에서 전개되는 내용을 기초로 동굴퇴적물의 유형을 감상해 나가기를 바란다.

Lobeck의 동굴퇴적물 모식도

번호에 따라 이름을 붙이고, Lobeck의 설명을 기초로 필자가 임의로 수정, 첨삭을 하였다.

1. 관상종유석(管狀鍾乳石) - 동굴퇴적물의 기본형인 동시에 출발점이다.
2. 관상종유석의 중심도관이 막히면 새로운 물길을 찾으려고 관상종유석을 살지게 한다.
3. 쌍둥이 종유석 - 2가 진화하여 종유석이 가지를 치기 시작한다.
4. 3이 더욱 진화하여 집괴형(集塊型) 종유석으로 변한다.
5. 밀폐된 공간에서는 중력에 구애받지 않고 안개 속 물 분자의 칼슘 성분이 종유석 표면에 첨가증식(添加增殖)되어 곡석(曲石)이 만들어진다.
6. 적당히 경사진 천장 면을 흐르는 삼투수는 종유석의 변종인 포상(布狀)종유석을 만든다.
7. 천장 면의 갈라진 틈에 삼투수가 집중되어 열상(列狀)종유석 무리가 만들어진다.
8. 비교적 점적(點滴)의 빈도가 잦은 곳에서는 미생(微生)석순이 자라기 시작한다.
9. 샤워꼭지에서 낙수하듯 삼투수가 많으면 평정석순(flat top)이 만들어진다.
10. 점적의 빈도가 높으면 층상구조를 가진 척추(disk) 모양의 석순이 만들어진다.
11. 삼투수의 양이 비교적 많으며 점적이 적은 곳에서는 고드름형(icicle form) 종유석이 생성된다.
12. 점적의 빈도가 비교적 높은 곳에서는 석순의 성장 속도가 빠르며 살진 석순이 생성된다.
13. 절리면이나 단층선을 따라 삼투수가 집중됨으로써 통상 종유석과 석순이 연결되며 석주열을 만들어 나간다.
14. 척추형 석순의 성장 속도가 빠르면 종유석과 연결되어 보기에 아름다운 석주가 만들어진다.
15. 천개석(天蓋石) 아래에 생긴 종유석 위에서 점적이 이루어지면 방추형의 기형종유석이 만들어진다.
16. 유석(流石) 면에서는 장적형(長笛型) 석주 연합 및 간혹 독립된 장적형 석주도 관찰된다.
17. 부반(浮盤)석순 - 천장 또는 사면에서 붕락한 쇄설물(碎屑物) 위에 생긴 석순을 지칭한다.
18. 구상(臼狀)석순 - 강한 산성을 띤 점적수가 석순 정상을 부식하여 우묵하게 파인 절구형 석순을 지칭한다.
19. 천장에서 낙반된 쇄설물이 동상(洞床)에 널려 있고 농도 짙은 동굴류가 흐르는 곳에는 석회화단구(travertine terrace)가 생성된다.
20. 석회화단구의 경사급변점에 있는 단상지에는 부상와지(cauldron shaped hollow)가 만들어지는데 그리 흔히 볼 수 있는 경관은 아니다.

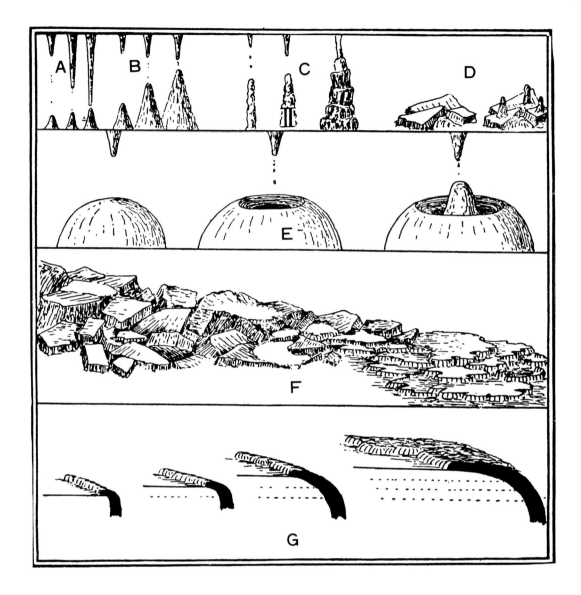

동굴퇴적물의 성장과 점적수와의 관계

A. 점적수의 낙하빈도가 느리면 석순에 비해 종유석의 성장속도가 빠르다.

B. 점적수의 낙하빈도가 적당하면 종유석과 석순은 균형잡힌 성장을 한다.

C. 점적수의 낙하빈도가 잦고 증발조건이 좋으면 석순의 발달이 현저하다.

D. 건조한 동굴천장에서 석회암이 붕락하면 쇄설물 위에 부반석순이 생긴다.

E. 동굴천장의 높이가 높거나 점적의 도를 넘는 많은 중탄산칼슘용액이 낙하하면 평정석순과 구상석순이 만들어지며, 때로는 구상석순 안에 새로운 석순이 발달한다.

F. 중탄산칼슘용액이 동굴류를 이루고 하상에 적당한 경사와 쇄설물의 공급이 있을 때에는 석회화단구가 발달한다.

G. 동상을 흐르는 물은 쇄설물들과 함께 제석(rimstone)을 만들고, 계속해서 제석소(rimpool)를 넘으면서 칼사이트를 침적하여 제석의 높이를 높여가며 때로는 부상와지(cauldron shaped hollow)를 만든다.

02_ 종유석과 석순, 석주 및 기형석순

　종유석과 석순의 발달상 차이점은 점적(點滴)의 빈도와 깊은 관련이 있다. 점적의 빈도가 느리면 종유석이 발달하고, 점적의 빈도가 빠르면 석순이 발달하는 것이 일반적이다. 다만 어느 쪽이 빠르든 서로 연결되기 때문에 석주로 발달하기 마련이다.

　그러나 점적의 정도가 지나쳐 낙수가 지속적으로 있거나 때로는 샤워꼭지에서 물이 쏟아지듯 낙수의 양이 많은 곳에서는 바로 아래에 통상 평정석순(plat top)이 생성된다. 강원도 삼척시 신기면 대이리 소재 환선굴에서 그 사례를 볼 수 있다. 환선굴 입구 대광장의 오른쪽 천장에서 물이 샤워꼭지에서 쏟아지듯 떨어지는 낙수현상이 일어나고 있는데 그 아래에 직경 50cm가 넘는 큰 평정석순이 생성되어 있다. 평정석순은 표면이 매우 거칠고, 석순 사면에는 소파상(小波狀) 구조인 tier라는 작은 석회화단구처럼 보이는 지형이 나타난다.

　반면에 천장에서의 점적 위치가 연간 1mm 내외로 천천히 지속적으로 변하거나 동상의 지반침하 등이 일어나면 기형석순(erratic stalagmite)이 생성된다.

단양 고수동굴의 최대 동방인 '배학당'의 중심에 자리 잡은 고드름형(icicle form) 종유석. 단일 종유석으로는 국내에서 가장 긴 것으로 길이 7m에 달한다.

신단양에서 고수동굴을 지나 소백산으로 들어가는 오지마을 천동리에 입지한 작으면서도 아담한 천동굴의 최대 동방 중심에는 순도 높은 방해석질 종유석 무리가 자리 잡고 있다.

단양군 단양읍 천동리 천동굴의 얕은 rim pool 위에 점적으로 생성된 특색 있는 석순의 무리. 석순의 표면이 거친 것은 splash deposits 현상 때문이다.

평창군 미탄면 마하리 문희마을 백룡동굴의 '폭풍의 광장'에 자리 잡은 석순. 수백 년에 걸친 완만한 지반침하로 생성된 일종의 기형 석순이다.

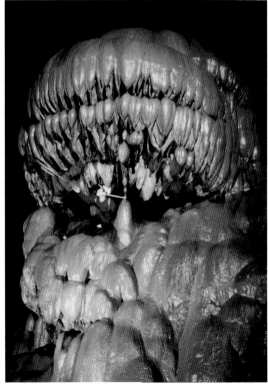

울진시 왕피천 변에 동굴 입구가 있는 성류굴의 최대 석순. 성류굴은 한국에서 가장 오래된 동굴이다.

중국 구이저우(貴州)성 페이룽(飛龍)동굴 최대의 해파리형 석순. 사람을 척도로 그 크기를 가늠해 볼 수 있다.

중국 광시좡족(貴州)자치구 구이린(桂林)시 리푸현의 인쯔옌(銀子岩)동굴에 발달한 기형석주. 석주 중간에 새로운 석순이 가지처럼 자라고 있다. 이 석주는 바닥과 떨어져 있는데 이는 지반침하로 발생했을 가능성이 크다.

평창군 미탄면 마하리 문희마을 백룡동굴의 keyhole을 통과하면 바로 나타나는 석주열. 단층선을 따라 선상으로 도열하고 있는 것이 특징이다.

'방랑시인 김삿갓'이란 이름을 가진 백룡동굴의 기형석순. 통상 점적의 빈도가 크면 석순의 성장이 활발하고, 점적의 빈도가 낮으면 종유석의 발달이 우세하다.

기형 중의 기형인 슬로베니아 Postojna 동굴의 기형석순. 점적의 조화로 만들어진 신비한 모습으로 무리한 성인(成因)의 추리를 허용하지 않는다.

기형석순이 생성되는 또 다른 예는 좁은 동굴 통로에 강한 바람이 지속적 또는 계절적으로 불어 오랜 세월 점적의 변화를 일으키는 경우와 점적수에 비정상적으로 높은 산도가 오랜 세월 지속석으로 증가되는 경우로, 이는 필자가 오랜 현장 경험을 통해 터득한 바이다.

어쨌든 기형석순은 느리고도 느린 지반의 침하, 점적의 이상, 점적수의 이상 산도 증가 등 오랜 세월 이어진 감지할 수 없는 느리고도 느린 동굴현상을 전제로 생성된다는 결론 이외의 다른 이유는 없는 것을 확인하였다.

03_ 석회암동굴 안팎에 풍성하게 발달한 석회화단구와 집체폭포

석회암동굴 안에는 두 가지 유형의 석회화(石灰華, calcareous sinster)댐이 있는데 그중 규모가 큰 것은 대체로 성긴 물질의 석회화 퇴적물인 travertine으로 이루어져 있다. 비교적 동굴류의 양이 많고 유속이 빠를 때 성긴 물질이 운반되다가, 유속이 감퇴하면 침전되면서 travertine으로 된 제석(堤石, rimstone)이 만들어진다.

동굴류가 퇴적한 쇄설물 위로 찰랑찰랑 넘실거리면서 제석댐(rimstone dam)의 높이가 높아지는데 동굴

삼척시 신기면 대이리 관음굴에 발달한 '만리장성'이라 불리는 동굴퇴적물로 제석의 변종이다. 제석(堤石)의 정상이 불규칙한 거치구조를 이루는 것이 특징이다.

충북 단양군 대강면 고수동굴의 마르지 않는 '실로암' 샘가에 발달한 석회화단구는 통상 물로 채워져 있다. 이곳 제석소(堤石沼)에는 동굴장님옆새우가 서식하고 있다.

미국 Yellowstone 국립공원 북쪽에 자리 잡은 Mammoth Hot Springs. 지하에서 온천수가 밀고 올라와 만들어 놓은 거대한 석회화단구이다.

류의 증감이 되풀이되면 댐이 두터워지고 높아지며 제석소(堤石沼, rimpool)도 확대되어 간다. 그리고 이러한 지형이 계단상으로 형성된 것을 석회화단구(石灰華段丘, travertine terrace)라고 한다.

반면에 동굴류의 유량이 적고 유량의 증감이 적은 곳에서는 미세한 석회화 물질인 tufa가 퇴적된다. tufa는 석회질 침전물 가운데 가장 미세하여 정교한 제석댐를 만든다. 그 대표적 사례가 일본의 아키요시다이(秋吉台) 아키요시동굴(秋芳洞)에 있는 '햐쿠마이사라(百枚皿)'인데, 이 tufa 댐은 매우 정교해서 travertine 댐과 육안으로 확연히 구별된다.

중국 쓰촨(四川)성 쏭판(松藩)현 황룽구스(黃龍古寺) 앞에 전개된 황룽야오츠(黃龍謠池)의 화려한 모습. 이 석회화단구군은 제석소와 제석의 모양이 아름답고 주변 환경과 잘 조화를 이루고 있다.

한편 동굴 밖에 있는 계류천에는 travertine으로 된 제석과 제석소만 발달하고 tufa로 된 제석과 제석소는 거의 없다. 대체로 태국 중부 미얀마 국경에 가까운 Chan강 유역의 Umphang 카르스트지역이 여기에 해당한다. Umphang 카르스트지역의 석회화단구(travertine terrace)와 집체폭포(terminal falls)는 세계적으로 유명하다.

삼척시 신기면 대이리 관음굴 앞의 제석에 발달한 집체폭포(terminal fall)의 모습. 규모는 작지만 아름답다.

중국 쓰촨성 주자이거우(九寨溝) 최대의 제석댐과 40m 높이에서 떨어지는 수백 줄기의 집체폭포 '눠리랑(諾日朗)'의 위용

동굴 밖의 전형적인 tufa 댐과 소(沼)라고 할 만한 것으로는 터키 남부지방에 있는 Pamukkale 열수온천에서 뿜어 올린 물질이 만들어 낸 제석과 제석소를 들 수 있다.

04_ 물속에서 첨가증식된 수중퇴적물과 계면퇴적물, 그리고 대기 중의 형성물

물속에서 첨가증식된 수중퇴적물(subaqueous deposite)은 그 유형이 다양할 뿐만 아니라 규칙적인 결정체(結晶體)를 이루는 경우가 많다. 예를 들어 나뭇잎 모양의 입체적 결정체를 만들기도 하며, 때로는 뭉게구름 같고 정교한 수중곡석(subaqueous helitites)을 만들기도 한다. 경우에 따라 종유석 말단부가 동굴 속의 작은 pool에 잠기면, 물속에 녹아 있는 이온 상태의 칼사이트(방해석)가 종유석 말단에 부가증식되어 병속을 닦는 막대기 끝에 달린 솔을 연상케 하는 3차원의 퇴적물이 생성된다.

물속으로 드리워진 관상종유석(soda straw) 말단에 첨가증식된 정교한 수엽상의 결정체는 수중첨가증식물(subaqueous deposits)의 정교함을 보여준다.

동굴 내 농도가 짙은 고인 물에서 생성된 3차원성 수중퇴적물. 대기 중의 퇴적물 석순과 수중첨가증식물인 수엽상(樹葉像)의 결정은 수면퇴적물인 선반석(shelfstone, 붕석)을 경계로 양분된다.

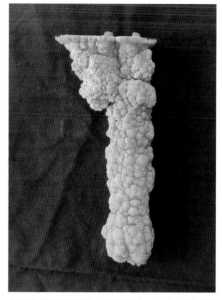

Carol A. Hill과 Paolo Forti가 저술한 『Cave minerals of the World』 347쪽과 Arthur N. Palmer가 저술한 『Cave Geology』 279쪽에 소개된 미국 뉴멕시코 주 Lechuguilla 동굴에 발달한 신기한 수중식석. 물속에 국숫발처럼 뻗이 있다.

수중첨가증식에 의한 수중종유석. 표면이 거친 것은 점적의 충격으로 인한 파문(波紋)에 의해서 부착증식(付着增殖)된 것으로 추리된다.

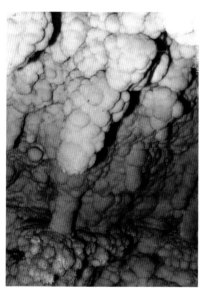

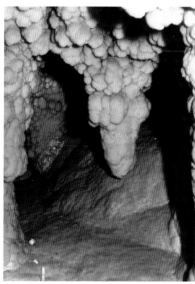

수중첨가증식물의 상징성을 나타내는 동굴운(cave cloud) 현상으로, 동굴 내부가 지난날 소지(沼池)였음을 보여주는 증거라고 할 수 있다.

한편 물과 대기와의 접속부(계면)에서는 물 위에 떠서 움직이는 부정(floating crystal)이 작은 pool의 기슭에 집적하고, 그 pool의 수위가 계속적으로 낮아지면 국화송이 같은 계면퇴적물 anthodites를 만드는데 그 모양이 매우 정교하다.

수중퇴적물과 계면퇴적물, 대기 중의 퇴적물은 이처럼 서로 조화를 이루며 신비한 동굴의 세계를 넓혀

동굴 소지(沼池)의 잦은 수위 변화에 따른 3차원의 동굴퇴적물. 우측 석순의 중간층은 수중첨가증식이 이루어졌는데 좌측 석순 중간층은 전혀 다른 형태로, 동일 소지의 퇴적물로 해석하기 힘든 부분이다. 우측 석순 상층 중간부위에는 moonmilk(석회암동굴 내부에 생성된 백색의 가루와 같은 물질)가 생성되었다.

동굴 내의 대기와 수중 계면(界面)퇴적물인 연옆(lili pad)의 연합물과 소지에서 첨가증식된 수엽(樹葉) 결정체의 묘한 관계를 보여준다. 사진 오른쪽 상단의 원반 위에 얹혀진 국화송이 같은 화형물(anthodite)의 정교함이 신비로운 동굴의 세계를 대변해 준다.

나가는데 이와 같은 과정을 연구하는 학문이 동굴과학이며, 무관심 속에 지나쳐 버릴 수 있는 사소한 현상들에 관심을 두고 연구하는 사람들이 바로 동굴과학자이다.

05_ 포상종유석의 다양한 모습

통상 포상(布狀)종유석을 서양인들은 'bacon like sheets'라고 표현하는데 돼지의 삼겹살을 얇게 저민 것 같은 베이컨을 연상시키기에 충분하기 때문이다. 생성원리를 살펴보면, 포상종유석은 경사진 천장이나 벽면을 따라 삼투되는 물의 흐름으로 생성된다.

우리나라에서는 삼척시 근덕면 초당골에 발달한 초당동굴의 포상종유석이 그 규모가 크고, 이곳저곳을 가격하면 서로 다른 아름다운 음색을 발산한다.

특히 미국 버지니아주에 위치한 Luray 동굴의 속칭 '피아노광장'은 세계적으로 유명하다. 포상종유석을

경사진 천장에 삼투수의 양이 넉넉하고 지속적으로 공급되면 마치 하천이 곡류하는 듯한 모습의 포상종유석이 만들어진다.

삼투수가 경사진 포상종유석을 지속적으로 흐를 능력을 상실하면 포상종유석의 하단이 종유석으로 변형된다.

급경사의 벽면에 생성된 포상종유석은 성장에 한계가 있다. 결국은 연합되어 유석(flowstone)벽으로 변화될 조짐을 보여주고 있다.

포상종유석 진화의 여러 가지 모습이다. 포상종유석에 보이는 붉은 띠는 건우기의 교대로 인해 나타난 것이며 우기에 삼투가 활발했음을 보여주는 증거이다.

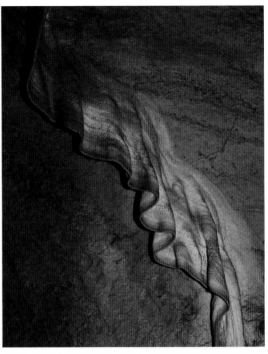

만국기를 걸어 놓은 것 같은 다양한 색조와 형태를 가진 포상종유석. 동굴퇴적물의 신비한 퇴적상을 보여주는 기묘한 형성물이다.

천장의 삼투공에서 공급되는 삼투수 양의 변덕스러운 주기적 변화가 만들어 낸 기형포상종유석. 2차생성물의 변화무쌍한 측면을 보여준다.

초생적 포상종유석(bacon like sheet). 포상종유석이 생성되는 기본 원리를 보여준다. 적당히 경사진 천장 면을 흘러내리는 삼투수의 과다(寡多), 즉 건·우기의 조화가 그 형태를 좌우한다.

버지니아주 Luray 동굴의 속칭 '피아노광장'에서 stalacpipe organ을 연주하는 장면

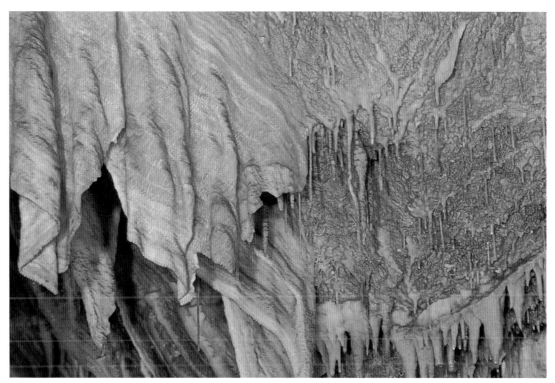
경사진 천장의 절리면을 따라 삼투수가 끊임없이 공급되어 생성된 집중적 포상종유석. 가격하면 부위별로 다른 음색을 낸다.

가격하여 얻은 음색을 녹음하여 만든 음악을 연주를 함으로써 동굴관광의 효과를 한층 높이고 있다. 이 광장의 한쪽 모퉁이 샘가에는 6·25 전쟁에 참전하여 생명을 잃은 버지니아 출신 용사들의 위령비가 있다.

포상종유석은 어느 나라 어느 동굴에서도 관찰되는 보편적 동굴퇴적물이며 발달 정도의 차이는 있으나 희귀성은 없다.

06_ 동굴 확대의 증거를 보여주는 동굴방패

동굴방패는 석회암동굴 내 동굴천장에 둥근 모양으로 붙어 있던 2차생성물이 석회암의 용식후퇴로 부착면을 드러낸 것으로, 그 모양이 마치 중세 무사들이 전장에서 창과 칼을 막는 데 사용하던 방패와 닮았다 해서 붙여진 이름이다. 실제로 동굴을 탐사할 때 동굴의 천장이나 벽면을 손톱으로 긁으면 동굴의 용식확대를 경험하게 된다.

동굴방패는 석회암동굴 내에 보편적으로 발달한 2차생성물로 우리나라의 충북 단양군 대강면의 고수동굴, 강원도 평창군 미탄면 마하리의 백룡동굴, 경북 울진군 왕피천 변의 성류굴 등에 발달하며 주의 깊게 관찰하면 누구나 쉽게 발견할 수 있다.

백룡동굴의 상징적인 동굴방패(cave shield). 그 아래 고드름형 종유석(icicle form stalactites)의 중심에는 석주가, 그 좌우 바닥에는 아름다운 석순들이 훌륭하게 조화를 이루고 있다.

평창군 미탄면 문희마을에 자리 잡은 백룡동굴의 낮은 벽면에 생성된 동굴방패의 하위 부분이 검게 변색된 것은 박쥐의 배설물과 관련이 깊다.

2차생성물의 과도한 집적으로 퇴화하는 동굴방패. 탐사자는 백룡동굴 오부의 '폭풍의 광장' 전면에 전개된 황홀한 2차생성경관을 깊이 감상하고 있다.

울진시 왕피천 변에 발달한 동굴방패가 퇴색하는 모습. 한국 최고(最古)의 석회암동굴인 성류굴은 출입이 용이하여 관솔과 동물의 기름, 석유 등을 사용한 조명물질로 인해 오랜 세월 오염되었다.

기어 들어가야 하는 험로를 50m 정도 들어가면 볼 수 있는 백룡동굴 제1지굴 막장의 우아한 동굴방패. 공간이 넓으면 parachute로 진화할 수 있으나 그럴 만한 공간이 없다.

백룡동굴 주굴 회랑에 발달한 방패석주. 동굴방패는 석회암 원석면의 용식후퇴로 생성된 것이므로 벽면에서 분리되면 장승방패석주가 될 수 있다.

중국 구이린(桂林) 시내에 입지한 치싱옌(七星岩)동굴의 동굴방패. 방패 면에 생성된 미생석순은 희귀한 사례에 속한다.

방패면이 온전히 드러난 단양 고수동굴의 동굴방패. 아름답지는 않지만 방패 면을 100% 드러내는 사례는 그리 흔하지 않다.

07_ 문어바위의 생성과 형태상의 다양성

　문어바위란 동굴 내 벽면의 좁은 공극을 통해 삼투수가 지속적으로 있을 때 삼투수에 녹아 있던 탄산칼슘이 벽면에 침적하여 생성된 일종의 유석(流石, flowstone) 경관이다. 그 모양새가 오징어나 문어에 비교되는 데서 붙여진 이름이며 동상 검붉은 terrarossa에 오염되어 있다.

　국내의 예로는 충북 단양군 대강면 고수동굴의 문어바위가 가장 잘 생겼으며, 다음은 강원도 삼척시 근덕면 초당굴의 문어바위가 보기가 좋다. 뒤를 이어 삼척시 신기면 대이리 환선굴과 관음굴의 문어바위도 볼 만하다.

　세계적으로 널리 알려져 있지는 않지만, 문어바위는 동굴퇴적물이 일정 수준 발달하고 관광을 위해 개발된 동굴이면 어디서나 쉽게 발견되는 동굴퇴적물이다. 서양 사람들의 책 속에서 parachute가 가끔 동굴방패로 등장하는데 이것 역시 문어바위 부류에 속한다.

삼척시 근덕면 초당굴에 발달한 문어바위(cave octopus). 검붉은 색깔은 삼투수가 지표면의 석회암 잔재토인 terrarossa를 반입하였기 때문이다.

단양 고수동굴에 발달한 문어바위로, 동체와 두족부(頭足部)가 잘 조화된 이색적 동굴퇴적물이다. 문어바위는 필자가 처음으로 개발한 용어이다.

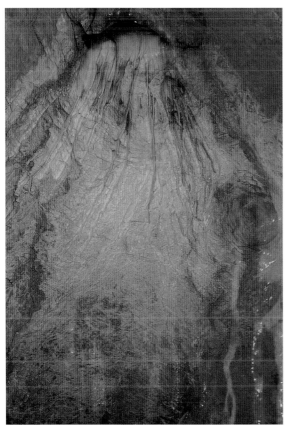

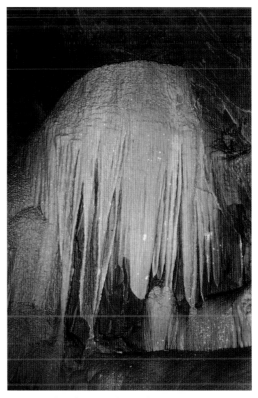

삼척 환선굴 콩돌(pisolite) 광장 벽면에 발달한 문어바위. 마치 피카소의 그림처럼 환상적인 모습이다.

중국 구이린(桂林)시 루디옌(蘆笛岩)동굴에 발달한 문어바위의 변종으로 parachute에 가까운 퇴적물이다. 정상의 평탄면이 인상적인데 이것은 지난날 shower head의 존재를 뜻한다.

08_ 통기대에서 만들어지는 건열

동굴의 입구나 막장에서는 거북이 등처럼 말라 터지고 갈라진 일단의 평평한 진흙 펄이 발견되기도 한다. 이름하여 건열(乾裂, sun crack)이라고 하는데 극심한 가뭄으로 갈라진 소류지(小溜池) 바닥이나 천수답(天水畓) 등에서도 같은 유형이 관찰된다.

동굴 내의 건열은 통기대(通氣帶)에서 생성된다. 동굴 오부의 건열은 부근 어딘가에 외부와 통하는 구멍이 있기 때문에 가능하다. 동굴 입구에서 들어온 기류가 계절에 따른 굴뚝 현상으로 그 구멍으로 빠져나가면서 건조되어 생성된 것으로 추리된다.

우리나라에서는 강원도 삼척시 옥계면 산계리 옥계굴 입구의 건열이 가장 규모가 크고 잘 발달하여 세계적으로 소개할 만하다. 동굴 오부인 막장에 생긴 건열로는 삼척시 근덕면 초당굴과 삼척시 신기면 대이리 환선굴의 건열이 대표적이다.

삼척 옥계굴 입구에 발달한 거북이 등 모양의 건열(sun crack)로
우리나라 최대 규모이며 균열이 깊다.

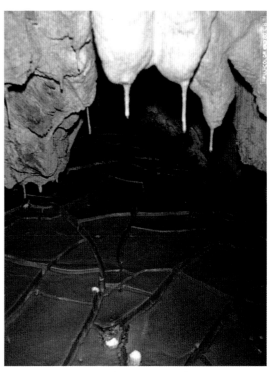

삼척의 천왕사 앞 초당굴의 별궁 오부에 발달한 건열이며 근처에
외부와 통하는 바람구멍이 있는 것으로 예견된다.

옥계굴 입구 건열의 깊은 열극(裂隙). 입구에서 내리막으로 발달한
매우 두터운 진흙층은 생성 자체가 의문이다. 옛 동굴 깊은 곳이 계
곡의 지형진화로 개구(開口)한 것으로 추리된다.

삼척 환선굴 오부에 발달한 건열. 오랜 세월 점적된 석순의 기울어
짐은 바람의 강도를 암시한다. 관상종유석의 정상적 발달은 현재
평온한 상태임을 뜻하는데 건열 또한 많이 퇴색되어 가고 있다.

건열은 동굴 내의 보편적 동굴현상으로 어디에서나 관찰할 수 있다. 특히 망상계통을 가진 큰 동굴일수록 건열의 생성조건에 적합한데, 여러 개의 입구와 출구가 있기 때문에 지난날의 소저(沼底)에 퇴적했던 진흙들이 건열로 변하기가 쉽다.

정선군 남면 무릉리 무넝굴에서 채집된 시료. 석회암의 격자상 엽리(lamina)면을 따라 중탄산칼슘용액이 삼출하여 만든 함상용식(box work)이다.

09_ 함상용식과 절리면, 엽리면의 작용

동굴 내 함상용식(函狀溶蝕, box work)에는 두 가지 유형이 있는데 절리면이나 엽리면을 따라 중탄산칼슘용액에서 2차적으로 생성된 도드라진 볼록형(凸形)과 용식탈거(溶蝕脫去)된 움푹 패인 오목형(凹形)이 그것이다.

볼록형 함상체는 강원도 삼척시 신기면 대이리 환선굴에서 발견된다. 오목형으로는 저명한 동굴광물학자 Carol Hill이 저술한 『Cave Minerals of the World』 제2판(1997) 52쪽에 소개된 미국 사우스다코타주 Wind 동굴의 함상체가 있는데 필자는 그곳에서 관찰하지 못했다.

한편 Hill이 소개한 브라질의 Toka da Boa Vista 동굴의 Septaria(龜甲石)는 훌륭한 볼록형 함상용식이긴 하지만, 필자는 이 동굴이 석회암동굴이 아님을 확인할 수 있었다. 같은 예를 한국의 제주도 한림읍 협재동굴군 조사에서 필자가 발표한 바 있다. 이 내용을 2010년에 저술한 『카르스트지형과 동굴연구』 제V장 04절 252쪽에 기술하였는데, 이와 같은 함상용식은 용암동굴의 주상절리면을 따라 삼투한 패각사 기원의 중탄산칼슘용액 속의 탄산칼슘이 재침적되어 검은 용암과 백색 칼사이트의 조화로운 귀갑석(Septaria)으로 탄생한 것이다.

삼척 환선굴 입구 부근 거대한 전석 덩어리의 엽리면을 따라 생성된 함상용식. 필자가 생성원리를 알기 위해 면밀히 검토하고 있다.

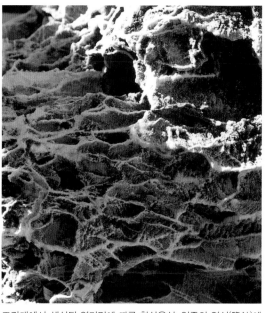

조간대에서 생성된 엽리면에 따른 함상용식. 일종의 염식(鹽蝕)에 의한 tafoni 현상으로도 함상용식이 이루어진다는 것을 보여준다.

10_ splash cup처럼 만들어진 conulite

동굴 속 평평한 바닥에 오랜 세월 한 곳에만 초점을 맞춰 삼투수가 점적되면 새의 보금자리처럼 움푹 파인 작은 와지가 생긴다. 바로 유럽 사람들이 bird bath(새 물통)라고 부르는 splash cup으로 conulite(석배)라는 학명이 붙어 있다. 이 와지에는 pisolite(콩돌)이나 우아한 cave pearl(동굴진주)이 들어 있는 경우가 많다.

마찬가지로 동굴 내 말라가는 진흙 웅덩이에 위와 같이 점적되면 움푹 파인 술잔 모양의 splash cup이 생성된다. 이 앙증맞은 2차생성물은 손으로 잡고 당기면 뽑히는데 동굴 현상치고는 신비하다. 우리나라에서는 단양군 영춘면 남굴의 말라붙은 진흙 웅덩이에서 생성된 바 있다.

한편 제주도에 있는 2차원의 위종유동(pseudo calcareous cavern)인 용암동굴의 바닥에도 conulite가 생성되어 있다. 이것은 바람에 날려 들어간 패각사(shelly sand) 위에 생성된 것으로, 필자가 처음 발견하여 1983년 지리학논총 제10호에 발표한 바 있다. 제주도 한림읍 협재리 용암동굴군 일대의 지표상에는 3.2km² 정도의 범위에 해안에서 바람에 날려온 패각사층이 최대 10m, 평균 4~5m의 두께로 피복되어 있다. 필자는 1960년대 초 이 사구의 이동으로 농가가 매몰된 피해현장을 목격하기도 했다.

미국 사우스다코타주의 Jewel 동굴에는 bird-baths란 이름으로 conulite가 알려져 있고, 말레이시아의 Sarawak 지방 Gunong Mulu 국립공원 내의 Gua Ajais 동굴에서는 부채꼴 모양의 독특한 conulite가 벽면에 발달한 것이 발표되어 주목을 받았다.

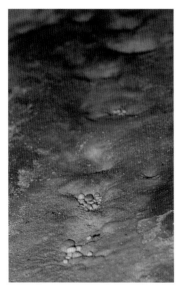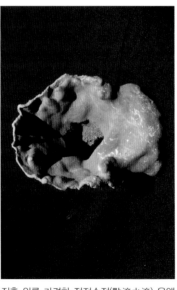

단양군 대강면 노동리 노동굴에 점적수의 가격(加擊)으로 생성된 splash cup의 모습. 컵 속에는 점적의 전동(轉動)으로 생성된 동굴진주가 담겨 있다.

진흙 위를 가격한 점적수적(點滴水滴) 용액 속의 칼슘 성분이 재침적(再沈積)되어 생성된 전형적인 splash cup으로 특별히 석배(石盃), 즉 conulite란 학명이 붙어 있다.

제주도 한림읍 협재리 소재 석종유굴 입구에 쌓인 패각사(shelly sand) 위에 생성된 splash cup의 모습.

11_ 벌레가 파먹은 것 같은 종유석 면이 vermiculation

　필자는 충북 단양군 대강면 고수리 소재 고수동굴의 개발과정에서 벌레가 파먹은 것처럼 2mm 깊이로 파인 종유석을 발견한 바 있다. 이와 같은 종유석의 vermiculation 사례는 세계적으로 유일한 것이다.

　현재까지 알려진 vermiculation으로는 1997년에 발표된 Carol Hill의 저서『Cave Minerals of the World』222쪽에 기록된 이탈리아 Fiume-Vento 동굴의 tiger-skin vermiculation과, 일본인 동굴광물학자 Kashima에 의해 밝혀진 에히메(愛媛)현 세이요(西豫)시 라칸(羅漢)동굴의 짧은 선충형 vermiculation이 있다. 동굴학의 발상지인 슬로베니아 Najdena 동굴에서는 지렁이가 기어다닌 자국과 같은 vermiculation이 발표되었다. 하지만 이들은 모두 동상이나 동벽 또는 천장에 나타나는 문형일 뿐, 한국에서와 같은 입체적 사례는 아니다. Carol Hill의 연구에 의하면 불규칙한 형태의 다양한 vermiculation은 진흙과 점토, calcite 등의 혼합물이며 일본의 사례도 매우 희귀한 것으로 알려져 있다.

충북 단양군 대강면 고수리 고수동굴에서 채집한 용식상(溶蝕狀) vermiculation. 종유석 표면을 벌레가 파먹은 듯한 모양으로, 필자가 동굴개발과정에서 발견하여 학계에 보고하였다.

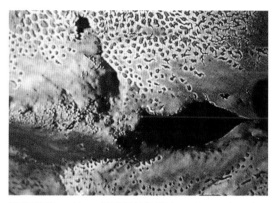

이탈리아 Fiume Vento 동굴에서 보고된 tiger-skin vermiculation. Carol A. Hill의『Cave Minerals of the World』222쪽에 소개되어 있다.

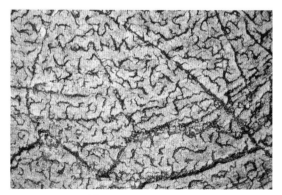

Arthur N. Palmer가『Cave Geology』160쪽에서 보고한 미국 버지니아주 Clifton 동굴의 만곡된 촌충 같은 vermiculation 현상.

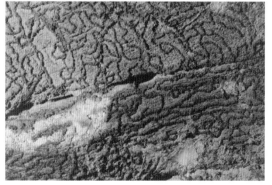

필자의 공동연구자 N. Kashima가 라칸(羅漢)동굴에서 Palmer에 준하는 직선상의 촌충 같은 vermiculation 현상을 발견하여 그의 저서『すねぐろの洞穴のはなし』101쪽에서 보고하였다.

12_ frost work가 만드는 기성 생성물 aragonite needle

동굴 내의 거의 밀폐된 공간에서는 산석(霰石, aragonite)의 서릿발작용(frost work)으로 곡석(曲石, helictites)인 aragonite needle이 만들어지는데 그 결정체가 직선으로 뻗은 바늘 모양이어서 손을 찔러 부상을 입힐 만큼 위협적이지만 반투명하여 매우 아름답기도 하다.

산석의 결정은 습도가 높은 동굴대기에 용존된 물 분자 속의 $CaCo_3$ 성분이 서릿발처럼 첨가증식(添加增殖)된 것으로, 일반적인 곡석과 마찬가지로 기성설(氣成說)이 적용된다. 단양군 대강면 고수동굴 오부 용수굴 수중 사이펀을 통과한 밀폐 공간에 집중적으로 발달되어 있다.

한편 아담하면서도 밀폐된 동굴인 단양군 대강면 천동리의 천동굴은 aragonite needle로 꽉 채워져 있다. 하지만 석회암의 풍화잔재토인 검붉은 terrarossa에 오염되어 검붉은 편이다. 또한 결정체

안개의 물 분자에 용존된 aragonite의 기성 침적물로 매우 청초한 침상퇴적물로 고수동굴에서 발견되었다. 반투명한 일종의 상향 침상결정체이며 aragonite질 상향곡석 heligmite로 생각할 수 있다.

자체가 예리하지 않고 투박하여 사람들에게 크게 위협적인 존재는 아니다. 이곳의 aragonite needle은 바늘의 길이가 짧은 cave velvet이 많다.

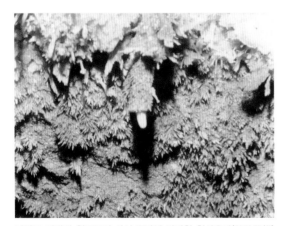

단양군 대강면 천동굴의 산석 동방에 발달한 침상우단(針狀羽緞) aragonite needle의 발달상. 석회암의 풍화잔재토인 terrarossa에 오염되어 있다.

영월 청림굴의 '산석 고슴도치(Aragonite Hedgehog)'로 필자가 명명한 퇴적물이다. 석고질 퇴적물은 연기 등에 쉽게 오염되지만 산석질 퇴적물은 오염되기 어려운 성질을 지니고 있다.

13_ anthodite라 불리는 정교한 화형물

    일반적으로 잘 알려진 동굴 내의 화형물(花型物, anthodite)은 석고화(gypsum flower)이다. 하지만 필자가 조사한 바에 의하면 석회암 원석 벽면에 2차적으로 생성된 순수 calcite의 안구구조(眼球構造, augen structure)가 풍화박리되어 국화 모양의 화형물을 만들기도 한다. 이 화형물은 충북 단양군 대강면 고수동굴 개발과정에서 나선통로를 설치하다가 발견했는데 어디서도 같은 예가 보고된 바 없다. 그 결정체를 채집하여 재구성한 사진과 벽면의 안구구조형 2차생성물 사진을 아래 보여주니 관심 있는 독자들의 의견을 기대한다.

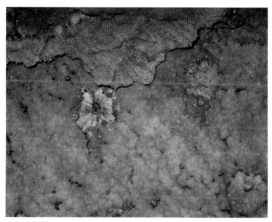

calcite heil의 안구구조(augen structure)가 박리되면 입체감을 주는 정교한 국화송이처럼 변한다. 안구구조가 집중분포된 아래 사진의 상단부 주변에 이처럼 1개가 박리되어 있었다. calcite heil은 독일어로 순수 calcite를 뜻하며 영어의 whole과 같은 뜻이다.

    한편 충북 단양군 대강면 천동굴(泉洞窟)에서는 개발과정에서 풍성 화형물(anemolite)이 발견되었는데 이것은 강한 통로의 바람이 만든 사례이다. 근경(根莖) 부분에 기포(氣泡)가 있는 것이 anemolite임을 뒷받침하여 주고 있다. 또한 cave tulip형, 석고실 국화화형 등 여러 가지 모양을 발견하였다.

    근래 강원도 영월군 남면 청림굴에서 중앙일보 강찬수 기자가 찍어 2006년 6월 30일 자 신문에 발표한 석고화는 세계적으로 우수한 석고화형물의 표준이며, 벽에 붙은 침상석화는 전형적인 산석침상체(aragonite needle)이다.

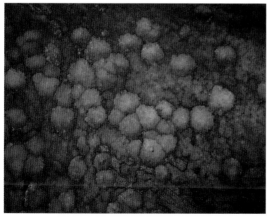

고수동굴 내 나선통로를 오르다 발견한 석회암 원석 면에 부착된 calcite heil의 안구구조 모습. 이 안구구조가 벽면에서 박리되면 국화송이처럼 아름다운 화형을 이룬다.

필자가 박리된 calcite heil을 꽃송이 모양으로 재구성하여 보았다. 국화송이 모양 주변은 벽면에 부착된 calcite heil을 뜯어 내어 필자가 연구한 파편들이다.

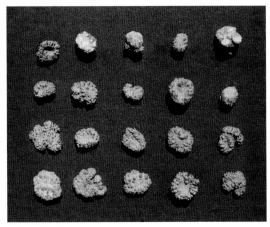

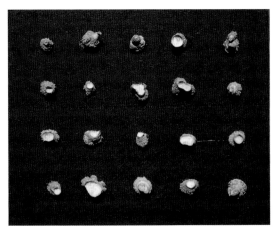

anthodite의 풍성설을 주창하는 학자들은 anthodite로 부르지 않고 anemolite로 부른다. 여기 anemolite는 필자가 천동굴 개발과정에서 본래의 입구를 포복해 들어가는 과정에서 발견한 것들이다.

왼쪽 사진의 anemolite를 뒤집은 뒷모습이다. 기포(氣泡)로 인한 빈 공간이 바람의 세기가 얼마나 강했는지를 보여준다. 표면의 꽃 모양도 바람의 조형물임을 입증한다.

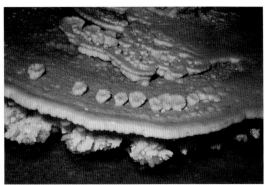

단양군 대강면 천동굴 오부의 꽃쟁반이다. 수면 위 부정(floating crystal)의 결집현상으로 생성된 국화송이 모양의 anthodite이다.

석고화(gypsum flower) 중 가장 정교한 것으로, 강원도 영월군 청림굴에서 강찬수 기자가 촬영하여 2006년 6월 30일 자 중앙일보에 소개하였다.

실국화송이 같은 이 석고 동굴퇴적물은 고수동굴 용수곬 오부의 수중 사이펀(siphon)을 통하여 들어가면 밀폐된 동굴 공간에서 볼 수 있는 기성(氣成) 화형물 anthodite이다.

11_ 중력과 상관 없이 아래위로 구부러지고 뒤틀린 helictite

동굴 내의 기묘한 퇴적물 중의 하나는 전후좌우 위아래 없이 구부러지고 뒤틀린 곡석(曲石)이란 이름의 helictite이다. 곡석은 벽면이나 천장에 발달한 것을 이르는데 calcite질, aragonite질, halite질, gypsum질 등 다양한 물질로 구성되며 통상 좁은 공간에 밀생한다.

한편 동굴바닥에서 상향적으로 발달한 곡석도 있는데 이런 경우에는 heligmite(상향곡석)이란 학명이 부여되며 helictite에 비하면 드물게 눈에 뜨인다. 곡석은 동굴퇴적물이 발달한 동굴이면 어디에서나 쉽게 발견되는 일반적인 퇴적물로 그리 귀한 대접을 받지는 못한다.

곡석의 생성원리에는 여러 가지 이론이 분분하나 대체로 짙은 안개 속의 물 분자에 함유된 calcite의 첨가증식으로 만들어진다는 기성(氣成)이론을 인정하는 학자들이 많다. 또한 특별한 사례로서 오늘날에는 수중곡석이 보고되고 있는데 이것도 수중용존 calcite의 첨가증식체이다.

helictite의 특별한 사례로서는 firamental helictites가 있는데 거미줄 같은 aragonite의 가는 선들이 서로 연결된 상태로 프랑스의 Orgnac 동굴에서 발견되었다. 또 다른 사례로 beaded helictites(구슬곡석)와 엉킨 지렁이 같은 곡석 vermiform helictites도 발표되었다.

동굴벽면의 구상종유석 사이를 비집고 나온 둔탁한 곡석과 아래위로 철사처럼 가늘게 구부러진 순백의 곡석은 동굴퇴적물의 신비함을 그대로 보여준다.

방추형 종유석을 모체로 안개 속의 물 분자에 용존된 calcite가 전후 좌우 상하로 첨가증식됨으로써 생성된 독특한 모양의 곡석으로, 마치 고슴도치 같은 모습이다.

동굴바닥에서 무중력 상태로 천장을 향해 성장하고 있는 상향곡석에 대해서는 일반 곡석 helictite와 구별하여 특별히 heligmite로 부른다.

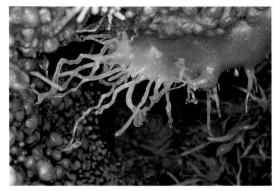

곡석의 생성은 대체로 밀폐된 공간을 선호하는 경향이 있다. 사진의 곡석은 천장에 등을 붙이고 마치 허공을 헤엄치며 기어가는 거미를 연상시킨다.

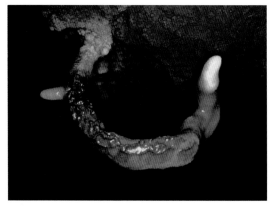

일각수(一角獸, 구약성서에 나오는 이마에 뿔이 하나 달린 전설적 동물)의 뿔을 닮은 듯한 거대한 곡석. 천장을 향해 올라갈 기세다.

미국이 자랑하는 텍사스주 Snora 동굴에서 보고된 정교한 '돌나비(the Butterfly)'는 세계적으로 유명한데 이것 역시 helictite의 한 유형이다. 경상북도 문경시 가은읍 성저굴에서 발견된 사슴뿔처럼 생긴 antler helictite는 동굴바닥에 발달한 일종의 heligmite이다.

여기에 다양한 곡석 사진들을 제시한 것은 곡석의 모양과 환경적 조성인자에 대한 특징을 설명하기 위함이다. 동굴 내 곡석은 중력에 구애받지 않으며 안개와 깊이 관련되어 있다는 공통성을 가지고 있다.

정선군 임계면 백두대간의 쌍계령 너머 영밑굴에 발달한 동굴퇴적물. 종유석과 곡석이 뒤범벅된 모습은 매우 보기 드문 현상으로, 국내에서 촬영된 유일한 사진이다.

천장의 구상종유석과 투명한 종유관, 그 말단에서 점적을 기다리는 물방울, 구상종유석 뿌리에서 뻗어나간 반투명의 곡석(helictite)은 동굴퇴적물의 신비로운 조화를 보여준다.

바람과 안개의 조화로 만들어진 곡석의 화신이라고 할 수 있는 우모상(羽毛狀) 종유석. 1980년대 한불친선 동굴관계자 모임에서 기증받은 필름을 사용하였다.

경상북도 문경시 가은읍 성저리에 입지한 성저굴에서 촬영한 기성(氣成) antler이다. 일종의 heligmite이지만, 사슴뿔처럼 생긴 데서 antler라는 이름이 붙여졌다.

15_ 동굴 내의 pisolite와 cave pearl의 요염한 모습

동굴 내의 평탄한 바닥에 포상유출(sheet flow)이 있거나, splash cup 또는 삼투수의 활발한 점적이 있는 곳에서는 직경 1cm 미만의 콩돌이란 이름의 pisolite가 생성된다. 우리나라에서는 삼척시 신기면 대이리 환선굴이 가장 대표적이며, 충북 단양군 대강면 고수동굴에도 빌딜하였나.

유럽에서는 슬로베니아의 Postojna 동굴이 유명하다. 1973년 Postojna 동굴을 답사한 필자의 공동연구자 N. Kashima 교수가 채집하여 2~3백 개체를 필자에게 우송한 바 있다. 필자는 즉시 연마 단면을 만들었고, 그 구조가 매우 치밀함을 확인하였다.

pisolite에는 여러 변종들이 있다. 필자는 1983년 제주도 한림읍 협재리 소재 2차원의 위종유동 협재동굴군의 황금굴에서 다슬기를 핵으로 길죽하게 첨가증식된 직경 7~8mm인 axiolite(봉상체)와 두께 1~2mm인 tabular(판상체)를 발견하여 『지리학논총』 제10호에 발표한 바 있다.

삼척시 신기면 대이리 소재 환선굴의 콩돌 광장에서 촬영한 콩돌들 (pisolites). 폭우 시 동굴류의 포상유출(布狀流出)로 접시형 와지에 콩돌이 자연스럽게 집적되는 현상을 잘 보여준다.

제주도 한림읍 협재리 소재 황금굴에서 채집한 장경 2mm 이하의 oolite(어란석)들이다. 사진 중심에서 2시 방향에 있는 달팽이 껍데기의 oolite가 이색적이다.

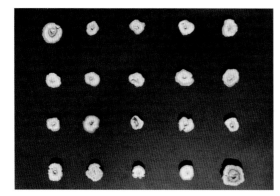

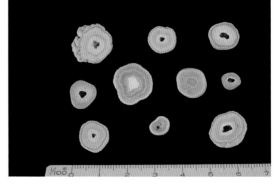

충북 단양군 대강면 고수동굴 개발과정에서 채집한 전형적인 콩돌의 단면들이다. 첨가증식을 증명하는 동심원 중심의 진흙 핵은 단면 제조과정에서 대부분 사라졌지만 두 점은 중심부의 암석 핵이 그대로 남아 퇴적 당시의 모습을 보여준다. 1cm 내외의 직경을 가지는 것이 콩돌의 표준이다.

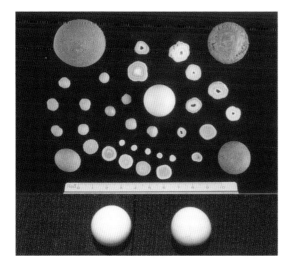

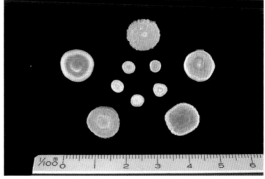

좌우 스케일로 보아 좌측은 2mm에서 2.5cm 사이의 크기이다. 연마과정에서 중심핵이 사라진 것은 진흙 핵이고 살아 있는 것은 암석 핵이다. 크기가 1cm±인 것들은 전형적인 pisolite이고, 좌상의 2cm 이상인 것은 cave ball로 규정한다.

각형동굴진주(cubic cave pearls). Caroll Hill은 Sura Ballmann이 보내온 사진을 소개하고 광물학적 추리만 하였다. 희귀성은 인정되지만 필자 또한 성인 등을 추리할 방법이 없으며 halite(암염)일 가능성도 배제할 수 없다.

최근에는 미국의 동굴광물학자 Carol Hill이 캐나다의 Castleguard 동굴에서 발견된 네모진 각설탕 같은 cubic cave pearls을 『Cave Minerals of the World』 85쪽에 소개하였다. 따라서 pisolite의 유형에는 원형 외에도 봉상, 판상, 각형 등이 있음을 확인할 수 있었다.

필자는 충북 단양군 대강면 천동굴의 개발과정에서 작은 폭담에 담긴 조그맣고 우아한 cave pearl(동굴진주) 3개를 채집하였는데 귀족 성향의 보석인 산호나 진주와 경도가 같은 경도 3의 약한 calcite질이었다.

16_ axiolite와 tabular의 생성이론

필자에 의해 발견되고 세계 최초로 axiolite와 tabular라는 이름으로 보고된 봉상체(棒狀體)와 판상체(板狀體)는 제주도 한림읍 협재동굴군에 속하는 2차원의 황금굴 조사에서 발견되었다. 동굴이 입지한 주변은 겨울철 북서계절풍이 운반한 패각사(貝殼沙)가 용암동굴 위를 평균 5m 두께로 덮고 있었다.

황금굴은 길이가 100m 이내, 너비가 20m 이내로 작은 용암동굴이며, 동굴의 입구는 수직에 가까워 많은 패각사가 동굴의 오부까지 날려 들어감으로써 용암선반 위까지 촉촉한 모래가 덮고 있다. 이 선반 위에 극히 작고 갸름한 담수산 다슬기와 둥근 달팽이가 서식하는데 이는 동굴 위를 두껍게 피복한 패각사로 인

1982년 필자가 겨울방학 문화재관리국의 입굴 허가를 받아 제주도 한림읍 소재 황금굴에서 채집한 담수산 다슬기들로, 첨가증식의 과정을 보여준다.

필자는 다슬기를 핵으로 한 pisolite(콩돌)의 변종을 axiolite(봉상체)로 명명(命名)하여 학계에 보고하였다. 이는 동굴 내의 미세퇴적물인 axiolite에 관한 세계 최초의 연구이다.

필자는 황금굴 조사과정에서 pisolite의 변종인 판상체(板狀體)를 채집하여 그 생성기구(生成機構)를 밝히고 이를 tabuler로 명명하여 학계에 보고하였다. 이는 axiolite와 함께 동굴 내의 pisolite 변종에 관한 세계 최초의 연구사례이다.

해 겨울철 갈수기에도 동굴천장에서 점적이 일어나 가능하였다. 또한 이곳에서 사멸한 달팽이와 다슬기 껍데기도 쉽게 중탄산칼슘용액의 첨가증식을 받아 봉상체라는 특색 있는 pisolite가 될 수 있었던 것이다.

한편 판상체가 발견된 terrace면은 패각사가 없는 용암선반 위를 calcite로 얇게 laminate한 상태였다. 우기인 7~8월에 비교적 큰 물방울이 이곳에 지속적으로 점적되며 판상체가 만들어진 것이다. 판상체는 점적의 가격(加擊)으로 들썩거리며 첨가증식된 것으로 결론지었다.

17_ 동굴 내 석회암 원석지형의 다양한 발달상과 생성이론

석회암동굴 내에는 pothole, bell hole, anastomoses, scallop, natural bridge, keyhole 등 석회암 원석지형(原石地形)이 존재하는데 이들은 각기 생성원인이 다르며 동굴의 생성과 진화발달에 기여한다.

a) pothole: 통상 골짜기를 흐르는 계류천이나 경사가 비교적 큰 급류천의 하상에서 연속되는 단지와 같은 와지(窪地)를 발견하게 되는데 이들 구혈(甌穴)은 모난 돌이 하상이 십자형 절리면을 중심으로 파고 들어간 미지형이다.

마찬가지로 석회암동굴 내에서도 동굴류의 유속이 큰 하상에는 pothole이 생성되는데 우리나라에서는 강원도 삼척시 신기면 환선굴에 세계적으로 자랑할 만한 pothole이 발달해 있다. 환선굴의 pothole 깊이는 1m 내외이고 직경은 50~70cm이며 10여 개가 연이어 있다. 어느 나라에서도 이와 같은 훌륭한 사례가 발표된 적이 없다. 하상에는 연장으로 쓰인 모난 돌들이 갈려서 둥근 돌로 남아 있으나 pothole 내에서는 그 자취를 감춘 지 오래되었다.

b) bell hole: 동굴천장에 발달하는 종호(鍾壺)로 ceiling pocket이라고도 하는데, 이는 계면굴식작용 및 석회암의 용식작용으로 생성된 천정용식대(天井溶蝕袋)이다.

우리나라에서는 충북 단양군 대강면의 고수동굴에 발달한 종호가 가장 아름답고 우아하다. 종호는 웬만큼 규모가 있는 석회암동굴에서는 쉽게 발견되기는 하지만, 일정한 규모와 모양새를 갖춘 종호는 매우 드

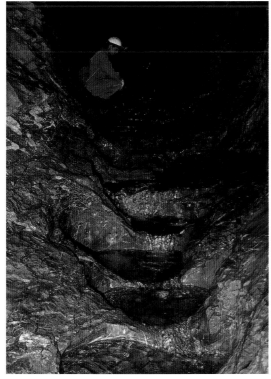

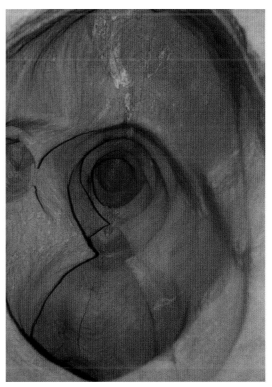

pothole은 일반적으로 계류천의 하상에 생성되는 단지 모양의 침식혈(侵蝕穴)로, 침식에 취약한 십자 절리면에 모난 돌을 연장으로 와류(渦流)가 파고들어간 구멍을 지칭한다. 삼척시 신기면 대이리 환선굴에 발달한 구혈은 세계적인 명물이다.

bell hole(종호) 또는 ceiling pocket이라는 이름을 가진 천정용식대(天井溶蝕袋)는 지하수면과 천장이 접하는 계면굴식작용으로 생성된다.

천장에 발달한 anastomoses는 지난날 물로 충전되었다가 대기가 유입되면서 계면굴식(界面掘蝕)작용으로 생성된 일종의 천정용식구(天井溶蝕溝)이다.

문 편이다. 동굴지질학자 Arthur N. Palmer가 그의 저서에 채택한 사진을 보면 더욱 그러하다.

Palmer는 푸에르토리코의 Cueva del Indio 동굴 천장에 있는 10여 개의 종호군 사진을 채택하였는데 연속된 종호의 주변은 마치 지형도의 등고선처럼 물로 충전된 지하수 계면의 굴식작용을 나타내고 있어 필자의 생성이론 추리를 뒷받침해 준다.

c) anastomoses; 동굴천장에 발달한 용식구거(溶蝕溝渠) 모양의 홈을 지칭하는데, 필자는 1976년 충북 단양군 대강면 고수동굴 개발과정에서 처음 발견한 천정용식구(天井溶蝕溝)에 대하여 천장 카렌(ceiling clint)이란 개념을 부여했었다.

하지만 필자는 Arthur N. Palmer가 2007년 저술한 『CAVE GEOLOGY』를 통해 Palmer가 주장하는 anastomoses와 필자의 ceiling clint가 동일 개념임을 알게 되었다. 이에 술어 간소화 추세에 따라 망상수로(網狀水路)를 뜻하는 anastomoses 개념을 공식화하였다.

Palmer가 발표한 anastomoses는 미국 켄터키주에 위치한 세계 최장의 동굴이며 미국 최초의 관광개발 동굴인 Mammoth 동굴의 천장에 계면굴식작용과 용식작용으로 생성된 미로상의 구거였는데 그 규모가 매우 크고 아름다웠다.

d) scallop; 동굴 내에는 지난날 동굴류의 침식으로 생성된, 마치 물고기 비늘과 같은 인편상(鱗片狀)구조의 침식지형 scallop이 동굴천장이나 동굴측벽에 남아 있는데 통상 상류 쪽이 급사면을 이루기 때문에 지난날 동굴류의 흐름 방향을 판단하는 지표로 사용한다.

강원도 정선군 동면 절골 오부인 각희산(角戱山: 1,083) 남쪽 600m에 지점에 발달한 석회암동굴 절골굴은 동굴의 성장이 멈춘 죽은 동굴(deth cave), 즉 물 한 방울 점적되지 않아 종유석이나 석순 한 점 보이지 않는 건조한 동굴이다. 그러나 우리나라에서 보기 힘든 인편상 구조인 scallop이 천장에 훌륭하게 발달되어 있는 진귀한 동굴로 학술연구상 무게를 지니고 있다. 이와 같은 사례는 중국의 관광명소인 구이린(桂林)의 치싱옌(七星岩)동굴에서도 목격되었다.

한편 동굴과학사상 scallop이 처음 등장한 것은 George W. Moore와 G. Nicholas Sullivan이 1964년에

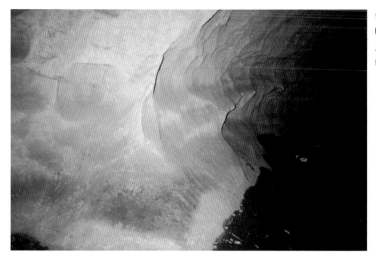

중국 구이린(桂林) 시내에 자리 잡은 치싱옌(七星岩)동굴에 발달한 물고기비늘구조(鱗片狀構造)의 scallop이다. 풍부한 동굴류가 대형 scallop을 만들었다.

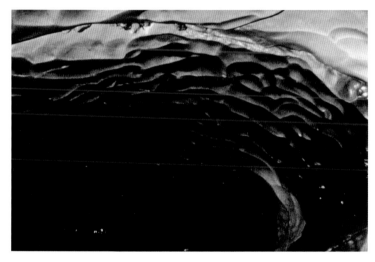

정선군 동면 각희산(角戲山) 산록에 발달한 절골굴의 모식적 scallop이다. 절골굴은 삼투수는 물론 한 방울의 점적도 없는, 성장을 멈춘 지 오래된 deth cave이지만 scallop의 존재는 지난날 풍성한 동굴류가 있었다는 것을 입증한다.

저술한 『SPELEOLOGY: The Study of Caves』 14쪽 삽화에서이며, 여기서 흐름이 빠른 동굴류가 동벽에 만든 오목지의 급사면 쪽이 상류라고 설명하였다.

이후 오늘날 저명한 동굴지질학자 Arthur N. Palmer가 scallop 사진 몇 장을 취급하였으나 호소력이 없었고, 동굴광물학자 Carol Hill은 아예 취급하지도 않았다. 따라서 필자가 취급한 한국의 사례와 중국의 사례는 매우 전형적인 scallop의 표준이 될 것이다.

e) natural bridge; 통상 천연교는 동굴천장의 붕락으로 동굴 밖에 생성되지만, 필자가 3개월 동안 체류하면서 개발한 충북 단양군 대강면 고수동굴 내에는 천연교로 이름 붙인 기념물 2개가 있다.

첫째는 '도담삼봉'을 지나 동굴류가 곡류를 시작하는 입구에 석회암의 용식으로 생성된 아치 모양의 천연교이다. 다음은 '청류석교'로 이름 붙인 천연교인데 '실로암' 샘가를 지나 용수굣로 가는 길목에 있다. 큰

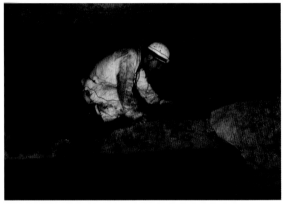

고수동굴 입구 부근에 있는 천연교(natural bridge). 석회암의 용식 진전에 따라 생성되었으며 그 벽면에는 옛날 동굴류의 측방침식(widening)에 의한 유절붕(流切棚, stream cut bench)이 남아 있다.

천장의 낙반으로 고수동굴에 생긴 천연교.

지진의 발생과 더불어 낙반된 석회암괴가 동굴 유로를 가로질러 걸쳐 있고 지질학적 시간의 흐름에 따라 동굴류의 굴식으로 천연교로 변한 모습이다.

　일반적인 동굴 밖 천연교로는 미국의 유타주를 비롯한 세계 여러 곳과 우리나라의 단양 석문 등이 보고된 바 있지만, 동굴 내의 천연교는 위와 같이 필자에 의해 발표된 것이 세계적으로 처음이다. 따라서 이들 고수동굴의 천연교는 오래도록 보존되어야 할 것이다.

18_ 동굴산호로 불리는 splash deposit와 현생산호의 비교

　동굴산호(cave coral)란 동굴 내의 천장에서 떨어진 물방울이 동상에 충돌하며 튕겨지는 물 분자에 함유된 칼사이트의 재침적으로 만들어진 소위 splash deposit로서, 외모상 산호를 닮았다는 단순한 이유로 동굴탐사자들이 붙인 편의상의 용어일 뿐이다.

　그러나 그 모양새는 진짜 산호를 닮았다. 오늘날 열대수역에서 서식하는 강장동물인 현생산호와 지질시대를 통하여 생성된 지층 속에서 채집한 화석산호를 동굴산호와 비교하여 독자의 이해를 도우려고 한다.

　다만 여기에 표본으로 등장하는 화석산호는 제주도 서귀포시 천지연폭포와 하논분지 남쪽에 돌출한 신선바위 일대의 제3기 선신세층에서 채집된 수지상 화석산호이며 현생산호와 큰 차이가 없다. 이 화석산호 표면에서는 100여 점의 연채동물 화석이 2차적으로 채집되었다.

산호를 닮은 동굴퇴적물에 대해 동굴산호(cave coral)란 이름이 붙여졌다. 동굴산호는 점적수적에 용존(溶存)된 calcite의 재침적으로 만들어진 splash deposit이다.

1967년 서귀포층 바닷가에서 수집된 화석산호. 동굴산호와 비교하기 위하여 필자의 소장품을 촬영한 것이다.

동굴산호와의 비교를 위해 열대수역에서 서식하는 현생산호 2점을 촬영하였다. 4개의 시료를 비교해 가며 동굴산호를 음미하기 바란다.

19_ 물 위에 떠서 뗏목처럼 움직이는 부정(浮晶)

　동굴 내 작은 소지(沼池)의 수위가 저하되면 수중의 중탄산칼슘용액 농도도 증가됨으로써 수면에서는 calcite가 결정(結晶)이 되어 눈송이처럼 일정한 기하학적 무늬를 가지게 되는데, 이를 뗏목처럼 물 위에 떠서 움직이는 결정체라는 뜻에서 부정(浮晶, flowting crystal)이라 이름지었다.

　세계적으로 유명한 부정을 볼 수 있는 동굴은 브라질의 Angelica 동굴이며, 우리나라에서도 지리교사이자 필자의 차남인 서인명에 의해 1987년 강원도 영월군 옹정리 평창강 좌안의 괴동굴에서 발견된 바 있다.

　동굴 내 소지의 물이 고갈되면 백색의 결정체가 소저(沼底)에 판상체로 남게 되는데 이를 칼사이트 뗏목(calcite rafts)이라 부른다. 이들은 반복적으로 두께를 더해 가는 한편, 특별한 경우에는 소저에 원추형의 raft cones을 만들기도 한다.

1987년 수원창현고등학교 지리교사로 근무하던 서인명이 영월군 서면 옹정리 괴(塊)동굴에서 발견, 촬영하여 국내 최초로 발표한 부정(floating crystal) 사진.

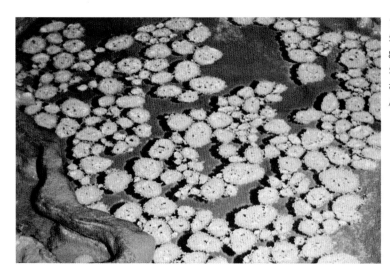

1997년 Carol Hill과 Paolo Forti 공저의 『Cave Minerals of the World』 제2판 89쪽에 소개된 브라질의 Angelica 동굴의 동굴뗏목(cave rafts)으로 필자가 주장하는 부정(floating crystal)이다. Roberto Avari에 의해 촬영된 사진이다.

20_ 동굴류에 침식되어 종유석의 허리가 잘린 비밀의 역사

오른쪽 면 사진에 등장하는 종유석은 고수동굴 오부에서 아주 오랜 옛날 큰 지진충격으로 천장에서 떨어져 동굴바닥에 가로놓여 있었다. 이후 4~5천 년 동안 동굴류가 계속하여 흐르면서 유로에 가로누은 종유석의 허리를 깊이 9cm, 너비 15cm로 식각(蝕刻)한 모습이다.

동양의 사상가인 노자(老子)는 그의 저서 『도덕경』에서 "天下莫柔弱於水 而攻堅强者莫之能勝 以其無以易之 弱之勝强 柔之勝剛 天下莫不知 莫能行"이라고 하였다. 이를 해석하면 "세상에 물처럼 유약한

큰 지진으로 천장에서 떨어져 동굴바닥에 가로누운 큰 종유석을 미세한 동굴류가 오랫동안 침식해서 만들어 놓은 홈이다. 가로 15cm, 깊이 9cm로 식각(蝕刻)해 놓았는데, 이는 유약한 동굴류가 거의 5,000년이란 장구한 세월 동안 꾸준히 침식한 결과이다.

위 종유석의 머리부분을 잘라낸 단면 사진과 본체의 단면 사진. 여기에 나타난 나이테 같은 윤상구조는 기후의 주기성을 나타낸다고 필자는 생각하고 있다. 따라서 기후학적 접근을 제언한다. 동굴퇴적물의 평균 성장속도는 100년에 2mm 내외이다.

것은 없다. 그러나 물은 능히 굳고 강한 것을 공격하며 이길 수 있다."이다. 즉 약하고 유한 것이 강한 것을 이기며 유한 것이 견고한 것을 이길 수 있다는 뜻이다.

빗물이 모여 시내가 되고 시냇물이 모여 강물이 된다. 강물은 높은 곳을 깎아 낮은 곳을 메우며 꾸준이 대지를 삭평형(削平衡)한다. 추녀물이 오래된 고사(古寺)의 댓돌을 뚫고, 동굴 속 물방울의 점적(點滴)이 splash cup을 만들며, 동굴 속에서 졸졸 흐르는 세류가 추락한 종유석의 허리를 10cm 이상 잘랐다는 것은 유약한 물이 거북이와 같은 꾸준한 노력으로 얻은 결과라는 데서 감동적인 진리를 터득하게 된다.

21_ 종유석과 석순은 단면의 모양 및 비중으로 식별한다

천장에서 스며든 이온상태의 중탄산칼슘용액은 종유관의 표면을 타고 흐르면서 종유관을 살지게 키워 종유석을 만든다. 종유석 말단에서 여분의 물은 물방울이 되어 중력에 의해 동굴바닥으로 떨어진다. 동굴

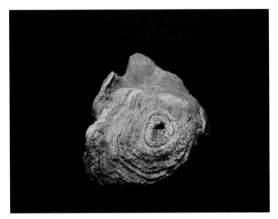

천장에서 붕락한 종유석이 오랜 세월 동굴바닥에서 침식과 용식을 받은 자연상태의 단면이다. 중심도관이 있으므로 종유석임을 알 수 있다. 삼척시 환선굴의 동굴강에서 채집한 것이다.

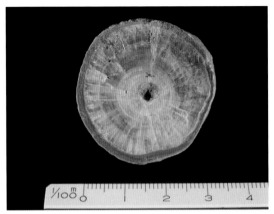

종유석의 인공단면. 중심부에 물길인 관상종유석(soda straw)을 가지고 있으며, calcite의 재결정 과정을 보여주는 쐐기(wedge)형 결정구조를 볼 수 있다.

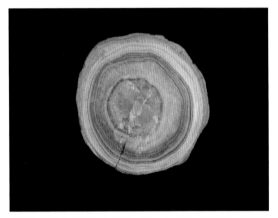

치밀한 석순의 단면을 보여준다. 종유석과 달리 물길인 중심도관이 없으며, 점적수의 가격(加擊)으로 치밀하게 다져진 면과 윤상구조는 기후의 주기성을 나타낸다.

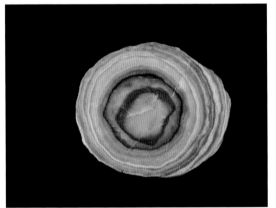

오랜 세월 동굴바닥에 버려진 볼품없는 돌덩어리. 자연의 용식작용으로 윤상구조에 손상을 입었으나 치밀하다. 중심의 흑색 테는 망간의 영향을 받은 듯하다.

바닥에 떨어진 물방울은 수분이 증발하여 동굴대기 속으로 사라지며, 그 속에 섞여 있던 석회질은 물방울의 가격(加擊)으로 다져지며 석순이라는 공든 탑을 쌓아 올린다.

이렇게 만들어진 종유석은 석질이 성기고, 석순은 다져지며 굳어 조밀하다. 따라서 동일한 체적의 비중은 석순이 훨씬 크다. 위에 제시한 사진들을 보면, 종유석은 인공단면과 자연단면 모두가 성긴 면을 보이지만 석순의 단면은 빈틈없이 치밀하며 단단하다.

한국전쟁 중 안타깝게 돌아가신 위대한 나비학자 석주명 선생은 밤중에도 나비가 비상하는 습성을 보고 생태학적으로 종을 식별하였다고 한다. 마찬가지로 잘 훈련된 동굴학자는 암흑 속에서도 동굴퇴적물의 비중과 단면을 만져보고 그 유형을 식별할 수 있어야 한다. 드물기는 하지만 동굴류의 수마작용으로 만들어진 종유석 자갈은 강원도 삼척시 신기면 대이리 환선굴의 동굴강 안에서 필자가 채집한 것이다.

22_ fried egg: 미국 Luray 동굴과 한국 백룡동굴의 비교

동굴 내에는 기형석순의 일종인, 마치 계란을 접시에 구워 놓은 것처럼 노른자위와 가장자리의 흰자위가 확연한 동굴퇴적물이 있다. 기형석순의 일종으로 서양 사람들이 fried egg라고 이름하였는데, 미국 버지니아주에 있는 Luray 동굴의 fried egg가 일찌감치 알려졌다.

그러나 아쉽게도 Luray 동굴의 fried egg는 자

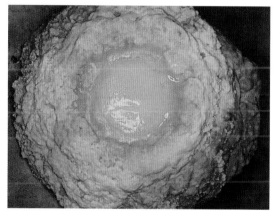

평창군 미탄면 마하리 문희마을에 입지한 백룡동굴 오부의 fried egg. 미국 버지니아주의 Luray 동굴의 fried egg는 인공물이고 이것은 자연산이라는 큰 차이가 있다.

미국 버지니아주에 입지한 Luray 동굴의 fried egg는 석순 아랫부분을 잘라낸 자리에 만들어진 인공물이다. 그러나 이 fried egg에는 석순의 성장원리를 알려주는 중요한 정보가 담겨 있다.

백룡동굴에서 촬영한 fried egg. 석회암 잔재토인 terrarossa와 calcite의 재침적 과정에서 점적(點滴)의 조화로 만들어진 신비한 2차생성물(speleothem)이다.

점적의 조화로 석순 정점에 생성된 fried egg. 이 정도의 2차생성물이 만들어지기까지도 1,000년 이상의 세월이 소요되었을 것으로 추리된다.

연상태 그대로의 온전한 fried egg가 아님을 동굴학자들은 한눈에 알아볼 수 있다. 석순을 잘라낸 자리가 fried egg로 보이는 것이다. 자연산 fried egg로는 우리나라 강원도 평창군 미탄면 마하리 백룡동굴의 것이 가장 그럴 듯하다.

다만 Luray 동굴의 석순 단면은 점적의 위력과 calcite의 재결정과정을 보여주는 교본적 가치가 있다. 수천 년 동안 성장한 아름다운 쌍둥이 석순의 희생을 전제로 하였다는 점도 있겠으나, 이것은 초기 입동자들이 훼손한 것을 활용했다는 뜻으로도 해석할 수 있다.

23_ mud pool에서 채집한 기이한 송이석순

필자는 1974년 단양군 영춘면 남한강 좌안에 자리 잡은 남굴(온달동굴)의 조사과정에서 기이한 송이석순(Song-I mushroom stalagmite)을 발견하여 학계에 보고한 바 있다.

송이석순(Song-I mushroom stalagmite)의 좌우 측면 사진. 시료는 단양군 영춘면 남굴(온달동굴)의 mud pool에서 1977년 채집한 것이다. 남굴은 온달성 아래 남한강 좌안에 발달하여 하천이 범람하면 수몰되며, 상층동굴에 mud pool이 발달되어 있다.

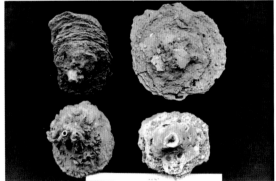

남굴에서 채취한 4개 송이석순 시료의 표면과 이면을 보여주는 사진. mud pool 위에 점적이 이루어지며 석순이 생성되었는데, 필자가 부지 중에 발로 미는 바람에 움직여서 채취할 수 있었다. 이 시료들은 세계 최초로 '송이석순(Song-I mushroom stalagmite)'이란 이름으로 필자의 저서 「카르스트지형과 동굴 연구」(2010) 171쪽에 발표되었다.

송이석순의 생성기구를 살펴보면 다음과 같다. 남굴은 해마다 우기에 한강물의 수위가 높아져 물속에 잠기는 색다른 동굴로, 동굴 안에 진흙이 되풀이하여 퇴적된다. 남한강 수면이 하강적 진전에 따라 남굴에도 몇 단의 상단동방이 있으며 그곳에 지난날에 조성된 mud pool이 남아 있다. 바로 이곳이 송이석순의 산지이다. 이 mud pool 위에 점적이 이루어지며 석순이 생성되었다.

이 동굴을 배태한 모암은 고생계 전기의 Ordovician계의 질이 좋은 괴상 석회암이며 농도 짙은 중탄산 칼슘용액이 점적되고 있었다. 따라서 남굴의 동굴퇴적물(speleothem)은 부근 일대의 다른 동굴에서 채집된 동굴퇴적물보다 경도가 1도 높은 4도를 나타낸다. 송이석순의 뿌리부는 보통 2~4cm로 지상부와 지하근부(地下根部)가 사진과 같이 균형을 잘 이루고 있다.

24_ 평정석순: 강원도 환선굴과 오키나와 교쿠센(玉泉)동굴의 비교

평정석순(flat topped stalagmite)은 그리 흔하지 않은 동굴퇴적물로, 동굴천장에서 낙숫물이 폭포처럼 쏟아지는 곳에 생성된다. 석순의 무양은 정상이 편탄한 둥근 쟁반 같으며 석순의 변두리는 통상 tier라는 이름의 travertine terrace의 축소판 같은 소파상(小波狀)구조를 이루고 있다.

좋은 예로 강원도 삼척시 신기면 대이리 환선굴 광장에 발달한 평정석순이 있는데 그 직경이 70cm를 넘어 둥근 쟁반 같다. 이 석순은 여름에도 추위를 느끼는 써늘한 동굴 속만 아니라면 폭포수처럼 쏟아지는 낙수에 샤워를 즐기고 싶은 충동이 일어날 만한 동굴환경에서 생성되었다.

한편 일본 오키나와(沖繩)현 나하(那覇)시 교외에는 제3기 말 선신세의 산호초석회암을 모암으로 한 교쿠센(玉泉)동굴이 있는데 교쿠센도동굴관광주식회사의 오시로 소겐(大城宗憲) 사장이 여기서 산출된 평

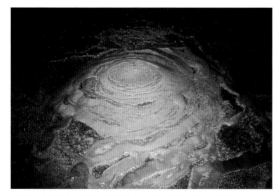

강원도 삼척시 신기면 대이리 환선굴 입구 부근 천장의 shower head에서 폭포수처럼 물이 쏟아지는 바로 아래에 생긴 평정석순(flat top)으로 매우 우아한 모습이다. 지속적인 낙수로 수직확대보다는 평면확대가 용이하여 상향적 면상성장을 지속적으로 이룬 것으로 추리된다.

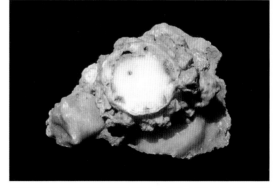

교쿠센도(玉川洞)동굴관광주식회사 오시로 소겐(大城宗憲) 사장이 선물로 가져온 교쿠센동굴의 평정석순. 평정(平頂)의 변두리에 2mm의 제석(堤石)이 생긴 것으로 보아 점적수가 고였다가 빠져나갔을 것이다. 평정의 성인에 대해서는 명쾌한 추리가 불가능하여 앞으로의 연구와 공동 토론회 등 의견수렴이 필요하다.

정석순을 방한 시 필자에게 선물로 가져왔다. 이 평정석순은 순백의 우아한 형태이며, 평정의 가장자리에 높이 2mm의 윤제(輪堤)가 있다. 이 윤제는 농축된 중탄산칼슘용액이 일정시간 평정석순 머리부분에 고여 있다가 유출된 증거이다. 마치 석회화단구(travertine terrace)의 제석(rimstone)을 만들 듯 생성되었다는 것을 짐작케 하는 매우 귀중한 시료로서, 손수 들고온 오시로 사장의 학문을 사랑하는 마음에 감사한다.

25_ moonmilk: 페니실린의 효과가 있는 신비한 약재

필자가 처음으로 moonmilk의 지식을 얻게 된 것은 George W. Moore와 G. Nicholas Sullivan이 1964년에 저술한『SPELEOLOGY: The Study of Caves』에서이다. moonmilk는 동굴 내 2차생성물 표면에 생성되며 백색의 밀가루와 같은 분상(粉狀)물질이다. 두 사람의 연구에 따르면 moonmilk라는 말은 스위스에서 처음 명명되었다. gnome(지정: 地精)을 뜻하는 mon 또는 moon이라고 했는데 이것을 '달'을 뜻하는 독일어 mond로 오해하여 영어 moon으로 잘못 기록하였다고 한다.

moonmilk에 대한 광물학적 연구는 1960~1964년 사이 프랑스와 미국에서 활발하게 연구되었다. 오늘날에는 석회암동굴의 moonmilk에 대한 현미경적 연구가 활발하게 이루어져 그 입자(粒子)는 calcite로 이루어졌음이 판명되었다.

그러나 비교적 따뜻한 지방에서는 동굴벽면의 암석이 dolomite 성분인 마그네슘을 다소 함유하고 있으며, 그 입자는 수능고토석(hydromagnesite), 능고토석(magnesite), 한타이트(huntite), 네스퀘호나이트(nesquehonite), 백운암 등의 마그네슘 광물로 밝혀졌다.

moonmilk의 광물질 분말을 약한 산으로 녹이면 많은 유기질의 찌꺼기(殘渣)가 남는데, 이 찌꺼기는 주로 macromonas bipunctata와 같은 박테리아로 이루어져 있고 방선균류(放線菌類)나 조류(藻類)를 동반하고 있다는 연구결과가 확인되었다. 이들 미생물은 동굴벽면의 광물질 분해를 도우며 moonmilk 속 고체

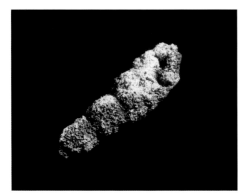 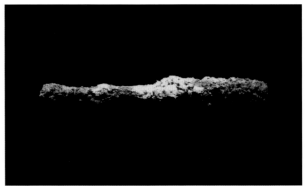

동굴 내 유절붕(stream cut bench) 위에 떨어져 있던 옛 종유석 면에 생성된 moonmilk이다. George W. Moore와 G. Nicholas Sullivan의『Speleology』79쪽에 등장하는 macromonas bipunctata라는 거형 박테리아가 종유석을 갉아먹고 재생산한 것으로 추리된다.

로의 전화옥 두와 줄 것이다.

한편 '동굴 속 방선균류의 의학적 이용'이라 구절 속에는 방선균류가 최근(1960년대) 항생물질의 공급원으로서 많은 연구가 이루어졌고, 과학자들은 특히 동굴 진흙에서 새로운 유력한 항생물질을 얻을 수 있다는 희망을 가졌다는 기록이 있다.

그 옛날 기적의 영약(靈藥)을 꿈꿔 온 16~17세기의 많은 의사들은 상처의 치료에 동굴 속의 건조한 moonmilk를 이용하였다. 그들은 이 물질이 지혈과 탈수작용을 한다는 이유에서 치료의 효과가 있다고 믿었다고 한다. 오늘날의 연구로 moonmilk가 항생물질적 성질이 있는 방선균류를 함유하고 있다는 사실을 알게 되면서, 옛날의 의사들은 지혜로웠고 정확한 과학적 근거를 가지고 moonmilk를 사용했다고 생각한다고 G. W. Moore와 G. Nicholas Sullivan은 기록하고 있다.

아울러 이 책은 다음과 같은 흥미로운 일화가 있음도 소개하고 있다. 심한 감기에 걸린 많은 동굴 연구가들이 동굴 내에서 장시간 활동하는 사이 감기가 말끔히 나았음을 경험한 바 있다는 내용인데, 심지어 필자도 한두 번 경험한 바 있다.

또한 이 책은 사실상 동굴의 깊은 곳은 동굴대기 속에 화분이 없으며, 또한 알레르기에 의한 증상은 그런 맑은 공기 속에서 그 징후가 완화될 수 있고 치료의 효과가 있을 것이라고 기록하고 있다. 이렇게 미지의 동굴 속에서 맑은 공기를 호흡하는 그 자체로 감기나 알레르기와 같은 증상은 경감되거나 완화될 수도 있다는 생각은 호소력 있는 증언으로 받아들여져야 할 것이다.

26_ partial stalagmite: 암석의 쇄설물 위에 생성된 이동 가능한 석순

partial stalagmite은 우리말로 부반(浮盤)석순이라고 부른다. 부반석순은 지진동이나 지질구조상의 문제, 기타의 원인으로 동굴천장이나 측벽에서 붕락한 쇄설물인 암편이나 암괴 위에 생성된 석순이다. 따라서 크기에 따라 들어올릴 수 있는, 이동 가능한 석순을 이르는 동굴학적 용어이다.

여기에 보여드리는 부반석순은 단양군 가곡면 거주의 동굴탐험가 안태수 씨가 기증한 것이며, 영월읍 진별리 남한강 우안의 고씨동굴 월편에 입지한 수직 용담굴에서 채집된 것이다. 석순의 크기로 보아 수천 년 동안 점적의 초점이 흔들림없이 지속되었음을 확인할 수 있다.

partial stalagmite의 용어는 저명한 지형학자 A. K. Lobeck 교수가 1939년에 미국 뉴욕 소재 Columbia 대학에서 출판한 『GEOMORPHOLOGY』 142쪽에서 동굴퇴적물을 도식화한 개념도에 처음으로 등장하는 perched stalagmite에서 유래하며, 필자가 이를 partial로 수정한 것이다.

시료로 등장하는 부반석순(partial stalagmite)은 영월군 하동면 진별리 용담굴에서 동굴탐험가 안태수 씨가 채집하여 필자에게 기증한 것이다. 사진에서와 같이 안정된 사면의 쇄설물 위에 오랜 세월 점적으로 생성된 것임을 알 수 있다. 석순 밑둥을 보여주기 위해 2매의 사진을 사용하였다.

27_ bottle brush는 대기 중의 첨가증식과 수중의 첨가증식이 결합되어 생성된다

종유석은 점적수에 용존된 calcite의 첨가증식으로 성장하는데, 중탄산칼슘용액의 농도가 짙은 동굴 내 작은 소지(沼池)에 이르면 종유석이 물속으로 들어가는 순간부터 종유석의 말단부는 물속에서 첨가증식이 진행된다.

pool 속의 중탄산칼슘용액에 용존된 calcite가 종유석 말단부에 첨가증식되며 종유석과는 완전히 딴판으로 둥근 방망이처럼 성장한다. bottle brush는 이것이 마치 병을 닦는 솔처럼 생겨서 서양 사람들이 붙인 이름인데 동굴 내에서 드물게 발견되는 생성물이다.

국내에서는 충북 단양군 대강면 천동굴에서 필자가 처음으로 발견하여 발표하였다. Carol Hill과 Paolo Forti 공저 제2판 『Cave Minerals of the World』 48쪽의 동굴퇴적물 도식도 속에 잘 표현되어 있지만, 107쪽의 사진 설명은 war-club stalactites 쪽에 더 가깝다.

서양 사람들이 병 닦는 솔(bottle brush)로 이름 붙인 기형종유석. 막대 부위는 종유석이고, 방망이 부위는 물속에서 용존 calcite에 의해 첨가증식(accretion)된 일종의 수중퇴적물(subaqueous deposit)이다.

28 key hole이란 이름의 쥐구멍 통과는 머리만 들어가며 해결된다

　필자의 동굴탐사 경험상 가장 기억에 남는 쥐구멍은 평창군 미탄면 기화리 박쥐굴의 사이펀 통로로서 15도의 경사진 하향통로 5m를 통과하였다. 다음은 삼척시 신기면 대이리 환선굴 막장의 바람구멍 통과인데 이곳은 머리만 간신히 빠져나가는 짧은 쥐구멍이다.

　이 밖에도 어려운 key hole을 수없이 경험하였지만, 평창군 미탄면 마하리 문희마을의 한강 우안 애추(崖錐) 정점에 발달한 백룡동굴의 쥐구멍을 통과하면 보게 되는 2차생성물의 화려한 전개는 쥐구멍이 동굴을 지켜준 고마운 수문장임에 감사하게 된다.

　동서양을 막논하고 동굴연구가들이 바지와 저고리가 붙은 속작업복을 즐겨 입는 이유도 탐사 중에 흔히 겪는 이런 쥐구멍의 통과가 불가능하다고 판단할 때 역행에 대비함이다. 예컨대 평창군 미탄면 기화리 박쥐굴과 같은 하향경사 15도를 역포복으로 후진한다고 상상하여 보라!

강원도 평창군 미탄면 마하리 백룡동굴의 key hole. 오늘날까지 백룡동굴의 동굴퇴적물을 지켜준 수문장(守門將)으로, 이곳을 통과한다는 것은 동굴탐사의 진미를 맛보는 것이다.

강원도 삼척시 신기면 대이리 환선굴 오부의 바람구멍을 매우 힘겹게 통과하는데 천길만길 폭포수가 쏟아지듯 바람소리가 요란하지만 주변에는 아무것도 없다.

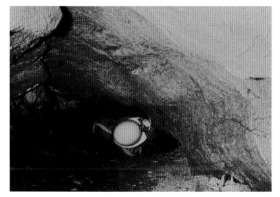

강원도 평창군 미탄면 백룡동굴에서 key hole을 통해 안에서 밖으로 나오는 모습을 촬영한 것이다. 위쪽의 사진이 안으로 들어가는 모습이다.

강원도 영월군 서면 옹정리 평창강 좌안에 발달한 괴(槐)동굴 탐사를 마치고 key hole로 나오는 장면이다. 이곳에서는 한국 유일의 부정(floating crystal)이 발견되었다.

석회암동굴 내의 기이한 퇴적물 pop corn이다. aragonite needle pop corn은 기성(氣成) 퇴적으로 만들어지며, 극히 폐쇄된 동굴 공간을 선호하는 경향이 있다.

평창군 미탄면 문희마을 백룡동굴 오부의 촛대형(candle shaped) 석순 밑둥에서 splash deposite로 생성된 pop corn이다. 왼쪽 사진의 pop corn과는 성인상 근본적으로 큰 차이가 있다.

29_ pop corn은 splash deposite와 기성 퇴적 두 가지 성인으로 생성된다

동굴 내 pop corn의 생성은 주로 점적수가 동굴바닥을 가격하여 튕겨나온 2차적 물방울 속에 용존된 calcite의 재침적으로 만들어진다. 특수한 예로는 aragonite(산석)의 frost work(서릿발 작용)와, 짙은 안개 속 물 분자에 용존된 calcite에 의한 생성이라는 기성(氣成) 이론도 생각해 볼 수 있다.

splash deposite로 생성된 pop corn으로는 강원도 평창군 미탄면 백룡동굴 오부의 석순 밑둥에 생성된 pop corn이 있다. aragonite의 frost work로 생성된 팝콘으로는 미국 사우스다코타주의 Wind 동굴과 뉴멕시코주의 Lechuguilla 동굴의 button popcorn이 알려져 있다.

위의 왼쪽 사진은 1980년대 초 프랑스 동굴학계 인사들이 친선방문 시 주고 간 것으로, 산석의 서릿발 작용으로 생성된 pop corn이다. 이 밖에 헝가리의 Józef-hegy 동굴에서도 발표되는 등 pop corn은 동굴의 보편적 퇴적물로 주의깊게 관찰하면 어디에서나 쉽게 발견할 수 있다.

30_ travertine terrace의 변형인 cauldron shaped hollow

우리나라의 단양군 대강면 고수동굴 '실로암' 약수터에는 석회화단구의 변종으로 '선녀탕'이란 이름이 붙은 가마솥 모양의 와지가 있다. 이름 그대로 cauldron shaped hollow, 즉 부상와지(釜狀窪地)이다. 이는 중탄산칼슘용액의 공급이 활발할 때 높이 쌓인 travertine terrace(석회화단구)에서 제석소의 물이 고갈되고 제석만 남은 것이다. 부상와지는 동굴류가 풍부하고 일정한 규모의 석회화단구가 발달한 동굴에서는 쉽게 관찰되는 동굴 현상이다.

충북 단양군 대강면 고수동굴에 있는 부상와지(釜狀窪地) '선녀탕'. 석회화단구(travertine terrace)의 변종인 이 와지에 검은머리의 두 여인이 앉으니 마치 욕조에 들어간 것 같은 모습이다.

슬로베니아 디바차(Divača)의 Skocjan에 있는 Skocjanske 동굴의 부상와지(cauldron shaped hollow)에 앉은 전 일본동굴협회장 야마우치 히로시(山內浩)의 생전 모습이다.

유럽에서는 카르스트 지형학의 발상지인 슬로베니아의 Skocjanske 동굴에 아름다운 부상와지가 발달했다. 1976년 일본 에히메대학 동굴탐사대의 일원이던 일본동굴협회 고 야마우치 히로시(山內浩) 회장이 이곳에서 기념촬영을 하였다.

세계 최대의 부상와지는 태국 바농가동굴의 것으로, 제석의 높이만도 무려 8m에 이른다고 한다.

31_ 장석을 포획한 귀한 동굴퇴적물 cave flint

충청남도 옥천군 청성면 장수리 광주리산에 있는 동굴은 1:50,000 옥천도폭의 북동 모퉁이에 위치한다. 부근 일대의 지질은 지질시대를 알 수 없는 변성사질암 속에 석회암이 점재하고 있는 상태다. 1975년 1월 동굴거미학자 임문순 교수의 제안으로 광주리산 동굴을 찾았다. 예상한 대로 동굴다운 동굴이 아니라 오랜 세월 노변에 무방비 상태로 노출되어 2차생성물은 보잘 것 없었다. 하지만 돌무더기 속에서 말로만 전해 듣던 귀중한 cave flint를 발견하였다.

이것은 2차생성물이 장석을 포획한 상태로, 줄무늬도 선명한 cave onyx가 장석을 귀한 보석인 양 겹겹이 둘러싸고 있는 모습이었다. 문헌상 뉴욕주의 Onesquethtaw 동굴에서 cave flint의 존재가 보고된 바는 있으나 한국에서는 처음으로, 필자로서는 의외의 성과를 거두고 답사를 마무리하였다.

같은 해 8월에는 전남 화순군 백학산 남쪽 기슭의 영제굴에서 경도 6도의 규석 종유석 시료를 얻게 되었

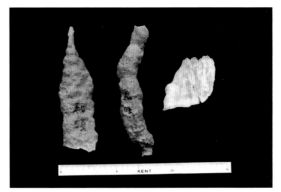

충청남도 옥천군 청성면 장수리에 입지한 광주리산 굴에서 채집된 동굴퇴적물에 포획된 차돌 cave flint이다. 매우 희귀한 동굴퇴적물로 한국 최초의 발견으로 기록된다.

전남 화순군 북면 백아산 남쪽 기슭에 발달한 영제굴 막장의 폭포 광장에서 채집된 경도(硬度) 6의 규석질 종유석 시료이다.

는데, 21세기에 들어 브라질고원에서 장대한 규석동굴과 규석 2차생성물이 보고된 이후에야 그 실체를 인식하게 되었다. 하지만 2차생성물에 포획된 사례는 극히 드물다.

32_ 예리하고 날카로운 투명석고 dog tooth

견치석(犬齒石, dog tooth)은 강아지의 예리한 송곳니를 연상케 하는 동굴 내의 무색투명한 calcite의 결정체를 이르는 말이다. 아래 사진은 당양군 영춘면 남한강 좌안에 입지한 남굴 조사에서 1976년 우연히 발견하고 촬영한 것이다. 이와 같은 투명한 석고에는 특별히 selenite란 학명이 붙어 있는데 이는 그리스어의 selene, 즉 달처럼 흰 빛을 반사한다는 뜻에서 이름지어졌다고 알려져 있다. 필자는 고수동굴 개발과정에서 얇은 박판상(薄板狀)의 selenite를 진흙 속에서 발견한 바 있다.

단양군 영춘면 남굴은 남한강 좌안에 발달한 동굴이다. 우기에는 하천의 범람으로 수몰되기도 한다. 통상 물로 가득 찬 동굴 오부와 답사 가능한 결절점에 발달한 견치석(dog tooth)이다.

33_ 동굴 내에서 여러 가지 퇴적상을 보여주는 gypsum gatherer

gypsum gatherer은 석고 집적물이란 뜻이며, 동굴 내에서 가장 다양한 모습을 보여주는 퇴적물이다. 즉 석고화(gypsum flower), 침상석고(gypsum needle), 설구석고(gypsum snow ball), 투명석고(slenite) 등 여러 가지 모습으로 나타난다.

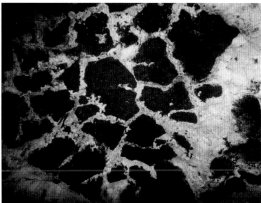

제주도 용암동굴의 주상절리면을 따라 삼투한 패각사 기원의 중탄산칼슘용액이 동굴천장에 보기 좋게 귀갑석(septaria)을 만들었다.

동해시 옥계면 산계리에 자리 잡은 석회암동굴에는 석고 퇴적물이 풍부한데 석고화를 비롯해 설구석고 등 다양하다.

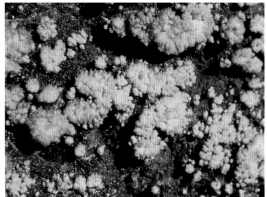

제주도 한림읍 2차원의 위종유동 황금굴 조사에서 용암동굴(lava tunnel) 내에 지표를 덮은 패각사(shelly sand) 기원의 석고 퇴적물이 천장에 발달하고 있음을 확인하였다.

34_ 미세물질 tufa와 조잡하고 성긴 travertine 제석

석회화댐(rimstone dam, 石灰華堰堤)에는 2가지 유형이 있는데 그 첫째는 아키요시(秋芳)동굴의 햐쿠마이사라(百枚皿)로 알려진, 아주 미세한 물질 tufa로 구성된 댐이다. 미세한 tufa가 얇게 그리고 높이 쌓아올려져 물 한 방울 샐 틈이 없는 rimstone dam이 만들어지는데 이것은 동굴 내에만 존재한다.

반면 조삽하고 성긴 물질인 travertine은 주로 동굴 밖 계류천에서 rimstone dam을 만든다. 우기에는 잡다한 물질들이 계류천에 운반되고 갈수기에는 정체되어 쌓이는데 그 위에 석회화 물질 travertine이 쌓여 둑을 만든다. 이것은 치밀하지 못하여 사방에서 누수되면서 집체폭포(terminal fall)가 된다.

동굴 내의 travertine도 rimstone dam을 만드는데 물이 새지 않는 좋은 사례는 강원도 삼척시 근덕면 대이리 초당굴에서 발견된다. tufa dam은 삼척시 신기면 대이리 환선굴에 발달이 현저하지만, 댐이 그리 높지 않고 접시형을 이루는 것이 특징이다.

일반적으로 제석(rimstone)에는 2가지 유형이 있는데 그 첫째는 미세하고 치밀한 물질이 퇴적된 것이다. 일본에 있는 아키요시(秋芳)동굴의 햐쿠마이사라(百枚皿)로, 얇은 제석이 미세퇴적물 tufa이다.

일본 오키나와현 나하(那覇)시 교외에 자리 잡은 교쿠센도(玉泉洞)에 발달한 석회화단구의 제석은 투박하며 성긴 물질로 구성되어 있다. 위와 구별하여 travertine이라고 부른다.

35_ 동굴 내의 작은 소지 위에 연잎처럼 둥글게 퇴적한 lily pad

충북 단양군 대강면 천동굴의 농도 짙은 소면(沼面)에서 생성된 lily pad. 2층 구조는 기후변화에 따른 수면의 변동을 말하며, 그 아래 구부러진 수중퇴적물은 바로 수중곡석(subaqueous helictit)으로 매우 진귀한 동굴퇴적물에 속한다.

3차원의 입체적 동굴퇴적물. 맨밑의 기대(基臺)는 지난날의 수면에서 생성된 lily pad이고, 중간부위는 오랜 세월 물에 잠겨 생성된 수중첨가증식물이며, 최상단의 검은 부분은 대기 중에서 점적으로 생성된 석순이다. 기대 위에는 갈수기에 점적으로 생성된 미생석순이 있다. 대기와 수중의 교대로 생성된 시공의 역사가 기록되어 있다.

동굴 내 소지(沼池)에서 부유(浮游) calcite의 집적으로 만들어지는 둥근 연잎 모양의 수중퇴적물(subaqueous deposite)을 lily pad라고 한다. 일반적으로 물과 대기가 만나는 수면 위에 둥근 쟁반 모양으로 생성되는 계면(界面)퇴적물로 그 모양새가 매우 아름답고 정교하다.

국내에서는 충북 단양군 대강면 천(泉)동굴에서 유일하게 발견되었으나 중국에서는 많은 동굴에서 보고되었고, 이탈리아의 Sardinia섬의 coke table이 가장 정교한 사례이다. 하지만 그리 희귀한 동굴퇴적물은 아니며 수류와 소지가 많은 동굴에서는 일반적으로 발달할 것으로 예상된다.

36_ 동굴 내의 괴상한 퇴적물 erratic stalagmite와 pseudo stalagmite

기형석순(erratic stalagmite)의 사례는 수없이 많이 보고되어 있다. 평창군 미탄면 백룡동굴의 방랑시인 김삿갓, 미국 뉴멕시코의 Slaughter Canyon 동굴의 험상궂은 얼굴을 한 거지석순 등등 매우 다양하다.

그중에서도 특기할 바는 강원도 평창군 미탄면 마하리 백룡동굴 오부 '폭풍의 광장'에 있는 위석순(僞石筍, pseudo stalagmites)이다. 천장의 일부가 함몰역전(陷沒逆傳)하면서 거꾸로 천장을 향하게 된 지난날의 종유석이 다른 정상적인 미생석순들과 같이 서 있는데 아마 세계적으로 희귀한 사례일 것이다.

석순 무리의 기형성으로 보아 천장에서 매우 복잡하게 불안정한 점적(點滴)과 낙수(落水)가 이루어짐을 알 수 있다. 사진의 우측 상단에서는 떨어지는 물방울이 보인다.

점적의 이상이나 지반의 침하, 기압배치의 주기적 변화 등 여러 복합적 원인으로 기형의 종유석과 석순이 생긴다. 마치 산곡풍과 해륙풍이 주야간의 기압배치에 따라 바뀌듯 동굴 내에도 기류의 이상이 발생하므로 동굴을 탐사할 때는 호일과 같은 은박지로 바람 방향을 때때로 점검해야 한다.

백룡동굴 '폭풍의 광장' 변두리에서는 오래전 일어난 지반의 침하로 기울어진 석순과 바로 선 새 석순이 교차하는 듯한 기이한 광경을 연출하고 있다.

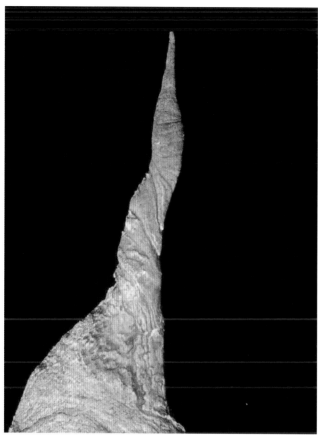

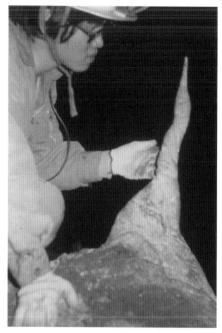

이 위석순은 백룡동굴 천장의 일부 함몰역전(陷沒逆傳)으로 천장에 매달려 있던 종유석이 마치 석순처럼 천장을 향해 서 있는 것이다. 사진은 흐리지만 크기를 가늠하기 위해 인물사진을 선택하였다.

1970년대 초 백룡동굴 '폭풍의 광장'에서 필자가 처음으로 발견하여 위석순(pseudo stalagmites)이란 이름을 붙이고 학계에 보고한 일종의 기형석순. 표면은 풍화, 박리되어 가고 있다.

비교 관찰을 위해 제시한 전체 사진이다. 함몰역전된 암괴와 위석순, 암괴 위에 점적으로 새롭게 생성되는 석순, 암괴의 부분적 갈라짐으로 기울어져 가는 사석순(斜石筍) 등을 종합적으로 볼 수 있다.

37_ 구상종유석과 풍선석

　아래 구상종유석(spherical speleothem) 사진은 한국의 삼척시 신기면 관음동굴에서 촬영된 가장 모식적인 사례이다. 구상종유석에 관해서는 일본 에히메(愛媛)대학교 지구과학과의 N. Kashima 교수의 연구가 거의 유일하다. Kashima 교수는 속이 빈 구상종유석의 성인에 대해 동굴 내 점토와 탄산칼슘의 상호전환작용으로 만들어지며, 이와 같은 상호선환작용은 선우기의 되풀이와 밀접한 관세가 있는 것으로 추리되지만 앞으로의 연구가 필요하다고 기록하였다.

　한편 풍선석(balloon stone)은 농도 짙은 중탄산칼슘용액에서 발산하는 가스로 인해 생성된 기포와 깊은 관련이 있는 것으로 추리되고 있다. 하지만 아주 오랜 세월 동안 생성되는 동굴퇴적물의 연구는 실험이 불가능하기 때문에 동굴학자 제각기의 추리에 의한 것일 뿐, 생성기구의 실체를 알기는 힘들다.

구상종유석(spherical speleothem) 일반적으로 점토와 중탄산칼슘용액의 발포성에 기초하여 생성된 동굴퇴적물이다. 일본의 N. Kashima 교수에 의한 속이 빈 구상(中空球狀)의 종유석에 대한 연구 보고가 있다.

풍선석(balloon stone)은 농도 짙은 중탄산칼슘용액의 물거품에 의해 만들어진다. 구상체를 면밀히 관찰해 보면 가스 탈출에 의한 찌그러짐이 보이기도 하고, 터뜨려 보면 대부분 구상체 내부에 기포가 들어 있던 공간이 확인된다.

38_ 동굴탐사자의 생명을 위협하는 pit fall

동굴탐사자들의 간담을 써늘하게 하는 것은 암흑 세계에서 불쑥 나타나는 함정인 pit fall이다. 이 pit fall이 있는 곳에서는 기류가 좁은 공간에서 넓은 공간으로 전환되면서 천길 벼랑에서 떨어지는 폭포소리와 같은 음향 반응을 이르켜 탐사자들을 공포 속으로 몰아넣기도 한다.

강원도 삼척시 신기면 저성골 저성굴과 대이리 관음굴의 오부에 있는 key hall인 '바람구멍', 평창군 미탄면 마하리의 백룡동굴 회랑에 발달한 공동 등이 그런 함정들이다. 함정 아래에서 나는 요란한 물소리와, 사진을 찍는다고 한 발짝 뒤로 물러서다 바라본 열 길 갈라진 틈이 두려움을 배가시킨다.

강원도 정선군 남면 발구덕 길목의 33m 수직굴에서는 날렵한 표범이 토끼사냥 중 추락하여 앙상한 뼈만 남긴 채 발견되기도 했다. 동굴탐사자들의 경계심을 높여 주는 사건으로, 동굴 내에서는 느리게 행동하며 한 발 한 발 내디딜 때마다 주변을 잘 살펴야 안전을 도모할 수 있음을 알게 한다.

pit fall은 흔히 암흑세계인 동굴 내의 깊이 갈라진 틈 또는 우물처럼 깊게 함몰된 공동을 이르며, 생명을 위협하는 위험한 곳이다. 동굴 속에는 이런 곳이 도처에 도사리고 있으므로 동굴 내의 행동은 느리고도 침착하며 신중해야 한다.

평창군 미탄면 마하리 백룡동굴 회랑 (回廊)에 발달한 pit fall. 함정 아래에서는 요란한 물소리까지 들려와 탐사자들을 더욱 겁먹게 한다.

사람이나 동물의 골편에도 첨가증식이 이루어져 있다. 심지어 크로마뇽인들이 그린 벽화, 목편, 나무뿌리, 도자기, 토기, 외부에서 반입된 돌덩어리, 방향 지시석 cairn 등 동굴 안에서는 모든 물체에 첨가증식이 일어난다.

동굴 안에서 첨가증식된 다양한 물체들. 필자가 다년간 수집한 물체들로 맥주병 파편, 플라스틱 단추, 숯덩이, 철사, 달팽이 껍데기, 골편(骨片) 등 다양하다.

39_ 석회암동굴 안에서는 모든 물체가 첨가증식된다

필자는 30여 년 동안 동굴 내의 깊은 곳에서 여러 가지 물체들을 채집하였다. 이들은 모두 첨가증식 (accretion)이 이루어진 물체들로서 1910년대의 맥주병 파편, 플라스틱 단추, 숯덩이, 위험 표시로 설치한 철조망 철사, 동물의 골편, 토기와 자기류 및 이질암으로 쌓아올린 cairn, 나무토막 등 매우 다양했다.

이 외에도 달팽이 껍데기, 목편, 심지어는 동굴 내로 깊숙이 침입한 살아 있는 나무뿌리 등 모든 물체에 예외없이 막을 입히는 작업이 진행되고 있었다. 대기 속의 물 분자에 용존된 칼슘이 안개 상태로 일정한 속도를 유지하며 물질의 종류와 관계 없이 그 표면에 첨가증식되는 것이다.

수집한 물체들 중 눈에 띄는 것은 위 왼쪽 사진 하단에 있는 카이젤 수염 같은 가는 선이다. 동해시 옥계면 산계리 서대굴에서 수집한 것인데 서대굴은 지난날 금광석을 채취하던 동굴이다. 동굴류가 깊은 낭떠러지 협곡을 흐르기 때문에 광부들의 안전을 위하여 야전용 쇠말뚝과 철조망을 설치했었는데 쇠말뚝과 철조망은 산화되어 거의 사라졌고 그 잔영이 첨가증식된 채로 남아서 철조망의 잔해임을 알려주고 있었다.

40_ 동굴 안에 선인들이 남긴 벽화와 조소

프랑스 남서부 Perigord 지방의 석회암지대에 자리 잡은 Lascaux 동굴 속에는 크로마뇽인이라 불리는

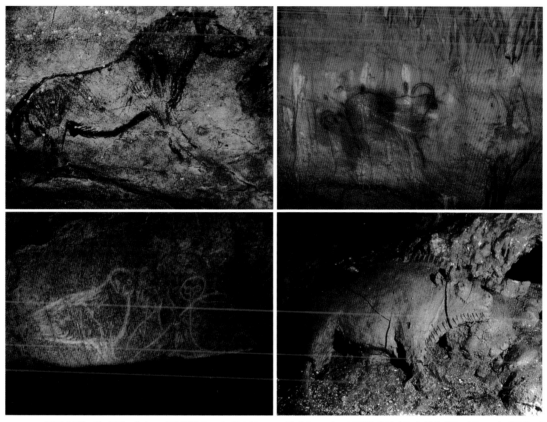

Lascaux 동굴에 있는 말, 영양, 새가 그려진 벽화와 조소 황소상. 1980연대 초 프랑스 동굴학계 인사들이 친선방문 시 주고 간 필름을 사용하였다.

선인들이 남긴 예술작품들이 남아 있다. 이들은 건조한 동굴 오부의 천장이나 벽면에 채색화를 그려 놓았을 뿐만 아니라 여러 형태의 역동적인 예술작품들을 남겨 놓았다.

이들이 그린 벽화 속의 동물은 매머드, 바이슨, 맷돼지, 염소, 순록, 말, 황소 등 다양하며 이들을 사냥하는 모습, 사냥꾼이 견누는 활을 피하여 도망치는 모습 등 활력에 넘치는 묘사가 주를 이룬다. 뿐만 아니라 이들은 동굴 속에 풍부한 진흙으로 입체적인 동물상, 특히 황소상을 만드는 등 동굴 오부에 조형 미술을 구사하였다. 제시된 사진은 1980년대 초 프랑스 동굴학계 인사들이 한국동굴학회를 친선방문하면서 주고 간 필름을 사용하였다.

Lascaux 동굴의 벽화는 자그마치 800점을 넘는다. 이들 유물은 선인들의 생활상을 보여주는 중요한 고고학적 유물이다. 1948년 일반인들에게 개방되었는데 많은 입동자들의 호흡으로 인한 습기와 조명으로 훼손이 심각해져 1963년 보존을 위해 동굴을 폐쇄하였다. 1983년에 이르러 부근에 Lascaux 동굴을 똑같이 복제한 제2의 Lascaux 동굴을 만들어 관광객에게 제공하고 있다.

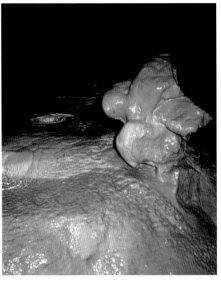

일본 고치(高知)현 도사야마다쵸(土佐山田町) 류가도(龍河洞)동굴의 오부에 자리 잡은 선사인들이 사용하던 토기 가미노쯔보(神の壺). 2차생성물의 피복상태로 보아 4~5천 년의 세월이 흐른 것으로 추리된다.

강릉시 옥계면 산계리 옥계굴 중앙광장에 자리 잡은 석기시대 선인들이 쌓아올린 방향표지석(cairn)으로, 2차생성물의 피복상태로 보아 4~5천 년의 세월이 흐른 것으로 보인다. 동굴퇴적물의 첨가증식 속도는 100년에 평균 2mm 내외이다.

41_ 토기와 자기 그리고 cairn

　일본 고치(高知)현 가미(香美)군 도사야마다쵸(土佐山田町) 동쪽에 자리 잡은 류가(龍河)석회암동굴에는 천연기념물로 지정된 가미노쯔보(神の壺)라는 토기가 2차생성물 속에 10cm가량 묻혀 있다. 이 토기는 선사인들이 사용하던 것인데 동굴퇴적물의 침적 속도로 보아 5천 년 전후의 것으로 추리된다.

　우리나라의 강원도 명주군 옥계면 산계리 옥계굴 오부의 샘가에도 고려자기가 묻혀 있었으나 무지한 사람들의 훼손으로 파괴되고 그 흔적만 있다. 다행히 옥계굴 중앙광장에는 cairn이라고 부르는 수천 년 전의 방향표지석이 그대로 첨가증식된 채 남아 있다.

42_ 동굴 내외의 각서, 묵서, 낙서 등에서 역사를 읽는다

　중국의 관광도시 구이린(桂林) 교외의 루디엔(蘆笛岩)동굴 속에는 동굴벽서들이 있는데 주로친구들의 우애를 다지는 글들이다. 그런 글에 서명한 사람 중에 옌정(顔證)이란 이름이 있는데 고증에 의하면 옌정은 1200년 전 계주자사(桂州刺史)의 관직에 있던 사람이다. 이는 이미 1200년 전에도 구이린 교외의 루디엔

중국 구이린(桂林) 시내 치싱옌(七星岩)동굴 근처의 룽텅옌(龍騰岩) 안에는 음각과 양각 및 묵서로 만들어진 많은 글귀들이 있다.

Robert Bouchal과 Josef Wirth가 저술한 『Österreichs faszinierende Höhlenwelt』 92쪽에 소개된 동굴낙서. 오스트리아 Johann-stainer 동굴에 1889년 7명의 친구들이 자전거를 타고 와 남긴 기념낙서로, 우수꽝스러운 자전거 그림이 인상적이다.

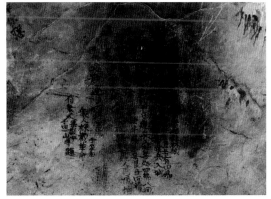

중국 구이린(桂林) 시내 동굴 속의 묵서. 국부군 패잔병의 따분한 신세타령을 담은 묵서이며, 전우들과 더불어 기명하였지만 지워버리려 한 흔적이 보인다.

동굴이 관광동굴로 유명세를 타고 있었다는 뜻이다. 중국에는 이와 같은 벽서가 있는 곳 77개소가 보고되어 있다.

사람들의 생각은 동서양이 다를 바 없다. 오스트리아 Schatzsucher에 있는 Johann-stainer 동굴의 낙서는 매우 흥미롭다. 1889년 Anton Mayer, A. Schider, M. Hackl 등 자전거를 타고 와 동굴을 탐승한 7명이 천장에 기념사인을 하였는데 19세기 말의 우수꽝스러운 자전거가 인상적이다.

한국에서도 지금은 충주호에 수몰되었지만 지난날 청풍풍혈로 알려진 동굴 입구에 음각된 벽서 몇 개가 있었고, 강원도 삼척시 신기면 환선굴 입구 좌측에 자리 잡은 이총(泥塚)의 오르기 힘든 벽면에도 많은 낙서들이 새겨져 있다.

지난날 청풍풍혈 입구 암벽에 음각된 현령 이희호, 아들 조경, 정국문, 이동석, 김동윤 등의 명자가 보인다. 고증할 필요가 있다. 필자가 1975년 촬영한 것으로, 지금은 충주호저에 수장되어 있다.

현재는 충주호 물속에 잠겼지만 제천군 청풍면 북진리 남한강 우안에 있던 청풍풍혈 입구에 음각된 '항토사(抗討史) 김동범(金東範)'이라는 글자. 필자가 1975년 촬영한 것인데 오늘날의 청풍대교 제천 쪽 바로 아래 물속 암벽상에 아직도 그대로 남아 있을 것이다.

삼척시 신기면 대이리 환선굴 입구 좌측에 자리 잡은 이총(泥塚)의 벽면에는 많은 낙서와 기명이 있는데 사진에서 보는 바와 같이 낙서하기 편한 장소는 아니다.

43_ 세계의 10대 카르스트지형 발달지역

1) 베트남 Halong만 일대의 카르스트지형

홍적세의 빙기와 간빙기의 되풀이로 eustasy, 즉 세계적인 해수변 변동이 발생했다. 빙퇴석의 추적을 통해 대륙빙하의 성장과 소멸의 역사를 추정하여 보면, 빙하가 가장 극성을 부리던 Würm 빙기에는 해면이 오늘날보다 120m나 낮았으며, 따라서 오늘날 대륙붕의 대부분이 건륙화(乾陸化)되어 있었다.

이 당시 Halong만 일대는 저평지 카르스트지역이었다. 하지만 이후 후빙기 온난화로 해면이 상승하면서 침수되기 시작하였고, 석회암의 군봉과 고봉은 수많은 군도로 변하여 오늘날과 같은 Halong만의 경관이 조성되었다.

2) Dalmatia 지방과 Dinaric Alps 산지의 카르스트지형

세계 최대의 카르스트 집중지역은 슬로베니아와 크로아티아에 걸쳐 있으며 Adria해와 Dinal Alps 산지 사이에서 전개된다. 카르스트지형 연구도 바로 이 지역에서 시작되어 학문적 karstology로 과학적 체계화를 이루었다고 볼 수 있다.

3) 미국 켄터키주와 테네시주에 걸친 카르스트지형

켄터키주의 세계최장동굴 Mammoth 동굴을 비롯하여 세계적 지역개발의 효시를 이루는 Tennesee 계곡 종합개발지역을 아우르는 이 광대한 석회암지대는 세계 최대의 종합적인 카르스트지형 발달지역으로 그 성가(聲價)가 매우 높다.

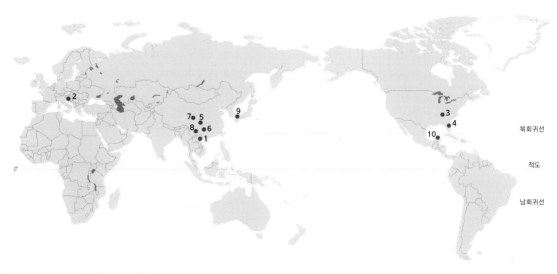

세계 10대 카르스트지형 발달지역

4) 미국 Florida 반도 일대의 저평지 카르스트지형

세계에서 sink의 피해가 가장 큰 지역으로 여행 중에도 지반의 함몰현상을 목격한다는 세계적 저평지 카르스트지형이 발달해 있다. Wisconsin 후빙기의 해면상승으로 수많은 용식와지에 물이 고여, 빙식호지역을 제외하면 세계 최대의 호수집중지역이다.

5) 중국 충칭(重慶)시 동부의 우룽(武隆) 카르스트지형

평균고도 1200m의 우룽 카르스트대지에는 여러 형태의 오목지형이 발달하였다. 톈성산차오(天生三橋) 부근에는 센잉톈캉(神鷹天坑), 칭룽톈캉(靑龍天坑)을 비롯하여 산양(山羊)동굴, 셴런(仙人)동굴, 룽촨(龍泉)동굴 등이 모식적으로 발달해 있다.

6) 중국 구이저우(貴州)성 남부의 리보(荔波) 카르스트지형

구이저우성 남부의 다거우허(打狗河) 일대의 저산성 구릉지에 자리 잡은 독특한 원추상 볼록지형을 중심으로 한 카르스트지역이다. 푸에르토리코의 바가지를 엎어놓은 것 같은 원추가 아니라 중국인들이 즐겨 쓰는 꼬깔모자와 같은 원추를 이룬다.

부근 일대에는 싱화(興華) tower karst를 비롯하여 천연교인 자량(甲良), 다치쿵스먼(大七孔石門) 등 특색 있는 카르스트지형이 종합적으로 전개되며 카르스트지형학계에 알려지지 않은 새로운 감각의 동굴 세계도 전개된다.

7) 중국 쓰촨(四川)성 북부의 주자이거우(九寨溝) 카르스트지형

주자이거우는 부근 일대의 심산유곡에 전개되는 계류천에 제석(rimstone)과 제석소(rimpool)가 집중 발달하여 석회화단구(travertine terrace) 지형의 세계적 발달지이다. 제석의 총 길이 300m, 전체 높이 40m에 이르는 집체폭포(terminal fall)가 중심을 이루고 있다.

부근 일대의 수려한 설산, 물의 흐름 따라 흐느적거리는 소저에 밀생한 각종 조류(藻類)들, 호변의 울창한 삼림과 조화를 이루며 푸른 하늘 두둥실 떠다니는 뭉게구름의 반영 등 그 아름다움이 관광객의 혼을 뺏기에 충분하고도 남는 카르스트지역이다.

8) 중국 광시(廣西)성의 구이린(桂林) tower karst

중국인들은 일찍부터 구이린을 가리켜 '천하의 갑산수(甲山水)'라고 극찬하여 왔다. 구이린은 시 전역이 높이 솟은 탑카르스트(tower karst) 지형으로 가득 차 있어, 리장(灕江)강을 따라 양숴(陽朔)에 이르는 뱃길관광은 관광객의 얼을 빼기에 충분하다.

두슈펑(獨秀峯) 같은 고립된 봉우리 구펑(孤峯)과 이들이 모여 무리를 지은 춴펑(群峯) 사이에 펼쳐진 경작경관은 아름답기 그지없으며, 특히 가마우지를 이용한 리장강 어로현장은 매사냥과 더불어 격세지감

을 주는 인류문화사의 단면이기도 하다

9) 일본 야마구치(山口)현의 아키요시다이(秋吉台) 카르스트지형

일본 야마구치현의 아키요시다이는 50km²의 넓이를 가진 대지(臺地)이며 고생대 말의 천해성 석회암을 기초로 발달한 종합적인 카르스트지형 발달지역이다. 풍부한 표준화석이 산출되는 세계 3대 화석산지로도 알려져 있다.

용식지형을 대표하는 지상의 오목지형과 볼록지형, 지하의 동굴지형 등 그 발달상이 매우 좋다. 한국인이 가장 쉽게 접할 수 있는 해외 카르스트지역이며 경관 자체도 훌륭하고 시설물도 배워야 할 점이 많은 곳이다.

10) 멕시코 Yukatan 반도의 Cenote Karst

멕시코만 안쪽으로 돌출된 Yucatan 반도는 홍적세의 Wisconsin 빙기와 관련된 저평지 카르스트지형으로, 후빙기 해면의 상승으로 cenote라고 하는 거대한 우물 같은 doline가 산재하는데 cenote 바닥은 지하의 거대한 석회암동굴과 연결되어 있다.

이들 동굴 내를 가득 채운 물은 끊임없이 바다로 흘러가고, 수중동굴에는 훌륭한 2차생성물이 발달해 있다. 이들 생성물은 Wisconsin 빙기의 지상동굴 생성물로 후빙기의 해면상승으로 수몰되어 만 년 동안 보존된 일종의 화석 같은 존재로서 학술적 가치가 매우 크다.

44_ 세계의 10대 미동(美洞)과 기이(奇異)동굴

1) 슬로베이나의 Postojna 동굴

세계 최초로 개발된 관광동굴이다. 1818년 오스트리아제국의 초대황제 Francis I 세의 Postojna 동굴 시찰이 도화선이 되어 1857년 이탈리아의 항구도시 Trieste에서 슬로베니아 남서부의 Adelsberg까지 관광철도가 부설되었다. 1870년 Postojna 입동자는 8000명을 헤아리게 되었다.

1872년에는 동굴 내에 관광을 위한 궤도가 부설되었고, 오늘날에는 복선전차가 종유석과 석순 등 2차생성물이 늘어선 동굴 안 2km를 쾌속으로 달린다. 이어지는 도보관광 2km를 합치면 전체 관람시간은 2시간 가량이고, 전문가를 위한 3km의 탐사코스도 마련되어 있다.

2) 미국 켄터키주의 Mammoth 동굴

Mammoth 동굴은 슬로베니아의 Postojna 동굴과 거의 같은 시기에 개발된 석회암동굴이다. 그 연장이 자그마치 591km로 세계최장동굴로 기록되어 있는데 서울−부산 간의 거리가 418km라는 것을 생각하면

세계의 10대 미동(美洞)과 기이(奇異)동굴

믿기 어려울 정도다. 그러나 그물망같이 얼키설키 연결된 다구형 동굴이라는 점을 생각하면 이해가 될 것 같다. A. K. Lobeck이 그린 Mammoth 동굴의 다이어그램은 만고의 역작으로 남아 있다.

켄터키주에서는 Mammoth 동굴 외에도 Hidden River 동굴과 동굴박물관이라 할 수 있는 Crystal Onyx 동굴, Diamond 동굴, Kentucky 동굴 등이 잘 알려져 있다.

3) 미국 뉴멕시코주의 Lechuguilla 동굴

세계적으로 아름답고 기이한 동굴을 대표할 수 있는 Lechuguilla 동굴은 1991년 3월호 『NATIONAL GEOGRAPHIC』에 소개되고, 뒤이어 우리나라의 월간 과학잡지 『Newton』 1992년 6월호를 화려하게 장식하였다. 같은 해 9월에는 『GEO』의 한국판 창간호에 '자연의 불가사의 레쮸길라 동굴탐험'이란 기사로 등장하여 세계에 유례 없는 아름답고 기이한 동굴로 한국인들에게 알려졌다.

사진을 보면 아름다운 쌍둥이 거형석주, 순백의 석고퇴적물, 곡석(helictites), 우아한 동굴진주, 화려한 수중퇴적물, 조화를 이루는 disk형 석순과 고드름형 종유석, 화려하며 웅대한 유석화랑(flowstone gallery) 등 신비한 동굴퇴적물들이 많다.

뿐만 아니라 수면의 선반석(shelfstone)과 그 위의 국화송이 같은 화형물(anthodites), 천개석(canopy)에 앉아 깊고 푸른 물속의 동굴운(cave clouds)을 감상하는 탐사대원, 강력한 바람과 상승곡석(heligmite), 만리장성이라 이름 붙인 거대 기형석순의 한없는 이어짐도 화려한 볼거리다.

그중에서도 곡석과 동굴진주의 요염한 모습, 그야말로 죽순을 방불케 하는 석순의 화려한 군집(群集), 왼쪽의 disk형으로 쌓아올린 석주와 오른쪽의 parachute형으로 장식된 석주로 이루어진 거대 쌍둥이 석주는 세계적인 2차생성의 기경으로 손꼽을 만하다.

붕석(棚石, shelfstone) 아래의 비틀어지고 뒤틀린 국수오리 같은 수중곡석(subaqueous helictites)과 Carol A. Hill이 folia로 이름 지은 엽상구조(葉狀構造)의 folia 광장, 정교한 금은세공 은방울 귀고리 같은 풍선석(balloon stone)과 구상석순(hole worn), 훼손되지 않은 동방의 2차생성물의 종합경연장 같은 눈부심 등 그 어느 것 하나 간과할 수 없는 황홀함을 연출한다.

Lechuguilla 동굴은 최근 반세기 동안의 동굴학사에서 찾아볼 수 없는 경이로운 경관들이 꽉 차고도 넘치는 곳이다.

4) 말레이시아 Sarawak 지방의 Gunong Mulu 동굴

말레이시아의 보르네오섬 Gunong Mulu 동굴의 최대 동방인 Sarawak Gallery는 일찍이 세계 최대의 동방으로 알려져 왔던 곳이다. 하지만 최근에 베트남 중부 국경 부근에 있는 Quang Binh 서부의 Phong Nha 동굴(Hang Son Doong)에서 거대 동방이 알려져 순위가 밀려났다.

앞으로 눈부신 경제발전을 이룩한 중국의 동굴탐사가 본격화되면 미국의 Mammoth 동굴을 능가하는 동굴도 새로 발견될 가능성이 높기 때문에 동굴 공간의 석차 매김은 잠정적이라고 할 수 있다. 중국 정부의 학술조사에 대한 뒷받침 여부가 주목된다.

5) 세계 최대의 수직동굴인 멕시코의 제비동굴

스페인어 이름에 제비(Golondrinas)가 포함되어 제비동굴이라 불리는 이 동굴은 멕시코만 연안 중심부에 위치한 Tampico에서 서쪽으로 125km, 70번 국도상의 Ciudad Valles에서 남쪽 50km, Axtla de Terrazas 동북쪽 30km 떨어진 Sierra Gorda 생물권보전지역의 북동 모퉁이에 자리 잡고 있다. 산루이스포토시주 Aquismon에 속하며 공식명칭은 Cave of Swallows이고 스페인어로는 Sotano de las Golondrinas 이다.

제비동굴이 입지한 곳은 평균고도 1000m의 험준한 산맥 사이의 고원지대이다. 동굴은 구경(口徑)이 최대 50m이고 수직으로 깊게 함몰한 거대 collapse doline이다. 그 깊이는 자그마치 376m에 이르는데 아래로 내려가면서 넓어져 바닥은 축구경기장 3배의 크기이다. 깊이로는 세계에서 11번째지만 크기로는 세계 최대인 수직동굴이다.

이 동굴에는 이름과 달리 제비가 살지는 않는다. 제비를 닮은 칼새와 작은 녹색의 깃털옷을 입은 앵무새 수천 마리가 동굴 벽의 구멍들 속에 서식하고 있으며, 이들 무리가 떼를 지어 낙하하는 모습은 검은 하늘에서 우박이 쏟아지는 듯한 경이로운 모습이다. 낙하산이나 행글라이더를 짊어지고 겁없이 낙하하는 젊은이들에게 인기 있는 장소이기도 하다.

수직동굴 성인에 관한 섯부른 추리는 금물이다. 평생을 카르스트지형 연구 외길로 살아온 필자도 의문에 의문이 꼬리를 물며, 함몰의 원인을 추리하기에는 시기상조라는 결론에 이르렀다.

6) 제주자치도에 있는 2차원의 위종유동 용천동굴과 황금굴

우리나라의 제주도는 화산활동으로 생성된 화산섬이다. 따라서 현무암과 안산암, 응회암 등의 화산암으로 덮여 있으며 석회암은 찾아볼 수 없다. 그러나 용천동굴과 황금굴 같은 용암동굴 내에는 조개껍질 기원의 석회질 종유석과 석순 및 관상종유석의 발달이 현저하다.

바닷가에는 해파의 분쇄작용으로 만들어진 조개껍질 모래가 쌓여 사구지를 이루며 내륙 안쪽으로 최대 층후 10m에 이르는 퇴적상을 보여준다. 이들 패각사의 석회질이 빗물에 녹아 용암동굴 내에 기이한 2차원의 위종유동을 만들어 내 세계자연유산으로 등재되었다.

7) 유네스코에 등재된 북한의 묘향산 용문대굴

북한에는 남한보다 훨씬 많은 석회암과 백운암이 분포하며 평안북도 남부와 평안남도 및 황해도에 걸쳐 대규모의 발달상을 보인다. 이들 평남지향사 지대에는 카르스트 지표지형을 비롯하여 지하에 수많은 석회암동굴들이 발달되어 있다.

최근에는 묘향산에서 용문대굴이 개발되었으며 특색 있는 동굴퇴적물이 많고 화려하며 규모가 커서 세계자연유산으로 등재되었다. 북한에서 설명하는 꽃굴은 석고와 산석(aragonite)의 화형물(anthodites)과 뒤틀리고 꾸부러진 곡석(helictites)이 중심이다.

8) 헝가리 부다페스트의 온천과 지하 동굴도시

흑해로 유입되는 다뉴브강을 사이에 두고 발달한 헝가리의 수도 부다페스트는 우안의 부다(Bida)와 좌안의 페스트(Pest)로 이루어져 있다. 지리적 위치상으로 수많은 전쟁을 겪었지만 부다의 지하에는 수십만 명을 수용할 수 있는 동굴도시가 있어 전화를 극복하며 생존을 유지하여 왔다.

부다페스트는 세계적으로 기이한 온천을 많이 가지고 있는 온천도시인데 이들 온천수가 석회암을 용식하여 지하에 무수한 동굴을 만든 것이다. 이들 동굴을 연결한 거미줄 같은 지하도시망은 아직도 완전하게 파악되지 않았으며 이 지하도시는 유물이 많은 일종의 고고학적 도시이다

9) 멕시코 유카탄반도의 화석 같은 수중동굴퇴적물

멕시코 Yucatan 반도의 cenote와 연결된 많은 수중동굴들은 해면상승 이전의 호화로운 speleothm이 성장을 멈춘 채 수물되어 1만 년에 가까운 세월 동안 수물 이전의 모양 그대로 유지해 왔다. 그리고 이제 화석화되다시피 보존된 모습을 우리들에게 보여주고 있다.

다만 동굴바닥에는 수중 부유물질이 퇴적하여 수중탐색조가 건드리면 즉시 물이 흐려져 시야를 가린다. 그러나 물이 깊은 곳에서는 청신한 동굴퇴적물 그대로를 보여주어, 수물 이전의 상태와 그 당시의 동굴환경의 추리를 가능하게 한다.

10) 프랑스의 Lascaux 동굴과 스페인의 Altamira 동굴

제4빙기인 뷔름빙기가 극성을 부릴 때에는 원시인들은 추위를 피하기 위해 동굴을 주거로 이용하였고, 수렵으로 얻어진 동물의 가죽옷을 입고 육류는 불에 구워 화식을 하면서 빙하시대를 극복하였다.

이들은 수렵의 효과를 얻기 위해 동굴 오부의 건조한 벽면이나 천장 면에 적철광, 황토, 망간, 흙, 숯과 같은 돌가루와 호제를 이용한 안료를 만들어 활력 넘치는 수많은 동굴벽화를 인류문화사에 남겼다.

Ⅲ. [특집] Adria해 연안의 카르스트지형

01_ 카르스트지형 연구의 발상지 Adria해 연안

　발칸반도에 있던 옛 유고슬라비아연방은 1990년대부터 분리독립이 진행되면서 북쪽으로부터 슬로베니아, 크로아티아, 보스니아 헤르체고비나, 세르비아, 몬테네그로, 마케도니아 등의 국가가 세워졌다.

　이들 나라는 카르스트지형 연구의 발상지이다. 세르비아 출신의 지리학자 Jovan Cvijic(1865~1927)에 의해 연구가 시작되고, 많은 구미학자들이 이에 동참하여 카르스트 지표지형, 특히 용식오목지형 doline, uvala 및 광대한 농사짓는 들판으로 알려진 polje 등의 연구로 눈부신 학적 발전을 이룩하였다.

　이들 지역은 끝없이 전개되는 백색의 석회암과 백운암으로 이루어진 산지와 들판, 용식작용으로 만들어진 오목지와 용식에 저항하여 남은 앙상한 암골의 노두, 석회암의 용식작용에 의한 남은 찌꺼기 토양으로

Julian Alps 산맥을 배후로 슬로베니아의 수도 Ljubljana의 위성도시 Domžale에서 1시간 30분 거리의 Postojna 동굴로 이동하면서 대상지(臺狀地)의 경계상에 발달한 doline를 촬영하였다. 이와 같은 doline는 슬로베니아 어디에서나 목격되는 보편적 카르스트지형이다.

크로아티아 Zadar 인근 산지는 흰 속살을 드러내는 석회암과 그 잔적토에 뿌리박은 검붉은 침엽수림이 흑백의 조화를 이루고 있다.

평정봉(平頂峯)을 개석하는 하천과 하간지 충적평야에 펼쳐지는 농경지와 촌락, 그리고 평정봉 사면에 드러난 흰 석회암의 노두들이 보인나.

슬로베니아의 수도 Ljubljana 인근 Domžale에서 Postojna 동굴로 이동하는 고속도로 변에 펼쳐지는 비옥한 terrarossa 경지의 모습. 파종하려고 검붉은 토양을 갈아엎어 놓았다.

117

동굴관광개발의 효시가 된 슬로베니아의 Postojna 동굴로, 고드름형 종유석과 기이한 모습의 석순, 석주들이 무수히 많이 생성되어 있지만, 궤도 부설과 바닥 정리를 위해 많은 석순과 석주들이 희생되었을 것이다.

Postojna 동굴에는 다양한 모습의 석순과 종유석, 석주들이 기이한 모습으로 공존하고 있다.

Postojna 동굴의 물이 배출되는 수굴(水窟)이다. 우기에는 제법 큰 하천으로 바뀐다. 유세를 감안한 교량만 보아도 짐작이 간다.

크로아티아의 대표적 관광지 Plitviče 호수 국립공원은 16개의 호수가 크고 작은 폭포들로 연결되어 있는 아름다운 모습이다. 울창한 숲과 석회화단구가 만들어 내는 신비로운 청록색의 호수가 천상의 정원 같은 느낌이다.

크로아티아 Rastoke 지역 석회화단구의 아름다운 모습이다. 비교적 짧은 구간에 6단의 단상지가 있고 최하단 폭포의 높이는 10m에 가까운 낙차로 풍부한 유량을 보여준다.

서의 terrarossa 등 농토는 적고 돌이 많은 살기 어려운 자연환경을 바탕으로 출발하였다.

이러한 자연환경은 한편으로 아름다운 경관을 연출하였다. 삼투수의 용식작용과 동굴류의 침식작용 그리고 석회암을 용해한 이온상태의 중탄산칼슘용액 Ca(HCO₃)₂에서 다시 석회암으로 되돌아간 2차 생성물로서의 종유석과 석순을 비롯해 다양한 형태의 동굴퇴적물(speleothem)이 발달하였고, 동굴 밖 계류천에는 석회화단구(travertine terrace)가 발달하여 관광자원으로서 역할을 톡톡히 해내고 있다.

오스트리아의 Johann Valvasor 남작은 Adria해 연안을 따라 슬로베니아에서 크로아티아로 이어지는 Dalmatia 지방의 길이 150km 석회암산지에서의 정력적인 탐험을 통해 70여 개소의 동굴을 탐사하였으며, 이를 집대성하여 삽화와 지도를 곁들린 2,800쪽에 달하는 방대한 저작물을 남겼다. 특

상징적인 깔대기형 doline를 배경으로 Plitviča Jezera 깃발과 함께 유네스코 지정 세계자연문화유산 깃발이 휘날리고 있다.

동화 속의 마을 Rostoke로 진입하기 전 산지를 뒤덮고 있는 석회암 암골의 노두, 즉 소규모의 karrenfeld이다.

히 경제적 동굴관광개발의 효시가 된 유명한 Adelsberg 동굴, 즉 오늘날의 Postojna 동굴에 대한 Johann Valvasor의 깊이 있는 연구는 중국 명대의 걸출한 지리학자며 동굴탐험가인 쉬샤커(徐霞客)와 더불어 동굴과학사에 불후의 업적을 남긴 연구였다.

뿐만 아니라 이들 지역은 Adria해 연안과 내륙 쪽으로는 NW-SE의 주향으로 700km에 걸쳐 간단없이 연속된 카르스트 지표지형이 발달하고, 해안 쪽으로는 고생계에서 제3계에 걸친 단속적인 이지성(異地性: allochthonous) 탄산염암이 2차적인 쇄설성석회암 카르스트지형을 표출하고 있어 경이적인 카르스트 경관을 이룬다.

원래 Alps 산맥은 이탈리아의 대평원인 Po Valley를 둘러싸고 전개되는 세계적 대산맥으로 프랑스, 이탈리아, 스위스, 독일, 오스트리아를 거치는데 Maritime Alps를 시작으로 Dauphiné Alps, Savoy Alps, Bernese Alps, Pennine Alps, Lepontine Alps, Rhaetian Alps, Carnic Alps(Karnische Alpen), Julian Alps, 마지막으로 Dinaric Alps에 이어진다. 이들 산지는 모두 석회암(limestone)과 백운암(dolostone)을 주구성암으로 한다.

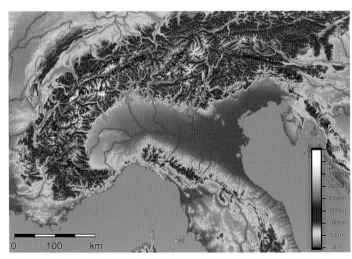

알프스산맥의 지세도

그중에서도 Adria 해안에 치우쳐 병렬로 발달한 Dnaric Alps 산맥은 모두 석회암 산지로서, 카르스트지형 발달의 중심축을 이루고 있다.

이탈리아와 그리스를 제외한 Adria해 연안국의 해안선 길이를 대략 측정해 보면 슬로베니아 36km,

Zadar 부두 앞바다를 방파제처럼 남북으로 가로막은 장축의 섬은 해안과 평행하게 발달하였던 습곡산지가 후빙기 해면상승으로 배사부만 수면에 남아 장축의 군도가 된 것이다. 지리학에서는 이와 같은 해안을 Dalmatia식이라고 한다.

다도해가 나타나는 침수해안에는 우리나라의 남해안과 같은 일정한 질서 없이 3,000여 개의 섬들이 분포하는 rias식과, 사진 속 Adria 해안처럼 해안과 평행하게 달리던 습곡산지의 배사부만 해면에 나타나는 Adria식(또는 Dalmatia식)이 있다.

크로아티아 1,500km, 몬테네그로 200km, 알바니아 330km로 총 2,000여 km에 이른다. 크로아티아가 Adria 해안의 대분분을 영해로 하고 있는 것이다. 또한 해안과 나란히 달리는 Dinaric Alps의 대부분도 크로아티아에 속한다.

따라서 여기서는 karst지형 발달의 중심을 크로아티아에 두고 서술하였다. 이 지역의 탄산염 암석은 크게 백색의 순수한 calcite질 석회암과 백운암 그리고 제3기층이나 고생계의 암설(岩屑)로 나눌 수 있다. 이들 탄산염암 분포지역을 중심으로 karst지형이 잘 발달하였다.

한편 슬로베니아와 크로아티아에 펼쳐지는 Dinaric Alps 산지와 Adria해에 산재한 다도해는 전형적 습곡산지로 산맥과 도서의 장축이 해안선과 평행하게 발달하고 있다. 이들 습곡산지는 Würm 빙기 후기의 해면상승으로 침수된 세계적 침수해안의 좋은 예이다. 우리나라 남해안의 다도해와 비교된다.

02_ 슬로베니아의 Postojna 동굴과 2차생성물

Postojna 동굴은 이탈리아의 항구도시 Trieste와 슬로베니아의 수도 Ljubljana의 중간지점에 입지한 세계적으로 아름다운 동굴이다. 또한 세계 최초로 개발된 관광동굴로서 동굴개발의 시발점인 곳이다. 뿐만 아니라 Johann Weichard Valvasor가 1670년부터 1680년까지의 10년 동안 가장 공들여 조사한 동굴이다.

1818년 오스트리아 황제 Francis I세의 Postojna 동굴 방문으로 공전의 활력을 얻어 1867년 오늘날의 이탈리아 Trieste항에서 Adelsberg(Postojna)까지 41km 구간에 특별관광열차가 운행되었으며 1870년 Postojna 동굴 입동자 수가 자그마치 8,000명에 이르는 성과를 거두었다.

1872년에는 동구에서 2km 구간에 복선 무개증기기관차를 운행하며 관광객의 편의를 극대화시켰고 오

Postojna 동굴 입구는 만국기가 휘날리는 가운데 국내외 관광객들이 줄을 잇고 있다.

200년 전인 1819년부터 사용하던 동굴 입구는 오래전에 폐쇄되어 기념비적 존재로만 남아 있다.

새로 사용하는 동굴 입구에는 매표소가 있어 관광객들은 길게 줄을 서서 매표한 후 입장을 한다.

입굴한 관광객들은 안내원의 지시에 따라 전차에 탑승하며 종유석과 석주들이 늘어선 통로 2km를 빠르게 달린다. 이후에는 모두 하차해 도보관광을 시작한다.

보기 좋게 늘어선 고드름형 종유석과 석주, 석순 등이 보이지만 동굴 바닥은 개발과정에서 궤도 부설과 통로 확보를 위해 깨끗이 정리되었다.

천장의 균열선을 따라 열상으로 줄지어 종유석이 배열되는 규칙성을 나타내며 동상에는 석순들이 무리를 지어 발달하고 있다.

동굴퇴적물의 과도한 성장은 동굴공간의 희생을 전제로 하며 여러 가지 형태의 복잡한 경관들을 생성한다.

기념탑처럼 우뚝 솟은 거형석순. 표면의 층상구조와 벌집 같은 공동은 점적수와 표면 유출의 조화로 생긴 것이다.

협소한 동굴공간의 유석벽과 석순이 어우러진 모습은 동굴퇴적물의 지극한 아름다움으로 입동자들을 즐겁게 한다.

부서지고 기울어지고 갈라지고 터지고 물길을 찾아 움직인 실로 복잡한 동굴퇴적현상을 보여준다. 뿐만 아니라 잔재토, 박쥐똥, 산화철분 등이 동굴퇴적물을 오염시키고 있다.

삼투수의 삼출이 많은 곳에서 생성되는 disk형 유석벽은 매우 아름답다. 종유석과 석순의 과도한 발달에 원인을 둔 일종의 연합경관이다.

전형적인 종유석은 고드름형(icicle form)이다. 이처럼 좁은 공간에 고드름형 종유석이 집중적으로 발달하는 것은 드문 현상으로 매우 아름답다.

자세히 관찰하면 파쇄된 2차생성물과 원석면, 그리고 균열면을 통하여 흘러들어온 잔재토에 의한 오염이 보이고 수중퇴적물도 관찰된다.

잘 성장한 석순과 석주, 종유석의 어우러짐, 바닥의 동굴류, 경관을 감상하는 관광객 모두가 훌륭한 조화를 이루고 있다. 필자는 이곳을 Postojna 동굴의 대표경관으로 기록하고 싶다.

거대한 거형 동굴퇴적물이 부러져 동굴바닥에 뒹굴고 있다. 파쇄면의 풍화도와 그 위에 새로운 퇴적물이 생기지 않은 것으로 보아 아주 오래 전에 파손된 것으로는 보이지 않는다.

지질시대의 거대 지진 발생으로 파쇄된 2차생성물의 잔해 위에 생성된 새로운 시대의 동굴퇴적물로 아직도 지반침하 등 불안요인이 있는 것으로 관찰된다.

늘날에는 전기기관차로 바뀌었다. 전차에서 내려서는 2km 구간을 걸어서 관광을 한다. 특별히 전문가나 연구자를 위한 3km 구간의 코스도 운영하고 있다. 그리고 콘서트홀에서 다시 전기기관차를 타고 출발지로 되돌아온다.

전형적인 제석소(rim pool)의 모습이다. 계면에 생성된 연잎(lili pad) 위에 석순이 자리 잡고 있고 소안에 생성된 붕석과 석순, 동굴천장의 2차생성물까지 물속에 반영되어 매우 아름답다.

이들 순백색의 석순과 석주들은 순수 calcite질로 이루어져 있다. 이러한 순백색의 2차생성물이 불순물인 terrarossa나 박쥐똥, 드물게는 산화철분이 삼투수와 결합되면 흙갈색으로 변질되며 때로는 망간에 의한 검은 표면도 간혹 발견된다.

동굴바닥에 가로누운 거대한 석주. 10만 년 전 지진동으로 잘려나간 것으로 추정되며 동굴바닥이 옛날 소지(沼池)였기 때문에 그 위에 새로운 2차생성물이 없는 것으로 보인다.

시료를 채취할 수 없어 분석을 하지 못했으나 건조한 벽의 상태로 보아 지난날 물이 찼을 당시의 망간질 흑색 광물로 추정된다.

Russian Passage 위에 높게 설치된 Russian Bridge이다. 제1차 세계대전 당시 러시아 포로들이 건설한 교량이다.

아이스크림 모양의 순백색 석순과 뒤쪽의 잘생긴 석주가 Postojna 동굴의 상징물이다. 위쪽의 사진처럼 동굴 입구 안내 판이나 안내 책자 등에서 자주 볼 수 있다.

Postojna 동굴의 유명한 콘서트홀로 그 넓이가 3,000m²이다. 위쪽 사진은 1985년 Ljubljana Radio Sympony Orchestra 단원들이 이곳에 서 연주회를 여는 모습이다.

이와 같은 입동자에 대한 배려는 연간 50만 명의 관광객을 꾸준히 수용할 수 있었을 뿐만 아니라 1870년 부터 2016년까지 146년간의 입동자 수는 지속적으로 증가하여 Postojna 동굴 관람자의 누계는 자그마치 3 천4백만 명에 이른다고 동굴 관계자는 설명하고 있다.

다만 아쉬운 점은 제2차 세계대전 중 독일군이 Postojna 동굴을 화약고로 사용한 적이 있고, 나라를 되찾 기 위한 유격대의 방화로 동굴 내의 일부가 연기로 그을렸으며, 동굴 개방의 역사가 장구(약 150년)하다 보

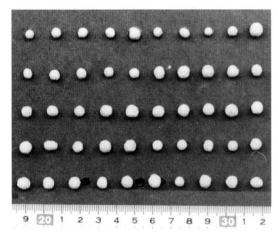

1976년 N. Kashima 교수가 Postojna 동굴 현장에서 채집하여 보내온 pisolite(콩돌) 시료로서 직경 6~7mm의 크기이다. 필자가 pisolite 원석 그대로 패널에 붙여 보관 중인 것을 촬영하였다. 콩돌의 표면은 매끄러우며 치밀하다.

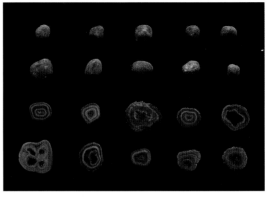

강원도 영월읍 덕포리 수정굴에서 채집한 콩돌들이며, pisolite 원석 시료와 단면을 만든 시료를 하나의 패널에 부착한 사진이다. 석회암의 풍화잔재토 terrarossa의 영향을 받아 분홍빛을 띠고 있다. 핵 물질을 둘러싼 동심원 구조는 기후의 주기적 변화에 따른 강수량의 차이에서 생성된 것이며 흰 calcite 부분과 terrarossa로 염색된 부위가 주목된다.

N. Kashima 교수가 보내온 pisolite 시료에서 단면(斷面)을 만들어 패널에 부착한 것이다. 한국산 콩돌과 단면구조상 다른 점은 중심핵이 없으며 통상 있어야 할 첨가증식(accretionary deposits)의 흔적이 잘 보이지 않는다는 것이다. 이는 매우 느린 속도의 첨가증식이 이루어졌다는 증거이다.

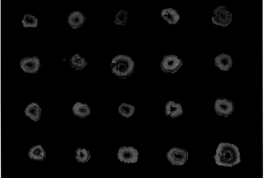

충북 단양군 고수동굴에서 채집한 콩돌 시료들로 위쪽은 원석 사진, 아래쪽은 단면 사진이다. Postojna 동굴산 pisolite보다 표면이 거칠며 원두석의 직경 또한 1~2mm 큰 편이다. 단면구조를 보면 중심핵을 중심으로 윤상구조가 나타나는데 백색 calcite와 흑색 망간의 호층이 이채롭다.

Alenka Čuk, Notranjska Museum Postojna가 발간한 『Postojna Cave』 21쪽에 게재된 자연상태의 pisolite 사진. 우리나라 환선굴의 콩돌 광장에 수류에 떠밀려와 모여 있는 pisolite와 비슷한 상태를 보여준다.

니 오연된 곳두 있다는 것이다. 하지만 워낙 동굴 공간이 광대하다 보니 아직까지도 청신함을 유지하고 있다.

또한 Postojna 동굴연구소와 자료관에는 2차생성물(speleothem)의 표본들을 비롯해 각종 문헌과 인류고고학적 측면의 연구를 위한 풍부한 자료도 전시하고 있다. 그 밖에도 여러 서비스 업무를 제공함으로써 카르스트지형 연구와 동굴학 발전에 크게 기여할 것으로 기대된다.

한편 특기할 만한 동굴퇴적물로는 pisolite란 명칭의 콩돌(두석)이 있다. 1976년 N. Kashima 교수가 Postojna 동굴에서 채집하여 보내온 시료를 원석과 더불어 단면을 만들어 연구한 결과, 우리나라의 콩돌과 비교하여 차이점이 있었다.

필자가 영월군 수정굴에서 채집한 콩돌은 연한 분홍색에 진흙이나 석편을 중심핵으로 동심원의 첨가증식상을 보였고, 단양군 고수동굴에서 채집한 콩돌은 표면이 약간 거칠었을 뿐 Postojna 동굴산과 형태상 큰 차이점은 없었다. 다만 Postojna 동굴산은 중심핵과 윤상구조가 없으며 구성이 매우 치밀한데 이는 첨가증식의 속도가 훨씬 느렸기 때문이다.

또한 Postojna 동굴은 '맹목의 도롱뇽'이라 부르는 Proteus anguinus의 서식지이기도 하다. 1768년 발견된 양서류 맹목의 진동굴성(troglobites) 도롱뇽으로 소지에 살며 투명한 분홍색 몸체가 특징이다. 여기에 제시한 사진은 1980년대 중반에 한국을 방문한 프랑스 동굴학자들이 주고 간 필름을 사용하였다. 그때 함께 받은 Postojna 동굴에 사는 진동굴성 딱정벌레 Neophaenops tellkampfi의 사진도 함께 싣는다. 하지만 그들의 명함을 잃어버려 이름을 적시할 수 없음이 미안하고 안타깝기 그지 없다.

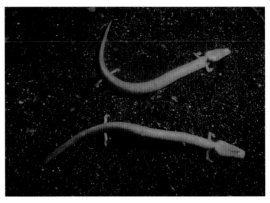

1768년 Postojna 동굴에서 발견된 핑크색 양서류 맹목의 진동굴성 도롱뇽 Proteus anguinus의 우아한 모습이다. 오늘날에는 유럽의 많은 동굴과 신대륙 및 중국에서 새로운 신종들이 발견되어 속속 발표되고 있다.

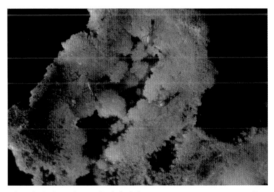

맹목의 갑각류 진동굴성 딱정벌레 Neaphaenops tellkampfi의 모습으로 calcite의 분해 물질을 먹고 사는 듯하다. 1980연대 초 프랑스 학자들에 의해 Postojna 동굴에서 촬영된 것인데 필자의 저서 『카르스트지형과 동굴연구』에 그들과 함께 찍은 사진이 들어 있다.

슬로베니아와 크로아티아에서 흔히 발견되는 도롱뇽 Poskusi Prebrati의 모습으로 Plitvička 국립공원 최대의 소지(沼池)인 Kazjak 호숫가에서 촬영된 것이다. 우리나라에서는 볼 수 없는 둔탁한 몸매와 보호색이 인상적이다.

03_ 슬로베니아의 석회암동굴 분포

    슬로베니아는 어디를 가나 카르스트지형과 석회암동굴을 만나게 되는데 만여 개의 석회암동굴 중 관광 개발된 특징적인 동굴만도 26개소에 이른다. 이 26개소의 관광동굴을 서쪽의 동경 13° 30´ 부터 경도 30´ 씩 동진하면서 위에서 아래로 내려가며 동굴명을 기재하였다. 동굴분포도와 함께 참고하기를 바란다.

1) Zadlaška jama − Tolmin 부근

2) Ravenska jama − Želin 부근

3) Velika ledena jama − Lokve 부근

4) Divaška jama − Divaca 부근

5) Vllenica jama − Divaca 부근

6) Škocjanske jama − Škocjanske

7) Sveta jama − Kozina 남서부

8) Jama pod Babjim zobom − Bled 남부

9) Predjama − Predjamski grao

10) Pivka jama − Pranina 부근, Planinske polje 주변

11) planinska jama − Pranina 부근, Planinske polje 주변

12) Crna jama − Pranina 부근, Planinske polje 주변

13) Postojnska jama − 세계 동굴개발의 효시, Planinske polje 주변

14) Zelške jama − 이상 5개 동굴은 동굴군을 이룬다.

15) Križna jama − Bloška Polica 남쪽

16) Dimnice동굴 − 슬로베니아 최남부 동굴 Mrše 부근

17) Potocka zijalka − 슬로베니아 최북단의 관광동굴, Socava 북쪽 1929고지 고산동굴

18) Senžna jama − Luce 북쪽 2062고지의 고산동굴

19) Železna jama − Domžale 동쪽

20) Županova jama − Turjak 북동쪽

21) Podpeška jama − Vel Lašce 동쪽

22) Francetova jama − Ribnica 북동쪽

23) Huda luknja jama − Gor. Dolic 남서부

24) Rotovnikova jama − Šoštanj 서부

25) Pekel jama − VELENJE 남동부

26) Kostanjeviška jama − Kostanjevica na Krki 남쪽

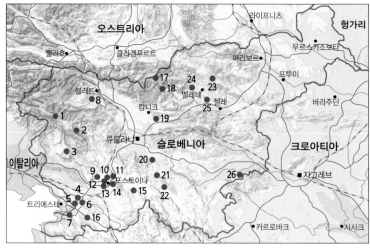

슬로베니아 관광동굴 분포도

04_ 크로아티아의 Korana강 상류 Plitvička Jezera와 집체폭포

전세계 카르스트지형학 연구의 시원지인 슬로베니아의 Julian Alps에서 크로아티아의 Dinaric Alps로 이어지는 산지에는 Alps 조산운동으로 융기한 중생계의 두터운 석회암 습곡산지가 겹겹으로 평행하게 NW−SE 주향으로 발달하여 수많은 polje를 비롯한 나출카르스트 지형을 현저하게 연출한다.

통상 석회암지대에 발달한 하천이나 지하의 석회암동굴에는 석회화로 인한 단상지가 만들어진다. 특히 중탄산칼슘용액의 농도가 짙은 동굴류는 보편적으로 제석과 제석소를 만드는데 이것은 농굴관광의 즐거운 볼거리 중 하나

Bled 호수에서 촬영한 Julian Alps의 모습. 백설이 덮힌 Julian Alps를 배경으로 호면에서 100m 높이의 석회암 첨봉(尖峯) 위에 건축된 Bled성이 푸른 호수와 함께 그 아름다움을 더하다

다. 그리고 석회암지대를 흐르는 계류천에도 같은 작용으로 석회화언제(石灰華堰堤, rimstone dam)와 그 안의 소지(沼池, rimpool)가 만들어지는데 이들 석회화단구(石灰華段丘, travertine terrace)의 규모는 우리들의 상상을 초월하는 경우가 많다.

그중에서도 석회화단구 지형은 크로아티아 Dalmatia Šibenik지방의 Kerka강 유역에 발달한 7개의 폭포가 옛날부터 유명하였다. 이곳은 상류로부터 Bilusic, Coric, Manailovic, Sondovjel, Milecka 등 집체폭포(terminal fall)들이 이어지고, 높은 곳에 남아 있는 구하도에는 물 없는 건폭들이 유존카르스트지형으로 남아 있다.

한편 Lika-Karlovac 지방의 말무천(末無川) Lika강에는 Kruščicko 호수를 비롯하여 Ladova 호수 등이 있는데 이들 호소들에도 훌륭한 제석과 제석소가 발달하고 집체폭포가 즐비하여 UNESCO 지정 세계자연유산으로 세계인들의 사랑을 받고 있다.

이 밖에 Dalmatia-Split 지방의 Cetina 강상의 석회화단구 지형과 집체폭포도 높은 산지에 발달한 이색

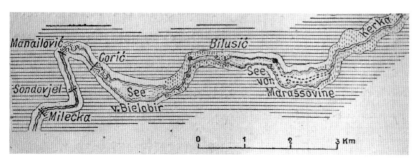

쓰지무라 타로(辻村太郎) 『신고지형학(新考地形學)』 298쪽에 있는 Kerka강 유역에 발달한 7개의 폭포 지도

적 사례로 그 아름다움과 관광자원으로서의 가치를 인정받아 유네스코 지정 세계의 자연문화유산으로 등재되었다.

하지만 그중에서도 가장 유명한 곳은 크로아티아 중동부 산지에 있는 국립공원 Plitvička Jezera(Plitvice Lakes)이다. 이곳은 1949년 크로아티아에서 최초로 지정된 국립공원이며 유네스코에서 카르스트 관련 세계지연유산으로 등재된 곳이다. 화려한 제서과 제서소 그리고 집체폭포(terminal fall)가 발달한 매우 환상적인 곳이다.

Plitvice 국립공원에는 이름 있는 호수 16개와 이름 없는 작은 호소들이 연속적으로 서로 연결되어 있는데 trevertine dam에 자연적으로 나뉘며 각 trevertine dam에는 집체폭포들이 발달해 있다. 이들 호수는 백운암과 석회암 위에 형성되어 있으며, 상부호수(Cornja jezera)와 하부호수(Dornja jezera)로 양분된다.

그중 상부호수는 12개이고, 하부호수보다 더 크고 깊으며 호수 주위가 완만하다. 4개의 호수로 이루어진 하부호수는 양 옆에 가파른 절벽이 있는 좁은 협곡에 형성되었다. 최상류의 Proščansko jezero와 최하류의 Novakovića brod의 고저차는 자그마치 134m에 이르지만 그 거리는 8.3km에 불과하다. 호수 구간은 Sastavci 폭포에서 끝나며 이어 Korana강이 이어진다.

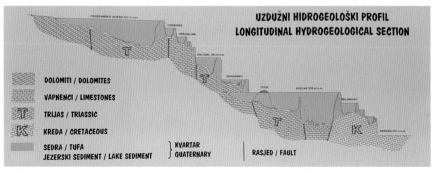

Plitvice 국립공원 내에 있는 안내도(위)와 단면도(아래).

상부호수 구간은 호숫가 사면이 완만하고, 가장 높은 호수인 Prošćcansko jezero로부터 가장 낮은 호수인 Kozjak까지 낙차가 100m 정도이다. 가운데 큰 폭포가 Veliki Prštavac 폭포이고 그 위쪽의 호수가 Galovac이다.

하부호수들은 양쪽에 석회암 절벽이 이어진 좁은 협곡 구간에 형성되어 있다.

상부호수는 Matica강이 유입되는 상류에서부터 ① Prošćcansko jezero ② Ciginovac ③ Okrugljak, ④ Batinovac ⑤ Veliko jezero ⑥ Malo jezero ⑦ Vir ⑧ Galovac ⑨ Milino jerero ⑩ Gradinsko jerero ⑪ Burgeti ⑫ Kozjak 순으로 이어지며, 연이어 하부호수도 ⑬ Milanovac ⑭ Cavanovac ⑮ Kaluderovac ⑯ Novakovića brod 순이다.

Plitvice 국립공원은 크로아티아에서 가장 큰 국립공원이다. 상부호수와 하부호수를 아우르는 산책코스가 다양하게 개발되어 있다. 또한 초대형 제석소(rimpool)인 Kozjak 호수에서는 유람선 10여 척이 운행되며 호수 양편을 연결하고 있다.

Plitvice 호수의 제석(堤石)은 성긴 다공성 물질로 구성되어 있어 집체폭포(terminal fall)를 이룬다. 국립공원 측은 이들 제석이 중생계(界)의 쥐라계(系)에서 백악계의 석회암과 백운암이 하상을 가로지르는 단층

상부호수와 하부호수를 연결하는
폭포의 모습. 위쪽이 상부호수인
Kozjak이고 아래쪽이 하부호수
인 Milanovac이다.

Plitvice 국립공원 호수 중에 가장 큰 Kozjak 호수에서는 양편을 연
결하는 유람선이 운행되어 관광객들에게 즐거움을 준다.

석회암 절벽 밑으로 조성된 산책로를 따라 관광객들의 발길이 이어
지고 있다.

석회암 단애로 둘러싸인 하부호수와 집체폭포

연이어 등장하는 제석호의 신비한 푸른 물빛에 관광객들은 감탄사
를 쏟아낸다.

Plitvice 국립공원의 대미를 장식하는 집체폭포 경관. 하부호수 구간의 맨 마지막에 있다. 맨 위가 Plitvice에서 가장 높고 아름다운 폭포인 Veliki slap인데, 전체 호수를 관통하는 Matica강이 아닌 Plitvica강에서 떨어진다. 이들 집체폭포가 끝나는 곳에서부터 Korana강이 시작된다.

Korona강이 시작되는 하부호수의 끝 집체폭포에서 하류 쪽을 향해 촬영한 모습이다.

하부호수의 가장 끝에 있는 폭포 Veliki slap. 높이 78m로 크로아티아에서 가장 높은 호수이다.

호수와 호수를 연결하는 물줄기에는 작은 집체폭포들이 연합되어 있는 곳도 있다. 이곳을 흐르는 물은 유난히 시원하게 느껴진다.

석회암 절벽 아래 호수 주변을 연결한 산책로를 따라가다 보면 석회암동굴 입구가 보인다. 이곳으로 올라가 볼 수도 있다.

Plitvice 국립공원에서는 물고기를 잡을 수 없기 때문에 호수에 송어가 가득하다.

성긴 석회화언제의 공극을 통하여 수많은 물줄기가 새어나와 집체 폭포(terminal fall)를 이루고 있다.

소지 위에서 하류 쪽을 바라보며 집체폭포를 촬영한 모습이다. 제석의 성장을 방해할 정도로 많은 유량과 빠른 유속이다.

작용으로 생성된 것으로 설명하고 있다(단면도 참조). 물론 여기에는 국토의 대부분 지역이 탄산염 암석으로 구성되어 있어 지하수나 하천수의 용존 calcite 수치가 높다는 점도 한몫을 했을 것이다.

이렇게 함몰성 단층으로 생성된 낙차를 기본으로 석회화언제(堰堤)가 생성되었다고 해도 필자는 이 지역의 일반적인 지형 현상과도 연관지어 설명할 필요가 있다고 본다.

Korona강 단구지형 양안에 생성된 깍아지른 듯한 단애와 부근일대의 대상지(台狀地)를 관찰하면 소형 doline가 무수히 산재한다(오른쪽 상단 안내지도 참조). NW-SE 주향으로 달리는 여러 가닥의 Dinaric Alps 산맥과 평행하게 발달한 산계의 분수령을 경계로 Adria해 사면으로 karst지형 발달이 현저하며 강수량 또한 많다.

역내는 지표수인 하천의 발달보다도 지하수의 발달 및 잠류천인 암하(lost river)의 발달이 현저하여 이들 지하수와 암하의 유동에 따른 탄산염 암석의 용해 굴식작용으로 생성된 지하공동의 함몰현상이 빈번한

doline가 집중적으로 표현된 안내지도. Plitvice 국립공원은 수류의 침식보다 지하의 공동으로 인한 함몰성 와지를 중심으로 진행된 곡지(谷地)에 석회화단구 지형이 생성된 것이다.

해안의 작은 어촌에도 적백의 부표가 선명하게 보인다. 부표는 냉천(冷泉), 와류(渦流), 암초(暗礁), 양식장 등 여러 표식으로 사용되지만 아드리아해 연안은 지형 특성상 냉천 용출이 많은 편이다.

나무뿌리 밑에 생긴 수직굴은 나무뿌리에서 분비하는 강한 산성물질이 바위에도 착근하듯 기반암인 석회암의 용식을 촉진하여 만든 기이한 현상으로, 보기 드문 예이다.

얕은 호면을 거의 덮은 수초는 볏과식물로 보인다. 물속에는 수중 첨가증식체(subaqueous accretionary deposits)가 선명하게 보인다. 농도 짙은 중탄산칼슘용액 상태의 하천수와 관련된 것 같다.

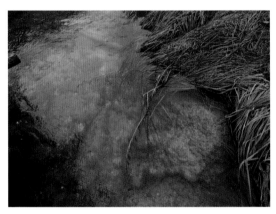

수초 밑 물속에 첨가증식된 작은 수박 크기의 둥근 돌이 있다. 농도 짙은 중탄산칼슘용액 상태의 하천수는 충분한 가능성을 제공한다.

곳이다. 내인적 지질작용에 의한 단층보다도 외인적 함몰현상과 깊이 관련된 단층지형으로 생각된다. 이와 같은 사실을 뒷바침하는 것이 바로 호안 절벽과 연근해에서 용출되는 수많은 냉천들이다.

특기할 바는 거대한 석회화 언지호면을 볏과식물을 연상케 하는 수초들이 물길만 남기고 융단을 덮어놓은 듯 치밀하게 수면을 덮고 있는 점과, 맑은 물속에 용존 calcite가 첨가증식된 거력처럼 생긴 직경 15~20cm의 둥근 돌들이 보이는 점이다.

이와 같은 현상은 필자도 처음 보는 것으로, 물속 구상체(球狀體)는 오스트레일리아 Shark만의 Hameline pool 일대에 펼쳐지는 남조류 기원의 bioherm인 stromatolite와 뉴질랜드 남도 동해안의 Dunedin 일대에 펼쳐지는 Moheraki bolder를 연상시킨다. 이러한 제석소(rimpool)에서의 표면피막증식작용(encrusting)에 대한 시료를 채취하고 단면을 만드는 연구가 중국 쓰촨(四川)성의 주자이거우(九寨溝)와 태국의 Umphang 일대에 펼쳐지는 제석소의 연구보다도 선행되어야 할 것 같다.

이 밖에도 큰 나무 밑동에 생성된 우물형 doline는 대상지(台狀地)를 덮은 수백 개소에 이르는 소형 doline군을 형성한 가용성(可溶性) 석회암의 암석학적 성질과 비교하여 생각할 때 수복의 뿌리가 분비하는 강력한 산성물질이 바위에도 착근하듯 수직굴을 만들었다고 추리할 수 있다.

특히 옛 유로를 따라 남아 있는 유존석회화단구는 카르스트지형 진화의 측면과 하곡에 발달한 범람원상의 충적지는 우리들에게 많은 것을 시사하여 준다. 부언하여 이와 같은 경이적인 경관을 만들어 내는 석회화단구 지형을 보존하는 데 노력을 아끼지 않아야 할 것이다.

05_ 크로아티아의 수향(水鄕) 관광지 Rastoke

크로아티아 중부에는 아기자기한 동화 속 마을, 물과 같이 사는 작은 마을이 있다. 바로 Rastoke다. 아름다운 물소리가 연출하는 자연의 쉼없는 음악을 들으면서 자라난 사람들은 남을 미워할 줄도 모르는 착하고 어진 심성이 천사와도 같았을 것이다.

Rastoke는 '작은 플리드비체'라고도 불리는 곳으로 Slunjčica 강물이 Korana강에 합류하는 지점에 형성된 마을이다. Slunjčica강은 Rastoke에 이르러 여러 줄기로 갈라지며 석회화단구(石灰華段丘, travertine terrace)를 만들어 내고 작은 폭포들이 되어 Korana강으로 떨어진다. Rastoke는 이 석회화단구 위에 집을 짓고 물과 함께 살아가는 마을이다. 아름다운 석회화단구 물레방아를 돌려 동력을 얻고 빵

Slunjcica 강물이 폭포가 되어 떨어지는 Korana강의 원시 계곡. 물속에는 찬물을 좋아하는 송어떼가 느린 유영을 한다.

꿈에 그리던 아름다운 수향(水鄕)이다. 집 바로 옆 석회화(石灰華) 단상지에서 떨어지는 물소리와 숲속의 지저귀는 새소리, 여기에 보태어 사람들이 살아가는 삶의 소리가 조화로운 합창일세!

Rastoke 마을 안내지도. 사진의 하단 교량 쪽에서 흘러내리는 Slunjčica강은 여러 갈래로 나뉘며 마을을 지나 사진 위쪽에서 가로로 휘감고 도는 Korana 강으로 떨어진다. Rastoke 마을은 물이 흐르는 Slunjčica강의 석회화단구 위에 집을 짓고 물레방아를 만들면서 형성되었다.

석회화단구(travertine terrace)의 아름다운 단상지에 걸쳐 있는 집체폭포. 주변과 어우러진 아름다운 자연경관으로 인해 영화 촬영지가 되기도 하였다.

꺼진 땅에 출렁다리를 놓아 정원을 만들었다. 우리들의 심성 같으면 못 살겠다 떠나버리련만 이곳 사람들은 자연을 지혜롭게 이용하고 있다.

오늘날 마을의 집들은 대부분 식당, 카페, 숙소 등으로 바뀌었으며, 가둔 물에서는 송어를 양식하여 관광객들에게 제공한다.

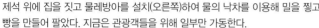
제석 위에 집을 짓고 물레방아를 설치(오른쪽)하여 물의 낙차를 이용해 밀을 찧고
빵을 만들어 팔았다. 지금은 관광객들을 위해 일부만 가동한다.

을 만들어 한때 이 지역 경제를 주도하기도 하였다.

수향(水鄕)이란 본래 하천의 하구에 세모꼴로 만들어진 샛강과 수많은 모래섬으로 이루어진 일단의 땅 위의 마을이다. 일반적으로 배(船) 없이 못 살고 고무장화 없이 못 사는 불편투성이 땅이다. 그런데 이곳 사람들은 물과 물소리를 벗삼아 여유롭게 살아간다. 카르스트지형상의 특징인 땅꺼짐(sink 현상), 단층(斷層), 함몰(陷沒)도 이겨냈다. 못살겠다 떠나버릴 만도 한데 이들은 오히려 물 가운데 정원을 만들고 주저앉고 꺼진 언덕에는 교묘하게 출렁다리를 놓았다.

06_ 농사짓는 들판 polje와 해만으로 변한 Kotor polje

발칸반도의 여러 나라에는 크고 작은 200여 개의 polje들이 문헌상으로 보고되어 있다. 앙상한 백색의 암골 노두로 이루어진 산지에 있는 거대 용식분지 polje는 농사짓는 들판으로 알려져 있다. 이들은 독자적인 내수역을 가진 폐쇄적 분지이다. 이들의 총면적은 자그마치 4,000km²에 이르며 우리나라 제주도 면적의 약 2.3배에 이른다.

많은 karst지형학자들이 polje의 성인(成因)에 관한 다양한 연구결과를 내놓았다. 첫째는 uvale가 진화하여 polje로 확대하였다는 단순한 이론, 둘째는 단층작용과 같은 구조운동과 관련된다는 이론, 셋째는 지질구조적 향사곡이나 향사지대에 따른 화석곡과 관련된다는 이론 등 다양하다.

그러나 최근의 연구는 polje의 수문환경과 관련된 성인이론이 설득력을 얻고 있다. 즉 400km²가 넘는 대규모 내수역을 가진 polje의 수문환경은 영구적 호수와 우기에 따른 계절적 호수 등 다양한데 우기에 배수공인 sink의 막힘은 호수의 확대와 더불어 호저에 loam이나 silt가 퇴적됨으로써 강력한 불투수층의 형성을

Plitvice에서 Zadar까지 1시간 30분 거리인데 약 40분 거리에서 만난 무명의 polje 전경으로 넓은 들판이 인상적이다. 농사짓는 들판으로 손색이 없다. polje 주변에는 낮은 산지가 병풍처럼 둘러 있고, 평야의 가장 낮은 곳에는 영구적 하천이 있는 듯 줄지어 늘어선 미루나무를 따라 열촌 형태의 취락이 입지한 것으로 보인다. 가끔 충적평야 위에서 doline가 목격되기도 한다.

야기한다. 이렇게 형성된 불투수층은 호저로의 삼투를 막고 용식분지의 측방용식을 확대하여 점진적으로 polje가 확대되는 직접적인 원인이 되었다는 이론이다. polje 성인론 중 가장 합리적이다.

이들 거대 polje들은 슬로베니아, 크로아티아, 보스니아 헤르체고비나에 집중되어 있으며 polje의 수문 조건에 따라 다음과 같이 세 가지 형태로 나뉘어진다.

첫재는 연변(border) polje로서 석회암과 셰일 같은 불투수성 지층의 접촉부에서 생성되는 polje이며, 슬로베니아의 Postoinska polje가 대표적 사례이다. 두 번째는 건조(dry) polje로서 polje 바닥에 수류가 발달하지 않는 Cetinje polje가 대표적 사례이다. 셋째는 영구적으로 수류가 넘치는 overflow polje로서 polje 산록면인 변두리에서 항구적 샘이 여러 곳에서 용출되어 polje 바닥을 하천으로 흐르다가 ponore를 통하여 지하로 잠류하는 polje인데 슬로베니아의 Bedenje polje, Planina polje와 보스니아 헤르체고비나의 Popovo polje가 대표적 사례이다.

특기할 만한 곳으로는 몬테네그로의 Kotor만이 있는데 이곳은 Würm 빙기에 polje였다가 후빙기의 해

옛날의 Kotor polje는 높은 산기슭을 따라 내해와 좁은 해협을 통해 Kotor만과 연속되며 Adria해와 연결된다. Kotor만은 Würm 빙기의 polje가 후빙기 해면의 상승으로 해만으로 변한 곳이다.

Kotor 만구(灣口)의 도선장에서 만을 건너는 데는 10분, 자동차로 Kotor polje를 일주하는 데는 40분이다. 시간과 기름 절약을 위해 통상 여기서 도선하며 버스와 승용차 승객은 10분 이상 대기한다.

면상승으로 만으로 바뀐 곳이다. 옛날의 Kotor polje는 높은 산기슭을 따라 넓은 내해와 좁은 해협을 통해 Kotor만과 연속되며 Adria해와 연결된다.

이제부터는 기타 polje를 기재한 책과 지도들을 살펴 그 제원과 명칭을 열거하여 보기로 한다.

아시아에서는 1932년 쓰지무라 타로(辻村太郎) 저 『신고지형학(新考地形學)』에 처음 polje가 소개되며 Dinaric karst 지역의 Vukovsko polje, Kupresko polje, Glamocko polje, Livansko polje, Ravno polje, Kocerinsko polje가 등장하지만, 다른 지형학 교본에서는 polje의 이름이 거명된 사례가 없다.

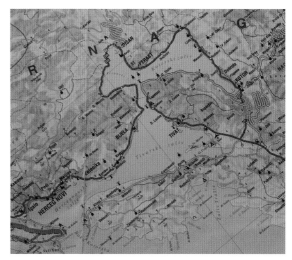

Würm 빙기 동안의 거대한 Kotor polje는 후빙기 기온의 상승과 더불어 고위도 지방이나 고산지대에 갇혔던 빙설이 융해되어 해면이 전 지구적으로 120m± 상승하면서 침수되어 오늘날의 Kotor 해만(海灣)으로 변하였다, 이와 같은 사례로는 Kotor만이 대표적이다,

기타 문헌에 나타난 사례는 다음과 같다.

a) 슬로베니아 발행의 관광지도에 Planinsko polje, Cerknisko polje 2개소의 위치와 명칭이 소개되었다.

b) 크로아티아 발행의 관광지도에 Krizpolje, Kompolje, Vrpolje, Dugo polje 4개소의 위치와 명칭이 소개되었고 2015년 발행 국가지도의 1:165,000 Dalmatia 연안지도에 Hrvatsko polje, Kninsko polje, Mokro polje가 기재되어 있다.

c) 『National Geographic Atlas』 1999년판 83쪽에 크로아티아의 lipovo polje와 보스니아 헤르체고비나의 Brezovo polje, Livno polje, Usko polje, Dobro polje, Nevesinje polje 등 다수가 기재되어 있다. 또한 몬테네그로에는 Prije polje, Bajovo polje, Bijelo polje 등이 기재되어 있다.

d) 유럽의 1:1,000,000 도로교통지도 109쪽에는 Krasno polje, Lipovo polje, Vrpolje, Livno polje, 140쪽에는 Popovo polje, Cetinje polje, Vajovo polje, Povino polja, Bijelo polje 등이 기재되어 있다.

이상에서 문헌상으로 확인되는 대표적인 polje의 제원 몇가지만 다음에 소개한다.

① Popovo polje − 길이 31km 넓이 700m 면적 45.9km^2

② Livansco polje − 길이 60km 넓이7km 면적 420km^2 (세계 최대 polje)

③ Gatacko polje − 고도 800m 이상 중위면에 발달한 polje

④ Glamocko polje − 1000m 이상 높은 고위면에 발달한 polje

⑤ Kupresko polje − 1200m의 고위면에 발달한 polje

앞으로 중국의 溶盆(róng pén), 즉 polje(坡立谷)의 연구가 진전되면 훨씬 크고 기이한 polje와 평균고도 4,000m가 넘는 티베트고원의 karst지역에서 기이한 polje의 보고가 있을 것으로 기대한다.

한편 크로아티라의 무명 polje 주변에서는 이해하기 힘든 현상이 발견되었다. 마치 tundra 지역에 생성

2015년 러시아 Baikal호의 호중도 올혼(Ольхон)섬을 답사했을 때 접한 유상구조토를 크로아티아의 무명 polje 주변에서 만났다. 기후적으로는 불가능하나 그 유형이 동일하다. 한랭기후하의 올혼섬 구조토는 밀집도가 높은 반면 크로아티아의 유상구조토는 밀집도가 낮아 식물과 관련된 성인적 측면을 생각하고 있다. 이 문제는 현지 학자들과의 공조가 절실히 요구되므로 앞으로의 연구과제로 남겨 둔다.

되는 유상구조토(瘤狀構造土)와 꼭닮은 미지형(微地形)인데 지중해성기후지역에서 이와 같은 한대기후, 특히 tundra 지역에서나 볼 수 있는 유상구조토가 어떻게 존해하는지에 대한 연구는 숙제로 남겨 둔다.

07_ 장축의 열도화한 습곡산지와 해안 냉천대

지중해의 부속해이며 이탈리아반도와 발칸반도 사이의 바다인 Adria해 연안, 특히 후빙기의 온난화로 해면이 120m 내외 상승하며 전형적 침수해안이 된 Dalmatia 해안에는 무수한 장축의 섬과 반도들이 해안선과 평행하게 발달되어 있다. 이는 해안에 평행한 습곡산지의 배사부(anticline)가 후빙기 해면상승으로 장축의 열도화(列島化)로 남은 것이다.

거대 Alps 산지의 남동 기슭에서 동서로 발달한 Carnic Alps 산지에서 남동방향으로 슬로베니아까지 이

Dalmatia 해안에서는 해안과 평행하게 달리던 습곡산지들이 후빙기의 해수면 상승으로 해안과 평행하게 긴 도서들로 남았다.

크로아티아의 흰 띠를 두른 석회암 해안이 바다와 배후의 녹음을 이어주며 아름다운 경관을 연출하고 있다.

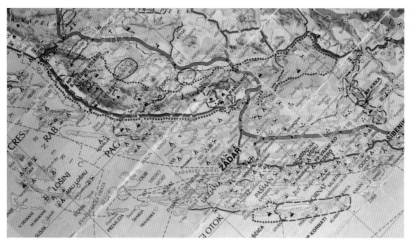
전형적인 침수해안인 크로아티아의 Dalmatia 해안

어진 Julian Alps에 연속되어 발달한 Dinaric Alps는 NW-SE 주향으로 몇 줄기의 평행된 산계를 이루며 크로아티아의 대부분을 차지하고 있다. 따라서 수계는 그 분수령을 따라 동서로 나뉜다.

이들 산줄기 중 해안 쪽에 붙어서 활처럼 휘어진 Velebit 산맥은 내륙 쪽은 Gospić 대분지를 이루며, 해안 쪽에는 Adria 다도해와의 사이에 해안선과 평행한 장축의 Velebilski kanal이 형성되어 있다. 이 다도해는 해안선과 평행하게 길게 뻗은 섬들이 줄지어 늘어서 있는데 이것은 지난날의 NW-SE 방향 습곡산지가 뷔름 후빙기 해면의 상승으로 침수되고 남은 배사부의 잔영이다.

이렇게 등줄기만 남은 배사부의 잔영으로는 Cres, Rab, Pag, Molai, Ugljan, Pašman, Dugi otok, Kornat, Hvar, Poluotok Pelješac, Mljet, Corčula 등의 여러 섬과 반도가 해당된다. 이들 장축의 섬이 늘어서 있는 Kvarnerić해는 최대심도가 82m이므로, 건육화(乾陸化)되어 있던 Wűrm 빙기 동안에 카르스트지형은 어디에서나 볼 수 있는 보편적 지형경관이었을 것으로 추리된다.

한편 이들 석회암과 백운암 산지에서 지하로 잠류한 지표수와 지하수는 polje 와지 주변에서 용천으로 일시적 하천을 만들어 흐르다가 다시 ponore라는 이름의 배수공(sink)을 통하여 지하로 잠류하며 궁극적

접안시설을 갖춘 작은 어촌의 해안가에도 적백의 부표가 보인다. 부표는 냉천, 와류, 암초, 양식장 등 여러 가지 표식으로 사용된다.

연안에 붉은색 부표가 설치되어 있다. 냉천 용출은 여름철 수영객에게 치명적인 심장마비를 일으키므로 예방과 대비가 필요하다.

으로 Adria해 연안에서 용출되는 천해 냉천대(冷泉帶)의 기현상을 연출한다. 이들 지하수는 해수의 수온을 현저하게 낮출 뿐만 아니라 수온의 현저한 차이에서 오는 와류(渦流)현상으로 물체를 빨아들임으로써 여름철 수영객의 심장마비를 일으키거나 실종사건을 유발하기 때문에 큰 위험요소가 되고 있다. 따라서 수영객의 안전과 보호를 위하여 연안 냉수용천대를 알려 주는 경고 부표를 설치해 놓고 있다.

08_ Postojna 동굴의 관광개발과 동굴박물관

전세계 육지 표면적의 15%가 석회암과 백운암을 비롯한 탄산염 암석으로 덮여 있듯이, 화산섬을 제외하면 세계의 어느 나라 어느 지방에도 석회암은 분포하며 석회암지대에는 특색 있는 지표지형과 동굴지형이 발달되어 있다. 따라서 나라마다 자랑하는 아름다운 세계적 동굴이 있기 마련이다.

슬로베니아에는 Postojna 동굴이 있듯이 미국에도 역사적으로 유명한 Mammoth 동굴, Carlsbad 동굴, Lulay 동굴이 있고 세계적 유명세를 탄 뉴멕시코의 Lechuguilla 동굴도 있다. 그러나 Postojna 동굴이 동굴 관광개발의 효시이며 그 아름다움 또한 으뜸이다.

Postojna 동굴의 오늘이 있기까지에는 오스트리아의 Johann Weichard Valvasor 남작이 큰 역할을 했다. 1670~1680년까지의 10년 동안의 정력적인 동굴탐사 결과를 집대성한 4권의 저서로 세인의 호기심을 자극하였고 본격적인 동굴개발의 계기는 1818년 오스트리아 황제 Francis I세의 Postojna 동굴 방문이었다.

1867년 이탈리아의 Triest 항구에서 슬로베니아 서부해안 Adelsberg(Postojna)까지 40여 km 구간에 특별관광열차가 운행을 시작한 이후 Postojna 동굴 관광은 활성화되어 1870년에는 내방객이 8,000명에 이르렀고, 1872년에는 관광객의 편의를 위하여 동굴 내에 궤도를 부설하기까지 하였다.

동굴 입구부터 부설된 2km의 궤도 구간에서는 복선 무개차를 타고 관광을 하고, 다시 도보로 2km 구간을 이동하면서 관광을 즐기는 데는 모두 약 2시간이 소요된다. 또 전문가를 위한 특별코스 3km도 설정하여 방문객의 다양한 기호를 충족시켜 주고 있다.

이와 같은 배려는 연간 50만 명의 관광객을 꾸준히 수용하고 있을 뿐만 아니라, 1870년부터 2016년까지 Postojna 동굴의 입동자 수는 꾸준히 증가하였고 그 총수는 자그마치 3천몇백만 명에 이른다고 동굴 관계자는 설명하고 있다.

다만 아쉬운 점이 있다면, 147년간이란 결코 짧지 않은 동굴관광개발의 역사는 2차생성물, 즉 동굴퇴적물(speleothem)의 오염을 가져올 수밖에 없다는

1976년 카르스트지형과 동굴연구의 공동연구자인 N. Kashima 교수가 42년 전에 보내온 옛 Postojna 동굴연구소의 모습이다. 건물 정면 우단을 장식한 맹목의 도롱뇽 Proteus anguinus의 모습이 인상적이다.

현재의 Postojna 동굴박물관으로 매우 세련되고 현대화된 건물 모습이다.

박물관 입구로 들어서면 karst(kras) 현상에 대한 상세한 설명이 시작되는데 초보자들이 기초지식을 얻는 데 부족함이 없을 정도다.

점이다. 이렇게 오염된 동굴퇴적물의 검붉은 표면을 다시 청신한 2차생성물로 되돌릴 방법은 없는지, 이 방면에 대한 연구에 투자를 아끼지 말았으면 하는 것이 필자의 바람이다.

한편 Postojna 동굴연구소와 자료관, 전시관에서는 카르스트지형과 동굴의 연구를 위한 2차생성물을 전시하고 인류고고학적 측면의 연구를 위한 풍부한 문헌과 전시물을 제공하고 있다. 또한 여러 가지 서비스 업무도 제공하고 있어 카르스트지형 연구와 동굴학 발전에 크게 이바지할 것으로 기대한다.

09_ Dinaric karst 지역에서 양산된 다양한 카르스트 학술용어

1) 용식와지지형(concave karst landform)

doline, uvala(uvale), polje 같은 석회암용식으로 생성된 분지에는 검붉은 찌꺼기 토양이 지표면에 남는데 이와 같은 토양을 terrarossa라고 부른다. 점성과 비옥도가 높아 농경지로 적합한데 우리나라에서는 doline 경지에 '안경밭'이란 이름이 있고, Dinaric karst 지역의 polje는 농사짓는 들판으로 사랑받고 있다.

doline를 비롯한 카르스트 오목지형에 대해서는 일찍이 Dnaric karst 지역에서 J. Cvijic, A. Bögli, J. Cobel, J. Franke, M. Herak, J. Jennig 등에 의해 연구가 지속적으로 이루어져 왔다. 슬로베니아에서는 doline가 vrtaca로 불리며, 개념상 doline와 차이점이 많아 일부 학자들은 이를 구분하기도 한다.

일반적으로 doline는 일종의 폐쇄된 작은 분상지(盆狀地)이며 크고 작음과 깊고 얕음을 가리지 않고 형태학적 다양성도 고려함 없이 둥글거나 타원형인

농경지로 이용되고 있는 크로아티아 중부의 용식와지들

용식와지에 대한 총칭으로 사용한다. 그러나 카르스트지형학적, 형태학적 분류는 다양하며 대체로 다음과 같이 나뉜다.

① funnel shaped doline : 구경과 깊이가 거의 균형을 이루는 소위 깔때기형.

② Pan shaped doline : 구경에 비해 깊이가 매우 얕은 접시형으로 저위 하안단구면에 많다.

③ cylinder shaped doline : 구경에 비하여 깊은 원통형 또는 굴뚝형으로 능신이나 빙하 주변지역에 많다.

④ foibe : 깔때기를 엎어놓은 것처럼 구경보다 내려가면서 넓어지는 역깔때기형으로 cenote에 많다.

⑤ karren doline : 고산지대의 융빙수와 관련된 작은 용식공으로 석회암 능선이나 안부에 일반적으로 발달한다.

⑥ vrtaca : Dinaric karst 지역의 소형 doline로 축력을 이용할 수 없는 암골의 노두가 많은 소규모 와지.

⑦ glattalp : Alpine karst에서의 벌집 모양 소형 doline로 산도 높은 융빙수가 용식한 doline군(群).

⑧ cenote : 멕시코에서 흔히 볼 수 있는 우물형 doline이며 후빙기 해면의 상승과 깊이 관련되어 물로 충전된 doline이다. 통상 foibe와 같은 역경사나 cylinder형이며 지하수로 충전된 동굴과 연결되는 경우가 많다.

오늘날의 카르스트지형학에서는 이상과 같은 여러 가지 형태의 doline가 보고되어 있다. 이 밖에도 doline 연합체로서의 uvala가 있으나 doline의 연구와 대규모의 용식분지 polje의 그늘에 가려 연구가 부진한 상태이다.

2) 용식잔존 볼록지형(convex karst landform)

석회암이나 백운암이 용식에 저항하여 남은 암골의 노두지형을 총칭적으로 karren 또는 karrenfeld라고 부르는데 영국에서는 clint, 독일에서는 schratten, 프랑스에서는 lapije라고 칭한다. 형태학적으로 다양하여 유형에 따라 중국에서는 shya(石牙), 말레이시아나 호주, 마다가스카르에서는 pinnacle로 부른다.

karren의 변형으로서는 독립된 고봉(孤峯)과 군봉(群峯), 독수봉(獨秀峰), 원추봉(圓錐峰), 원정봉(圓頂峰) 등 다양한 형태와 유형들이 있는데 이들은 모두 열대성 호우에 의한 우세 지형으로서 사면이 급경사를 이루는 열대카르스트 또는 탑카르스트(tower karst)의 범위에 해당한다.

이외에도 쿠바의 mogotes나 푸에르토리코, 자메이카 등지의 pepino hill과 haystack, 고산지대의 산등성이나 산록사면 또는 고위도 지방에서 홍적세 빙하의 삭마지형으로 남아 있는 limestone pavement(석회암 포상) 등 다양한 형태의 카르스트 볼록지형이 보고되어 있다.

4개의 인접된 doline 사이에는 필연적으로 언덕이 남는데 이것은 hum으로 불린다. 또한 이들 능선은 마치 닭벼슬처럼 남아 빈약한 검능을 이루는데 이와 같은 능선을 cock-pit라고 하며, 이들 지역의 도로는 이 cock-pit 능선을 연결하여 개설하는 것이 가장 편리하고 견고하며 경제적이다.

이와 같은 karren 연구의 전문서로는 Márton Veress가 저술한 『Karst Environment: Karren Formation in High Mountains』(2010)가 있다. Márton Veress는 Hungary대학 자연지리학 교수로 재직하면서 Alps

산기에 발달한 고산지대의 karren 지형에 대해 깊이 있는 연구와 저술을 하였다

3) 동굴현상(cave phenomena)

석회암, 백운암, 석고, 백악, 암염, 규질사암 등이 집중적으로 발달한 지역에는 다양한 형태의 용식동굴이 발달하는데 일반적으로 석회암과 백운암 분포지역에 집중된다. 약한 산성을 띤 빗물이나 지하수의 삼투에 의한 용식작용과 지하수의 기계적 침식작용의 합성으로 지하의 공동인 석회암동굴이 생성된다.

발칸반도를 비롯한 Adria해 연안의 여러 나라에는 수많은 석회암동굴들이 발달해 있으며 1867년 본격적인 Postojna 동굴 개발을 시작으로 여러 나라에 동굴개발의 붐을 불러일으켰다. 그리고 비슷한 시기에 미국에서는 Mammoth 동굴과 유명한 Carlsbad 동굴이 개발되었다.

아시아에서는 1910년 일본의 아키요시(秋芳)동굴의 개굴식(開窟式)이 이루어졌고 소화천황이 태자 시절에 방문하여 아키요시란 동굴명을 지어줌으로써 동굴관광의 서막이 화려하게 장식되었다. 1961년에 일본은 이 동굴을 천연기념물로 지정하였고, 1975년 입동자 수가 1,979,000명으로 정점을 이루었다. 하지만 부를 축적한 일본인들이 국제관광에 눈을 돌림으로써 관광객 수는 점차적으로 줄어들기 시작하였다.

슬로베니아의 Ljubljana대학에서 유학한 일본의 정통 카르스트지형학자 우루시바라 가즈코(漆原和子)가 대표저자로 1996년에 저술한『カルスト － その環境と人びとのかかわり』에는 위와 같은 카르스트지형을 이용한 동굴개발의 역사가 상세하게 기록되어 있다.

뒤늦은 감은 있지만 1976년 한국에서도 충북 단양군 대강면 고수동굴이 관광개발되었다. 서무송 부자에 의하여 학교법인 유신학원의 이름으로 개발됨으로써 동굴관광의 붐이 화려하게 시작되었고 밀려드는 관광객을 굴 앞에서 대기시키는 기이한 일들이 매일같이 되풀이되었다. 이 문제는 수원창현고등학교 지리교사로 봉직하던 필자의 아들 인명이 독자적인 측량과 설계로 터널을 굴착, 회귀식 관광코스를 직진식 일방통로로 개발함으로써 해결되었다.

10_그 밖의 다양한 카르스트지형 용어

1. pseudo karst : 카르스트지형과 모양이나 양식은 비슷하나 전혀 다른 메커니즘에 의해 생성된 지형.
2. thermo karst : 열카르스트현상. 툰드라지대에서 주간의 음양차로 생긴 유사카르스트지형.
3. hoch karst : Alps 산지와 같은 고산지대에 발달하는 카르스트지형. 평지와는 판이한 특징이 있음.
4. mero karst : 완전카르스트지형에 반대되는 불완전카르스트지형을 지칭.
5. holo karst : 완전카르스트지형. 카르스트현상을 종합적으로 관찰할 수 있는 지역을 지칭.
6. bedeckte karst : terrarossa에 덮여 karren의 발달과 암골의 노두가 거의 없는 카르스트지형.
7. nackte karst : karren의 발달과 암골의 노두가 현저한 나출카르스트. Dinaric karst가 모식지.

8. tropical karst : 열대카르스트. tower kars와 같은 뜻으로 고봉과 군봉 karst.

9. silicate karst : 규산염암, 즉 석영사암으로 이루어진 산지에 발달한 카르스트지형. Brazil이 대표적임.

10. hypogene karst : 지하 깊은 곳에서 올라오는 열수의 작용으로 생성된 터키의 Pamukkale 온천단구.

11. hydrothermal karst : 지하에서 열수가 탄산염암 지대를 통과하며 travertine terrace를 만드는 현상.

12. endo karst : 암장수(magmatic water), 즉 온천수에 의한 내인적 생성 기원의 카르스트지형.

13. ore karst : 석회암, 백운암, 석고, 규암, 암염 등 유용광물 로서의 기반암에 발달한 카르스트지형.

14. tower karst : 탑카르스트지형을 지칭하며 중국의 구이린(桂林) 산수가 대표적. tropical karst와 동의어.

15. Dinaric karst : Adria해 연안 발칸반도에 발달한 카르스트지형을 총칭적으로 표현할 때 사용.

16. pavement karst : 빙하의 삭마작용으로 석회암 표면을 포장도로처럼 평탄화한 일종의 석회암포상.

17. interstratal karst : 비석회암 지역 사이에 끼어든(협재된) 석회암지역에 나타나는 카르스트현상.

18. glacio karst : 빙상이나 빙하 아래의 석회암 암반에 나타나는 카르스트현상. 빙하의 삭마 및 굴식 지형.

19. scowle karst : 표면이 몹시 거친 카르스트지형. 흔히 Alps 산지와 같은 고산지대에 모식지가 많음.

20. fossil karst : 사막의 동굴현상은 강수량이 없어 과거 다우기의 화석 카르스트지형으로 취급함.

21. turm karst : 원추카르스트. 쿠바의 mogote나 푸에르토리코의 pepino hill 등 독일에서 주로 사용.

22. kegel karst : 원추카르스트에 대해 독일은 kegel karst 또는 turmkarst, cone karst로 사용.

23. pepino karst : 푸에르토리코에서 원추카르스트에 대해 이르는 말로 corn karst와 동의어.

24. shallow karst : tidal karst라고도 부르는 연안의 조간대에 생성된 카르스트. 산호초지대에 발달함.

25. deep karst : 시멘트공장에서 표토를 제거하면 나타나는 지하의 karrenfeld. 심성카르스트현상.

26. conglomerate karst : 석회질 각력암이나 역암에 나타나는 카르스트현상 또는 복합카르스트현상.

27. subjacent karst : 깊은 계곡 아래 절벽에 둘러싸인 하간지의 카르스트지형. Brazil 고원에 사례가 많음.

28. entrenched karst : 난공불락의 성벽같이 험준한 산지에 둘러싸인 카르스트지형. Brazil에 사례가 많음.

29. terminal fall karst : Kerka강에 걸친 7개의 제석(rimstone)에 나타난 수백 줄기의 집체폭포 같은 것을 지칭.

30. stromatolite karst : 오스트레일리아 서부에 입지한 Shark만의 남조류와 관련된 호상(壺狀)무늬의 구상암.

31. alpine karst : Alps 산지에 나타나는 카르스트지형. 평지와 구별되는 일종의 고산카르스트지형을 지칭.

32. plateau karst : 대지 또는 대상지(臺狀地)에 발달한 카르스트지형. 구시대나 현세 하안단구면도 포함.

33. complete karst : 완전카르스트로 holo karst와 동일 개념. 종합적으로 발달한 카르스트지역을 지칭.

34. articulated karst : 카르스트 오목지 및 볼록지, 동굴카르스트지형이 종합적으로 나타나는 경관지.

35. imperfect karst : 불완전 카르스트로 mero karst와 동일 개념. mero는 독일에서 주로 사용.

36. sporadic karst : 카르스트현상이 집중되지 않고 산발적으로 띠엄띠엄 발달한 카르스트지형을 지칭.

37. klippen pinnacle karst : 석회암의 우세(雨洗)지형. 뾰족한 첨정(尖頂)카르스트인 karrenfeld 또는

karren을 지칭.

38. pinnacle karst : 우세(雨洗) 또는 극심한 육상침식에 저항하여 남은 첨정(尖頂)카르스트를 지칭.

39. tiankeng karst : 거대 함몰성 doline에 대해 중국에서 톈컹(天坑)이라고 부르며 용어의 국제화 시도.

40. hot spring karst : 온천지대의 지하에 석회암이 있을 때 온천수가 지상에 생성한 석회화단구.

41. ancient karst : 옛날의 고기후하에서 발달하였다고 추리되는 사막이나 극한지의 카르스트지형.

42. evaporite karst : 잔류암 카르스트지형은 석고나 암염등 호해의 증발로 생성된 잔류암 카르스트지칭.

43. Wulong karst : 중국 충칭시 남동 변두리에 발달한 유네스코 지정 카르스트 세계자연유산.

44. Libo karst : 중국 구이저우성 남부에 발달한 유네스코 지정 카르스트 세계자연유산.

45. high altitude karst : 기온의 수직적 분포에 따른 고산카르스트로 hoch karst 또는 alpin karst와 동의어.

46. basin karst : covered karst와 동의어. 일종의 피복카르스트로 슬로바키아에서 주로 사용하는 용어.

47. epikarst : 표생카르스트 또는 표성카르스트를 이르며 간헐천(geyser)지대의 단구지형 등 사례가 많음.

48. blue hall : 후빙기 해면의 상승으로 연근해에 남아 있는 정호상 돌리네. 스쿠버다이버들의 무덤 .

49. grattalp : 알프스 산지에서 융빙수가 만든 소형 봉소(蜂巢)상 doline로 Grattalp 산지에서 이름을 도입.

50. corridor karst : cave karst에 적용되는 회당(回廊)을 뜻하며 규모 있는 장굴(長崫)에는 동상석으로 말달함.

51. entirely karst : 완전카르스트를 뜻하며 mero karst나 complete karst와 동의어(同義語)로 사용.

52. impounded karst : Würm 후빙기 해면의 상승으로 인한 수몰카르스트. Florida 반도에 사례가 많음.

53. diversity karst : karst 지형이 종합적으로 나타나는 complete karst나 holo karst와 동의어로 사용.

54. spectacular karst : 경관이 광대 또는 웅장하며 장엄하게 펼쳐지는 카르스트지형. 중국에 사례가 많음.

Ⅳ. 아시아의 카르스트지형

A. 중국의 카르스트지형

01_ 구이린(桂林)의 탑카르스트

옛날부터 중국 사람들은 구이린을 천하제일의 산수(桂林山水甲天下)라고 하며 그 아름다움을 칭송해 왔다. 말 그대로 구이린은 아름답고 산자수명(山紫水明)하다. 구펑(孤峰)과 췬펑(群峰)이 몰려 있고 아름다운 리장(漓江)강이 그 사이를 흐르는 세계적 관광지이다.

이렇게 뛰어난 경관의 형성에는 바로 카르스트지형 발달이 기여하고 있다. 특히 구펑과 췬펑 등의 탑카르스트(tower karst) 발달은 구이린을 세계적 명소로 알렸으며, 학계에서도 카르스트 볼록지형 발달의 세계적 표준지역으로 인정한다. 지역 내에는 데본계에서 석탄계에 걸친 석회암과 백운암의 후층들이 잘 발달되어 있다.

카르스트지형은 룽성꺼주(龍勝 各族)자치현을 주축으로 발달해 있는데 가장 유명한 두슈펑(獨秀峰)은 옛날 징장왕성(靖江王城) 내의 웨야츠(月牙池) 호반에 기념비처럼 고립된 봉우리로 솟아 있다. 구이린 중심가에 우뚝 솟은 이 위풍당당한 탑카르스트

옛 징장왕성(靖江王城) 안에 있는 웨야츠(月牙池) 호반에 홀로 우뚝 솟은 두슈펑(獨秀峰)

中國岩溶地貌
1:24 000 000

中国碳酸盐类岩石分布面积 (单位：平方公里)

地区别	纯	有夹层	互层	间层	合计
东北		52 560	3 600	14 760	70 920
华北	55 440	89 280	16 200		160 920
华东	2 220	19 080	3 240	8 280	32 820
华中	27 720	48 600	58 320	9 000	143 640
西南	197 640	117 000	40 680	70 920	426 240
西藏		23 760	73 800	133 560	231 120
西北			276 120	24 480	300 600
总计	283 020	350 280	471 960	261 000	1 366 260

탄살염 암석

- 석회암
- 백운암
- 석회암의 백운암으로의 변이층
- 분류불가능한 복잡한 탄산염 암류

카르스트지형 분뉴

- 카르스트 평원: 펑린(峰林), 구펑(孤峰)
- 카르스트 고원 : Mogote(残丘), Karrenfeld(石林)
- 카르스트 산지와 구릉 : 잔구(残丘), 펑충(峰叢), 펑린(峰林)
- 기타 카르스트현상

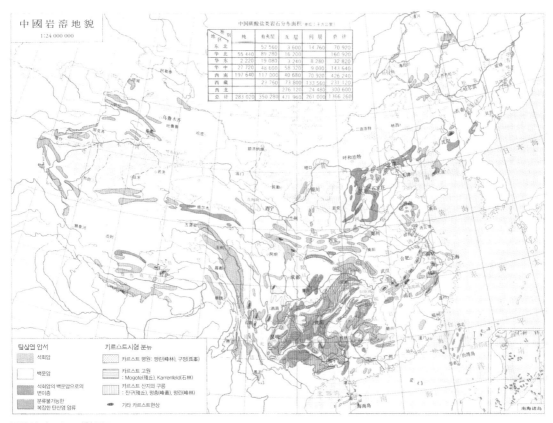

중국의 카르스트지형 분포도

구이린의 구펑(孤峰)들 사이에 논과 밭이 어우러져 있다.

1988년 방문한 당시의 구이린 시내 치싱옌(七星岩)동굴 입구

구이린 카르스트연구소 1차 방문은 1988년 우리나라와 미수교 상태에서 필자 단독으로 이루어졌지만 1977년부터 서신왕래와 자료교환 등으로 교류하던 주쉐원(朱學穩) 교수를 만나 불편함은 없었다. 사진은 연구소 현관에서 주 교수와 기념촬영한 모습이다.

구이린 카르스트연구소 제2차 방문은 1991년 고교 지리교사이며 카르스트지형을 전공하는 막내아들 원명(元明)과 함께였다. 주쉐원 교수는 해외출장 중이라 만날 수 없었지만 그의 부인 채(蔡)씨와 직원의 자상한 안내를 받았다.

고봉은 자금산(紫金山)이란 별명도 있다.

　구이린에서 리장강을 따라 양쉬(陽朔)에 이르는 관광유람선을 타면 리장 강 연안에 전개되는 군봉과 고봉 등 전형적인 탑카르스트지형을 감상할 수 있는데 속세를 떠나 선경에 이른 착각에 빠지게 된다. 천하의 갑산수라는 표현에 어울리는 경관이다.

　구이린 시내에서는 치싱옌(七星岩)동굴과 데차이산(疊綵山)동굴, 교외에 있는 루디옌(蘆笛岩)동굴 등이 유명하다.

　한편 구이린 시내 치싱루(七星路)에는 아시아에서 가장 규모가 큰 카르스트연구소인 암용지질연구소(Institute of karst geology)가 자리 잡고 있다. 이 연구소 본관 중심부에는 명대의 걸출한 지리학자이며 여행가인 쉬샤커(徐霞客)의 거대한 백색 대리석상이 건립되어 있는데 방문객의 시선을 압도한다. 카르스트지형 연구가들은 이 석상 앞에서 기념촬영을 하며 그의 업적을 회고하고 그의 미지의 세계에 대한 도전정신을 되새겨 본다.

구이린(桂林) 카르스트연구소 중심부에 세워진 명대의 걸출한 카르스트지형학자 쉬샤커(徐霞客)의 대리석상. 1988년 촬영.

02_ 구이린(桂林)에서 양쉬(陽朔)에 이르는 물길답사

리장(灕江)강은 싱안(興安)현의 먀오얼(苗兒)산에서 발원하며 강의 길이가 437km이다. 구이린에서 양쉬까지는 물길로 83km인데 이 구간은 구펑(孤峰)과 췬펑(群峰), 석회암동굴 등의 아름다운 카르스트지형을 배를 타고 감상할 수 있는 가장 여유로운 관광코스이다.

1) 구이린싼산(桂林三山)

유람선으로 구이린시를 출발하면 정면에 샹비산(象鼻山), 촨산(穿山), 타산(塔山) 등 석회암의 용식과 침식에 의한 합성물인 카르스트지형 3개를 접하게 된다. 샹비산은 코끼리바위로 되어 있는데 코가 모양과 닿을까 말까 할 정도로 묘하게 분리되어 있다.

2) 치펑전(奇峰鎭)

치펑전은 쩌무(柘木)인민공사 일대에 펼쳐지는 특징적인 tower karst들이 무리지어 임립한 췬펑(群峰)의 우아한 모습이다. 송곳 같은 기묘한 봉우리들을 보다 보면 약한 산성을 띤 빗물의 용식력에 감탄하지 않을 수 없다.

3) 관옌(冠岩)

지하에 숨겨져 있던 석회암동굴이 리장강의 침식으로 강안절벽, 즉 단애를 만들며 나타난 기이한 천연의 종유동구이다. 마치 동굴 천장에 남은 종유석을 동굴 안에서 바라보면 면류관의 수렴같이 보이는 데서 관암(冠岩)이란 이름을 가지게 되었다.

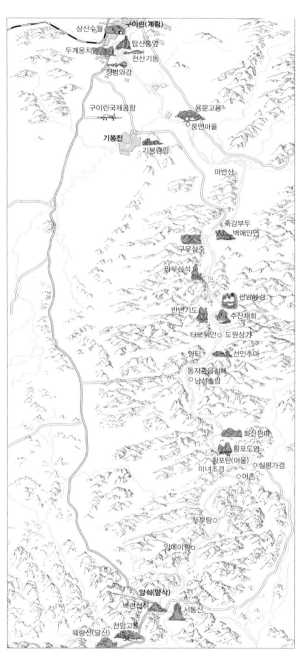

구이린 카르스트의 진수를 맛볼 수 있는 구이린(桂林)–양쉬(陽朔) 간 리장(灕江) 선유(船遊) 코스이다. 돌아올 때는 육로를 이용하는 것이 편안하다.

리장강을 따라 가면서 볼 수 있는 구펑(孤峰)과 췬펑(群峰)의 모습. 구이린을 카르스트 볼록지형의 표준지역으로 만들고도 남음이 있다.

4) 양쉬(陽朔)

양쉬는 구이린에서 리장(璃江)강의 물길로는 83km, 육로로는 65km의 거리에 있다. 양쉬는 석회암의 용식지형을 기본으로 한 관광지이다. 비롄펑(碧蓮峰), 촨옌(穿岩), 웨량산(月亮山) 등이 유명한데 모두 카르스트 용식지형이다.

03_ 쓰촨성의 명물 주자이거우(九寨溝)의 석회화단구

주자이거우(九寨溝)는 쓰촨성 북부에 있는 아바창쭈자치주의 주자이거우진에 속하며 바이허(白河) 상류 석회암지대에 발달한 깊은 골짜기이다. 르쩌거우(日則溝), 쩌차와거우(則查窪溝), 수정거우(樹正溝) 3개의 깊은 골짜기로 구성되어 있으며 여기에는 특색 있는 석회화단구(石灰華段丘)가 형성되어 있다.

계류에 함유된 중탄산칼슘용액의 농도가 갈수기에 높아지면 제석(rim stone)과 제석소(rim pool)가 만들어지고 이렇게 이루어진 계단상의 단상지에 대하여 카르스트지형학 용어로 석회화단구(travertine terrace)라고 부른다.

주자이거우 일대에 황홀하게 자리 잡은 세계자연유산 석회화단구군은 3개의 골짜기를 기초로 전개되는데 그 단상지의 언제에는 수백 가닥의 폭포, 즉 집체폭포(terminal fall)와 하이즈(海子)라고 부르는 소지(沼池), 즉 제석소(rimpool)가 발달하여 주변환경과 훌륭한 조화를 이루고 있다.

1) 르쩌거우(日則溝)

르쩌거우 계곡은 주자이거우(九寨溝) 남서부에 발달하며 원시림과 기암괴석이 조화를 이루고 있다. 길이가 자그마치 2km를 넘는 제석소인 텐어하이(天峨海)는 주변의 풍경과 푸른 하늘 그리고 두둥실 떠다니는 뭉개구름이 호면에 반영되어 놀랍고 환상적인 풍경을 만들어 낸다.

취하이(草海)라는 얕은 제석소의 호저에서는 갈색의, 때로는 녹색의 수초들이 나부끼듯 흐느적거린다. 잰주하이(箭竹海), 슝마오하이(熊猫海), 우화하이(五花海), 전주탄(眞珠灘), 징하이(鏡海) 등의 제석소들도 저마다의 아름다움을 자랑하고 있다.

주자이거우 안내도

2) 쩌차와거우(則査窪溝)

주자이거우초대소 남쪽에 발달한 창하이즈(長海子)는 초승달 모양으로 만곡된 제석소인데 주자이거우에서 가장 깊고 넓으며 제석(rimstone)도 매우 높아 거대한 댐을 방불케 한다. 창하이즈의 길이 또한 거의 4km에 이르며 집체폭포(terminal fall)들이 장관을 이룬다.

3) 수쩡거우(樹正溝)

수쩡거우는 수쩡마을을 중심으로 석회화단구가 나타나는데 훠화하이(火花海) 연폭과 워룽하이(臥龍海) 석회화단구군을 지나 수쩡마을까지 약 1km 구간에 제석과 제석소가 연속되며, Z120 현도(縣道)를 따라 수쩡폭포와 라오후하이(老虎海)가 있다.

텐어하이(天峨海) 제석소의 길이는 자그마치 2km에 이르며 맑은 호수면은 계절에 따라 주변의 변화무쌍한 경관을 호면에 반영한다.

전주탄(眞珠灘)으로 불리는 집체폭포의 높이는 자그마치 40m에 이르며 일대 장관을 연출한다.

157

04_ 쓰촨성 황룽구스 앞 석회화단구

쓰촨(四川)성 북부 주자이거우(九寨溝)현에서 백여 km 떨어진 쑹판(松潘)현에는 중국이 자랑하는 또다른 석회화단구 지형이 자리 잡고 있다. 황룽샹(黃龍鄕) 황룽구스(黃龍古寺)에 이르면 절 앞에 황룽야오츠

천년고찰 황룽구스(黃龍古寺) 앞 석회화단구인 황룽야오츠((黃龍瑤池). 신비로운 물색깔과 함께 황홀한 경관을 연출하고 있다.

황룽야오츠 상단의 퇴락한 석회화단구는 계류천의 하각적 진화로 물길이 사라져 사멸된 것으로 지형진화의 속도를 가늠할 수 있다.

황룽야오츠(黃龍瑤池) 제석(堤石)에 묻혀 가는 하우(夏禹) 치수비 2기. 이 비석은 석회화(石灰華)의 첨가증식으로 윗 부분만 드러나 있다.

(黃龍瑤池)의 아름다운 석회화단구가 펼쳐진다.

이곳에는 제석(堤石)에 묻혀 가는 870여 년 선의 아우(夏禹) 치수비(治水碑) 2기가 있는데 제석의 성장 속도를 측정할 수 있는 척도가 되고 있다. 1m 30cm 정도 묻혀 있으니 연간 1.5mm로 제석이 성장하고 있다고 볼 수 있다.

05_ 쿤밍 카르스트의 상징 루난스린(路南石林)

윈난(雲南)성 쿤밍(昆明)시 쿤밍역 근처에 마련된 스린(石林)행 특별관광열차를 타고 130km 거리의 스린이쭈(石林彝族)자치현에 이르면 세계적으로 이름 난 돌숲에 이르게 된다. 바로 루난스린(路南石林)으로, 이 돌숲 역시 카르스트지형의 볼록지형을 대표하는 karrenfeld이며 동남아시아에서는 pinnacle karst(첨정석탑)로 불린다.

역내에는 고생계(palaeozoic system) 전반에 걸친 누층군(complex)이 잘 발달해 있고 중생대의 삼첩계(triassic system)도 곁들여 있어 카르스트지형이 훌륭히게 발달되었다.

루난스린(路南石林)의 넓은 karrenfeld 평원을 조망할 수 있는 구평(孤峯) 위에 세워진 전망대는 6각형의 아름다운 정자 박공(搏栱)이 하늘로 치켜 올라간 모습 또한 우아하다.

이 돌숲에는 오목지형 다양한 형태의 볼록지형을 비롯하여 기괴한 모습의 여러 가지 석탑들이 경연을 하는 듯한 천하의 기경이 펼쳐진다. 석탑 표면에는 여러 가지 용식 홈들이 발달하는데 그 크기와 형태에 따라 여러 가지로 세분되어 독특한 학술어가 부여된다.

필자가 1988년 처음으로 스린을 찾았을 때는 교통수단이 없어 쿤밍에서 택시를 대절하여 울퉁불퉁한 자갈길을 한없이 달렸는데 2000년 재차 방문하였을 때에는 스린 관광을 위한 특별관광열차가 운행되고 있을 뿐만 아니라 많은 것이 달라져 10년이면 강산이 변한다는 말이 실감났다.

한편 쿤밍시 뎬츠(滇池)호 북쪽의 시산(西山)에도 이런 돌숲이 있다. 호안절벽의 무수한 터널을 통과하여 싼칭꺼(三靑閣)를 돌아 전망대에 이르면 북측 사면을 가득 메운 돌숲이 눈에 들어온다. 룽먼샤오스린(龍門小石林)으로, 용식에 저항하여 남은 거대한 석회암괴들이다.

첨정형(尖頂型) spitzkarren 수직벽면에는 무수한 세류구카렌 (rillenkarren)이 발달해 있다. 석회암에 발달한 아주 아름다운 우세 (雨洗)지형이다.

세 마리의 괴수 도깨비를 닮은 기이한 석회암주는 밀려드는 관광객을 사열하듯 서 있다. 용식 호면에 반영된 모습은 더욱 아름답다.

06_ 톈컹(天坑)이란 이름의 거대 함몰돌리네

　최근에 이르러 중국에서는 거대 함몰돌리네를 톈컹(天坑, tiankeng)이란 새로운 학명으로 등재하기 위해 여러 가지 노력을 하고 있으며, 특히 카르스트 관련 국제학술회의를 중국에서 개최하는 등 톈컹 연구에 박차를 가하고 있다.

　중국 암용(岩溶)연구가인 주쉐원(朱學穩) 교수의 톈컹 연구에 의하면, 우룽(武隆)의 칭룽톈컹(靑龍天坑), 센잉톈컹(神應天坑), 샤오자이톈컹(小寨天坑), 광시(廣西)성의 다스웨이톈컹(大石圍天坑), 황징둥톈컹(黃京洞天坑) 등이 규모가 가장 크고 저서와 논문 등 발표가 많아 널리 알려져 있다.

　2005년에는 서방국가의 카르스트지형, 특히 톈컹 고찰단이 중국을 방문하여 중국 전문가들과 합동으로 대대적인 연구활동에 들어갔으며, 현지답사를 통한 많은 의견 교환 끝에 2006년도에는 합동으로 공동연구 결과를 담은 중국암용연구 학술잡지 특집 제25호를 출간하였다.

중국 광시러예따스웨이텐 킹(廣西樂業大石圍天坑)군 에 속한 따차오텐컹(大曹天 坑). 지하 공동의 함몰로 생 성된 수직벽을 가진 일종의 거대 함몰돌리네이다. 주쉐 원(朱學穩) 촬영.

얏쯔(揚子)강 쟈안 펑제(奉 節)현 샤오자이(小寨)에 발 달한 거대한 벙타텐컹(崩塌 天坑). 붕락한 절벽의 녹설 면(麓屑面)에 진입로가 개 설되어 있다. 주쉐원(朱學 穩) 촬영.

이에 앞서 주쉐원(朱學穩) 교수 외 여러 사람들이 공동연구한『광시러예따스웨이텐컹(廣西樂業大石圍 天坑)군의 발견 탐측 정의와 연구』라는 184쪽에 달하는 책자를 광시과학기술출판사에서 발행하여 텐컹에 대한 연구 분위기를 고양시키고 있다.

그러나 텐컹은 거대 함몰돌리네(large collapse doline)의 범위를 벗어나는 새로운 학명을 얻을 만큼 위 력 있는 새로운 지형이 아니라는 의견이 지배적이어서 앞으로의 귀추가 주목된다.

07_ 무릉도원 장자제(張家界)와 카르스트지형

장자제(張家界)는 후난(湖南)성 북서부에 있는 펑수이(澧水)강의 지류이며 장자제의 어머니강으로 불리는 리수이(麗水)강을 끼고 예로부터 장씨들이 모여 사는 동족마을로 출발한 도시이다.

부근 일대는 산천이 수려하여 일찍부터 우링위안(武陵源)으로 불리어 왔다. 고생계 전기에 해당하는 Cambro-ordovician system의 석회암이 널리 분포하는 지역으로 석회암지대의 특징인 오목지형(凹地形), 볼록지형(凸地形), 동굴지형(洞窟地形)이 종합적으로 훌륭하게 발달되어 있다.

우링위안(武陵源)은 1992년 유네스코 세계자연문화 유산으로 등재되었다. 탑카르스트의 기봉들이 임립(林立)하고 쒀시쿠(索溪峪) 황룽둥(黃龍洞)동굴, 룽왕둥(龍王洞)동굴 등의 석회암동굴 내 2차생성물(speleothem)이 화려하다. 규모가 웅장한 세계적 경승지로 이곳을 찾는 이들이 끊이지 않는다.

도연명의 『도화원기(桃花源記)』에 나오는 무릉도원의 실제 무대인 장자제(張家界) 우룽위안(武陵源)

장자제(張家界) 황룽둥(黃龍洞)의 입구

화려한 조명을 받은 황룽둥(黃龍洞)의 석순들

특히 황룽둥동굴은 샹수이허(響水河)란 이름을 가진 큰 동굴강이 식각으로 동굴 내에 깊은 계곡을 만들 었는데 다층구조를 이루는 복잡한 둥굴 계동을 하나로 연결하는 안전통로를 절벽 허리에 개설하는 등 개발 시설 또한 훌륭하며 세계적 모범이 되고 있다.

동굴 내의 중요 2차생성물은 장구한 세월 동안 초점의 흐트러짐 없이 쌓아올린 촛대형(candle shaped) 석순을 비롯하여 풍성한 기형석순(erratic stalagmite)들이 무리지어 발달했으며, shower head로 불리는 낙수혈(落水穴) 아래에는 보기드문 평정석순(plat top)이 생성되었다. 다만 단조로운 2차생성경관에 지나친 유색 조명이 설치되어 있어, 환상적 세계를 연출한다는 취지는 있겠으나 동굴퇴적물이 지니는 원래의 순수함을 훼손한다는 점에서 아쉬움이 남는다.

08_ 우롱(武隆)카르스트와 톈성싼차오(天生三橋)

쓰촨(四川)성 충칭(重慶)시 우롱옌롱지질공원(武隆岩溶地質公園)은 2차생성물(speleothem)의 화려함으로 유명한 푸룽(芙蓉)동굴과, 양수이허(羊水河) 위에 걸쳐 있는 톈싱싼차오(大生三橋, Three Natural Bridges) 및 톈컹(天坑), 해발고도 1300m 내외의 셴뉘산전(仙女山鎭) 일대의 고원카르스트지형으로 유네스코 세계자연유산에 등재되었다.

톈성싼차오는 세계에서 가장 규모가 크고 아름다운 석회암지대에 발달한 천연교(natural bridge)이다. 우리들이 보통 천연교를 생각할 때에는 사암의 침식으로 생성된 미국 유타주 남부의 Rainbow Bridge를 생각하는데 톈성싼차오는 이보다 더욱 웅장하고 주변 지형과 잘 어울린다.

톈성싼차오는 서쪽부터 톈룽차오(天龍橋), 칭룽차오(靑龍橋), 헤이룽차오(黑龍橋)의 순서대로 동쪽으

우롱(武隆)카르스트 지역의 천연교 중 하나인 톈룽차오(天龍橋)

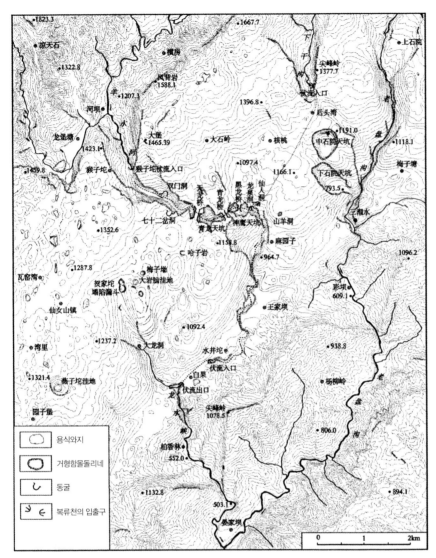

우롱(武陵) 카르스트대지의 1:50,000 지형도

<table>
<tr><td>용식와지</td></tr>
<tr><td>거형함몰돌리네</td></tr>
<tr><td>동굴</td></tr>
<tr><td>복류천의 입출구</td></tr>
</table>

로 거의 같은 간격으로 줄지어 있고, 그 남쪽으로는 칭룽톈컹(青龍天坑), 센잉톈컹(神鷹天坑)과 룽촨(龍泉)동굴, 셴런둥(仙人洞)동굴, 산양둥(山羊洞)동굴 등 수준급 동굴들이 즐비하다.

　뿐만 아니라 이들 지형과 연속되어 남서부에 전개되는 표고 1,300m 내외의 대지상에는 말로 형언할 수 없는 기기묘묘한 카르스트 오목지형들이 분포하는데 자그마치 남북으로 7km, 동서로 8km 도합 50여km² 의 광대한 대지에 특색 있는 카르스트지형이 전개되어 학계의 주목을 받고 있다.

　톈성싼차오 부근 일대는 고생계 중부에 해당되는 Silurian system의 비석회암 위에 Ordovician계의 사암과 세일이 발달하고 그 하부에 두터운 석회암층이 있으며 대지(臺地)상의 카르스트지형 발달지역은 Permo-Triassic(2첩기와3첩기)의 석회암으로 지표지질의 분포가 매우 복잡하다.

구이저우(貴州)성과 광시좡주(廣西壯族)자치주의 경계지역인 리보(荔波)카르스트지역에
발달한 고깔모자 같은 원추형 고봉(孤峯)들. 그 위치를 오른쪽 지도에 원으로 표시하였다.

09_ 규모가 가장 큰 리보(荔波)카르스트

　유네스코 지정 세계의 카르스트 유산 중 가장 규모가 큰 구이저우(貴州)성의 리보(荔波, Libo) 카르스트
는 윈난(雲南)성의 카르스트인 루난스린(路南石林), 구이린(桂林)카르스트와 같은 구평(孤峯)과 췬펑(群
峯) 등으로 2007년에 카르스트 자연유산으로 등재되었다.

　리보카르스트의 봉우리들은 자메이카의 mogote 카르스트와 비교되며 mogote가 바가지를 엎어놓은 것
같은 형태인 데 반해 리보카르스트의 외형은 삿갓을 엎어놓은 것 같은 형태상의 차이점이 있는데 이는 암
석학적 기후학적 차이에서 비롯된 것으로 추리된다.

　또한 탑카르스트의 다양한 형태가 관찰되는데 구이린 카르스트와 비교된다. 석회암동굴 내의 석회암 단
구지형을 비롯하여 호화찬란한 speleothem이 즐비하다. 동구 밖에도 큰 규모의 석회화단구가 발달하여
쓰촨성의 주자이거우(九寨溝)나 황룽구스(黃龍古寺)의 석회화단구와 비교된다.

　뿐만 아니라 대규모의 제석(rimstone)으로 인해 형성된 주자이거우의 창하이(長海)와 같은 거대 제석소
(rimpool)도 많으며, 지표지형 또한 루난스린을 비웃을 만큼 훌륭한 발달상을 보여주는 등 카르스트지형
의 종합적 발달로 훌륭한 연구의 마당을 우리들에게 제공하여 준다.

B. 한국의 카르스트지형

01_ 평남분지(平南盆地)의 밀도 높은 카르스트지형

한국의 카르스트지형 발달은 소위 평남지향사로 불리는 평남분지와 옥천지향사로 불리는 옥천분지 이 렇게 크게 두 지역으로 나뉘며, 산재적으로 개마고원과 압록강 연안 그리고 남부의 평해와 문경 등 고립카르스트(isolated karst)지역이 있다.

대체로 북한의 카르스트지형 발달은 고생계 최하부인 캄브리아계의 석회암을 중심으로 발달하며 남한 의 카르스트지형은 오르도비스계를 중심으로 발달하는 경향성과 특징을 지니고 있다.

평남분지에 발달한 카르스트지형을 1:50,000, 10′×15′ 지형도로 살펴보면 동백산, 내창, 영변, 아일령, 덕천, 평원리, 북창, 대평리, 순천, 은산, 동창, 관평리, 고원, 진흥리, 사인장, 성천, 두류산, 원산, 평양, 강동, 양덕 등 39°N선 이북지역과 39°N선 이남의 중화, 상원, 율리, 신평, 선암, 도납리, 능리, 수안, 곡산, 회양, 화천, 연탄, 대평리, 신계, 창도리, 은평리, 신막, 물개리, 이천, 대정리, 장연, 청석두리, 기린리, 한포리, 시변리, 대정리 등 모두 46개 도폭에서 나타난다.

이들 지역 중 최대 분포지역은 신막과 곡산이며 고립카르스트지역은 동백산과 장연 도폭이다. 특기할 바는 곡산과 신계 도폭 지역으로, 이들 지역은 캄브리아계의 석회암을 신생대 신제3기 말의 선신세에 열하분출한 용암이 피복하고 있어 특징을 달리하는 카르스트지역이라고 할 수 있다.

02_ 카르스트지형을 덮은 용암대지 신계와 곡산

칭룽톈컹(靑龍天坑), 셴잉톈컹(神鷹天坑), 톈청싼차오(天成三橋) 등으로 화려하게 등장한 중국의 우롱카르스트지역은 얇은 비석회암이 두터운 석회암층을 덮은 일종의 거대 함몰성 석회암지형이다.

마찬가지로 황해도의 신계(新溪)와 곡산(谷山)도 두터운 석회암지대의 카르스트지형을 신제3기 말인 선신세(Pliocene epoch) 말에서 제4기 홍적세와 충적세까지 열하분출한 염기성 용암이 피복하고 있는 카르스트지형이다. 특색 있는 카르스트지형 발달 지역으로 주목의 대상이 되지 않을 수 없다.

필자는 이 지역의 답사와 연구를 90평생 꿈꾸어 왔으나 조국의 비극적 분단으로 뜻을 이루지 못했다. 지도를 통해 마음속으로만 유존지형, 재현지형, 지하의 동굴세계 및 현무암 아래에서 부상한 특수지형을 상상의 세계에서 연구하며 동경하며 즐길 뿐이다.

6.25전쟁 시 미 극동사령부는 항공사진을 기초로 『독부도』를 보완하여 전국의 1:50,000 군용지도를 만들었는데 그 내용이 정확하여 지형분석에 요긴하게 쓰인다. 비교 연구를 위해 여기에 소개한다.

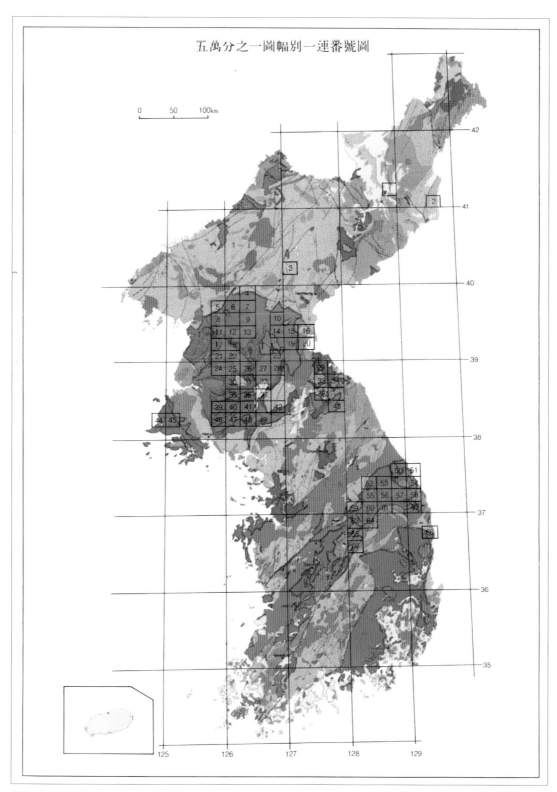

五萬分之一圖幅別一連番號圖

10'X15' 1:50,000 지형도상으로 본 한국의 카르스트지형 분포도. 필자가 1966년에 제도하고 'SUH'라는 명자를 하단에 기재하였다.

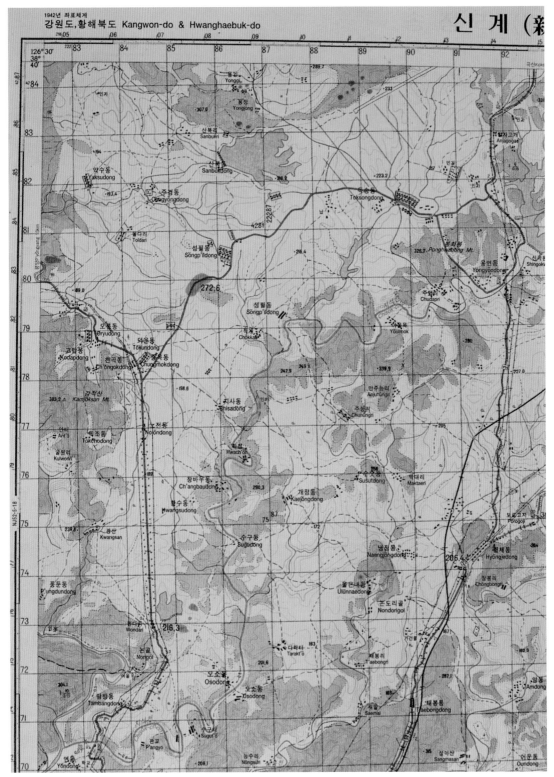

북소지형도 신계 용암대지

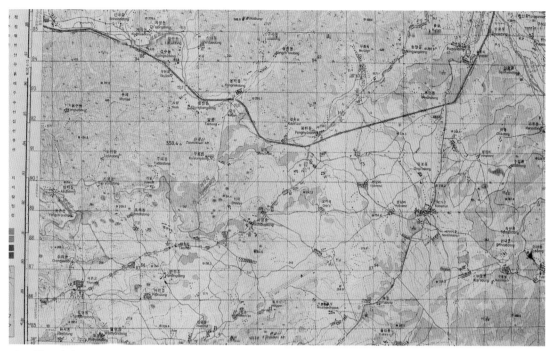

북소지형도 신계 곡산 용암대지

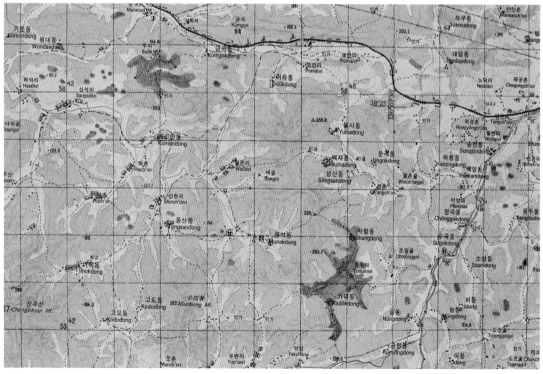

북소지도 1:50,000 신막도폭의 수억(水億)분지와 저항동, 동두막, 가덕동을 아우르는 polje. 한국 최대의 용식분지로 알려진 소위 신막 Polje가 지근 거리에 입지한다.

실로 안타까운 일이다. 나는 자연과학자이다. 자연과학자의 연구에 주의와 사상은 아무런 상관이 없다. 지금이라도 늦지 않으니 남북 당국자들은 나와 후배 연구자들에게 카르스트지형 연구와 답사의 길을 열어 달라! 세계적으로 희귀한 신계와 곡산 일대의 용암대지 위아래에서 전개되는 특수 카르스트지형, 이것이야말로 세계의 자연유산으로 등재하고도 남을 인류 문화의 유산이다. 당국자와 남북의 정치인들이 관심을 기울이기를 바란다.

03_ 북한 최대의 카르스트지역 신막과 그 주변

북한 최대의 카르스트지형 발달 도폭은 신막이며, 이곳에서 대평과 곡산 도폭을 연결한 북동방향으로 최대의 카르스트지형 발달이 이루어졌다. 구체적으로 살펴보면 곡산분지 주변을 둘러싸며 곡산천변의 용산에서 반경 4~5km의 동심원상에 분포한다.

북방의 용연산을 기점으로 시계방향으로 화계동, 황토동, 창암동, 송전동, 송항리, 우정동, 복포동에서 남서부의 구룡동, 석정동, 포나무동, 달천리, 여운교와 암저동, 그리고 평전동에 이르러 카르스트지형 발달은 절정을 이룬다.

다시 신계와 대평 도폭으로 이어지며 카르스트지형 발달이 보인다. 대체로 신계읍 북서부에서 대평 도폭 변두리에 이어지며 요란한 발달상을 보이고 이어 물개와 신막 도폭으로 넘어간다.

신막 도폭에는 서흥과 신원리를 포함하며 매우 우수한 카르스트지형이 발달하였다. 신막과 서흥, 신원리를 이어주는 서흥강 좌안에 끝없는 카르스트지형이 전개된다. 문악동과 창동, 능동, 매화동을 잇는 내부의 초항동 칠용동굴, 가덕동, 금정동을 연결하는 용식와지는 5km²에 이르며 우리나라 최대의 카르스트지형 발달 지역이다.

특기할 바는 문무리의 수억(水億)분지이다. 『독부도(督府圖)』나 『북소도(北蘇圖)』에는 아무런 기록이 없으나 6.25전쟁을 위해 미 극동사령부가 항공사진을 바탕으로 제작한 지형도상에는 수억분지 내에 용출량이 많은 내수역을 이루는 샘물 4개소가 기록되어 있고 당당한 수계를 이루고 있다

이는 Dinaric Alps 산지와 Adria해 사이에 발달하는 독자적인 내수역을 가진 polje의 성인론을 뒷받침할 수 있는 한국

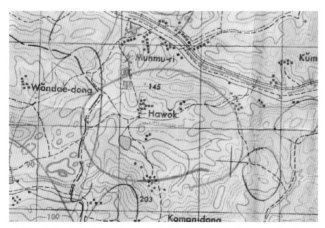

미 극동사령부가 제작한 군용지도 속 수억분지. 「독부도」, 「북소도」에는 수억으로 기재되었는데 이 군용도에는 화억(禾億)으로 기재되어 있다. 「독부도」의 水 자 위에 빗금이 들어가 있으나 가다카나 발음토에는 수억으로 기재하였으므로 영문표기 Hawok은 오기된 것으로 판단된다.

의 유일한 와지지형이다. 와지의 가장 낮은 곳에는 직경 200m의 호소를 가지고 있어, 계류천이 운반한 진흙이 비두수층의 생성으로 polje의 측방확대를 이룬다는 주장을 뒷받침한다고 할 수 있다.

04_ 은산, 동창 일대의 특색 있는 카르스트지형

은산 도폭의 장선강과 기창후천 연안의 옛 하안단구 면에는 특색 있는 깔때기형 돌리네들이 나타나는데 그 대표적 사례는 신창면 청계리 산정의 구단(丘段) 와지마을이며 외륜산의 표고는 300~378m이다. 와지 바닥의 표고는 180m로 비고는 거의 200m에 이른다.

이와 비슷한 지형으로는 함경남도 고원군 상산면 교초리 대구단(大丘段)마을이 있는데 촌락의 규모도 비슷하다. 한편 영흥만에 돌출한 송전반도 가래구미리의 구단(丘段)도 있어 우리 조상들은 카르스트지형 발달지역의 산정 와지마을에 대해 구단이란 용어를 즐겨 사용해 온 것으로 생각된다.

동창 도폭의 서쪽 기창후천 변의 현대골, 장골, 외동리, 금성리, 솔모리, 줄둘 일대에도 밀도 높은 카르스트지형이 발달하는데 제법 규모 있는 용식와지와 깔때기형 돌리네, 섭시형 놀리네의 발달이 현저하다. 그중에서도 줄둘 일대는 karrenfeld의 모식지가 아닐까 하는 생각이 앞선다.

05_ 북한의 관광동굴 개발현황

북한에는 남한의 3배가 넘는 넓은 석회암지대와 고립된 석회암지대가 있을 뿐만 아니라, 고생계 최하부의 석회암지대를 신생계 제4기 경신세(Pleistocene epoch)의 화산활동으로 용암이 열하분출하여 석회암지대를 덮은 기이한 카르스트지형 등 다양한 형태의 카르스트지형이 발달되어 있다. 그리고 당연히 이들 석회암지대 안에는 석회암동굴들도 발달되어 있다.

그중에서도 1928년에 개발된 평안북도 구장군 용문산 남쪽 기슭의 동룡굴은 전장 약 4km에 달하고 일찍이 지하금강으로 알려져 유명세를 탔었다. 하지만 일본 군국주의자들의 침략전쟁으로 동굴개발은 크게 위축되었었다.

그동안 북한의 동굴개발에 대해서는 외부세계에 알려진 바가 거의 없었다. 하지만 21세기에 들어 구장군의 동굴들이 유네스코 자연유산 잠정목록(UNESCO World Heritage Tentative List)으로 등재되어 있어, 유네스코에 제출된 내용과 방송매체 등를 통하여 접한 결과를 분석 정리하여 여기에 소개한다.

1) 이색적인 동굴퇴적물이 많은 용문대굴
용문대굴은 평안북도 구장군 용문산에 위치한 석회암동굴이다. 용문산은 묘향산맥의 남서부에 솟아 있는 산이다. 용문대굴의 동굴퇴적물은 훌륭하며 동굴안내자가 손으로 가르치며 설명하는 내용을 동굴학적으로 살펴보면 만물동은 강원도 금강산의 만물상을 비교하듯 2차생성물의 연속적 발달상을 나타내는 일단의 퇴적상을 가르치는 것 같다.

실개천상은 장적형(長笛型)으로 연합된 2차생성물의 집체 표면을 석회도장(lime coating)한 섬세한 홈이 집중적으로 발달한 일단의 퇴적물이며 옥수수상은 우리들이 통상 생각하는 pop corn이 아니라 수확하고 표피를 제거한 옥수수 이삭 같은 상태의 퇴적물로 특이하다.

꽃굴은 실국화송이 같은 침상산석(aragonite needle)으로 우리들은 통상 석화(anthodite)로 부르는 퇴적물이며 석고질 퇴적물인 곡석(helictites)의 발달은 매우 훌륭하다. 싸리버섯 상으로 부르는 일단의 기형석순은 낙하하는 수적이 튕겨진 splash deposites 퇴적물이다.

노관주동과 향나무동 등의 이름을 부친것은 역시 점적수의 동상 가격으로 튕겨진 미세한 물방울에 포함된 calcite질의 재침적된 일종의 상향곡석(heligmite)이며 크리스마스 츄리 처럼 아름다운 모습을 보여주는데 노관주나무란 노가지 나무에 대한 사투리 같다.

샹드리에 상은 우리들이 일반적으로 생각하는 화려한 종유석 연합체로된 퇴적물이며 유럽사람들도 우리들과 공통적으로 사용하는 동굴용어이며 백화동은 다양한 모습의 화형퇴적물(anthodites)의 퇴적상을 보여주는 2차생성물로 바람이 관여한 것은 anemolite라고 부른다.

한편 배추형으로 부르는 동굴퇴적물은 일종의 splash deposites이며 다시 말하여 기형석순(erratic stalagmite)의 범주에 속하며 필자로서도 처음보며 처음들는 동굴퇴적물로 앞으로 좀 더 연구하여 볼 과제라고 생각 된다.

2) 용문대굴의 이명처럼 느껴지는 백령대굴

역시 모향산의 석회암 동굴이며 필자는 용문대굴과 동일한 동굴이 아닌가 생각하였지만 동굴퇴적물의 내용을 약간 달리하고 있다. 그러나 동일 동굴 내의 다른 동굴퇴적물인지 알길이 없어 여기에 별도의 설명을 하기로 하였다.

무도회장은 동방(gallery)을 지칭하는 것으로 보이며 보편적인 동굴현상이며 문어바위도 관찰되나 특별한 설명은 없었다. 코끼리상은 벽면에 만들어진 이색적 퇴적물로 류석(flow stone)경관의 범주에 속하는 것으로 믿어진다.

낱가리상은 동굴 내의 이층(mud mound)이거나 천장에서 붕락한 쇄설물 암괴에 석회도장(lime coating)된 퇴적물일 수도있다. 이문제는 현장답사를 필요로한다. 포도송이상의 성인에 대해서도 역시 현장 답사를 필요로 한다.

벌집기둥은 점적의 빈도가 크며 다소 불순물이 많이 섞인 석순이 빠르게 성장하여 미약한 종유석과 연합하여 만든 석주로서 다소 삼투수가 많은 환경이 지속되고 있음을 암시하며 양머리(羊頭)상은 비정상 상태의 퇴적상태가 만든 기형적 퇴적물로 생각된다.

거북이상은 기형석순(erratic stalagmite)으로 곡석(helictites)은 동굴 내의 보편적 퇴적물이며 밀폐된 동굴환경을 선호하는 경향성이 있다. 천상굴(天上崛)은 2차생성물이 동굴공간을 축소하는 과정에서 생성된 층상구조의 상층 동굴을 지칭하는 용어로 해석 된다.

06_ 남한 최대의 카르스트지역 영월

우리나라 15′×15′ 1:50,000 지형도상으로 카르스트지형이 나타나는 도폭명을 좌에서 우로 내려가면서 살펴보면 구정, 묵호, 평창, 정선, 임계, 삼척, 제천, 영월, 예미, 태백, 장성, 덕산, 단양, 점촌, 병곡 등 15개 도폭인데 이중 카르스트지형이 최대로 발달한 도폭은 영월 도폭이다.

이들 지역을 다시 100배 확대한 1:5,000 지형도로 분석하여 본 결과, 카르스트지형 발달 도폭은 구정 3매, 묵호 2매, 평창 37매, 정선 21매, 임계 11매, 삼척 25매, 제천 5매, 영월 65매, 예미 14매, 태백 4매, 장성 9매, 덕산 2매, 단양 7매, 점촌 8매, 병곡 1매의 비율이고 모두 214매에 이른다.

다시 말하여 위의 숫자는 1:50,000 지형도를 왼쪽에서 오른쪽으로 10등분, 아래쪽으로 내려가면서 10등분해서 100개로 나누고 도엽번호를 001~100까지 부여하고 확대하여 살펴본 결과에 해당한다. 이는 지역을 매우 정밀하게 나눈 것이다.

1:50,000 영월 도폭을 100배로 확대한 1:5,000 도폭 내의 카르스트지형 발달 현황을 살펴보면 최대의 카르스트지형 발달은 일련번호상으로 005, 024, 095 도폭이다. 이들 지역에는 모두 시멘트공장이 입지하고 있고 지질은 Ordovician system인 삼태산층에 속한다. 한편 최소의 발달 도폭은 030, 052, 096으로 분석되었다.

필자는 이 조사를 통하여 미지의 외국지역을 여행할 때에는 반드시 여행지 부근의 시멘트 공장을 탐문하는 습관이 생겼으며 그곳에서는 거의 백발백중 카르스트지형 발달을 확인할 수 있었다.

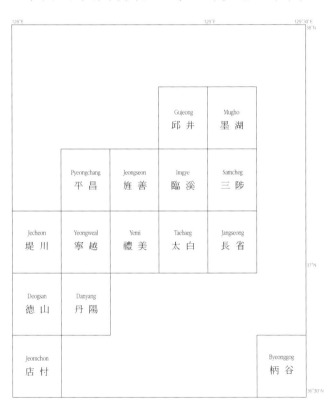

옥천분지 15′X15′ 1:50,000 지형도 도엽들 중에서 용식와지 지형이 나타나는 도폭 15매이다. 이들 중 카르스트지형의 최대 발달 도폭은 영월 도폭이며 최소 발달 도폭은 병곡 도폭이다.

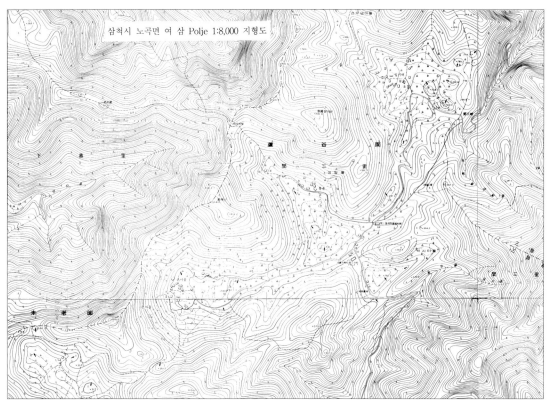

삼척시 노곡면 여 삼 Polje 1:8,000 지형도

강원도 삼척시 노곡면 여삼리는 필자가 1966년 서울시 교육감이던 지산(只山) 최복현(崔福鉉) 선생의 화갑기념 논문집에 원고 청탁을 받고 처음으로 답사한 곳이며, 아울러 1969년 석사학위 논문의 대상지역이기도 했다.

07_ 고립 카르스트지역 점촌과 병곡

  점촌도 태백산지역에 포함되지만 우리나라에서는 지질구조상으로 확연하게 구별되는 일단의 카르스트지역이다. 석회암은 조선계 대석회암통에 해당하지만, 오르도비스계인 부곡리층에 속하는 석회암에 카르스트지형이 나타난다.

  카르스트지형이 나타나는 점촌의 1:5,000 지형도 8매는 019, 020, 029, 030, 038, 039, 042, 047 도폭이다. 산정에 규모가 비교적 큰 와지로 나타나는데 호계면 우로리 와지의 규모가 가장 크고, 다음은 부곡리의 굴넘재와 선암리, 우로리에 걸친 와지이다. 이곳에서도 호계면 견탄1리 가열 북쪽에 발달한 가열 돌리네와 점촌시 신기동 신기못 남쪽의 130 와지가 고립상을 나타내고 있다.

  한편 병곡 와지는 우리나라에서 완전히 고립된 카르스트지역으로 경북 울진군 평해읍 학곡리 등기산 일대에 발달한 와지군이다. 조선계 대석회암통에 속하는 후포리층에 발달하였고 6개의 돌리네로 무리를 이루고 있다.

C. 일본의 카르스트지형

01_ 일본 최대의 카르스트대지 아키요시다이(秋吉台)

　야마구치(山口)현 미네(美祢)시 슈보쵸(秋芳町)에 입지한 일본 최대의 카르스트대지는 북쪽으로부터 이노시시데다이(猪出台), 지고쿠다이(地獄台), 아키요시다이(秋吉台), 우마고로비다이(馬ころび台) 등으로 이어지며 종합적인 카르스트지형이 나타나는 곳이다.

　다시 고도(厚東)천을 건너 아키요시다이 서부에 난다이(南台) 이와나가다이(岩永台)를 포함하면 아키요시다이 50km², 난다이와 이와나가다이 20km²로 총 70km²에 이른다.

1. 오시마현 가로(峨郞) 지역
2. 아오모리현 하치노헤(八戶) 지역
3. 후쿠시마현 다키네(瀧根) 지역
4. 니가타현 오우미(靑海) 지역
5. 기후현 야하다(八幡) 지역
6. 시가현 마이바라(米原) 지역
7. 기비(吉備)고원 지역
8. 아키요시다이(秋吉台) 지역
9. 히라오다이(平尾台) 지역
10. 시코쿠카르스트 지역
11. 히도요시(人吉) 지역
12. 오키나와(沖繩) 지역

일본의 주요 카르스트지역. 일본 최대의 카르스트 발달지역은 야마구치(山口)현의 아키요시다이(秋吉台) 일대이며 최소의 카르스트 발달지역은 홋카이도(北海道) 남단의 가로(峨朗) 지역이다.

1:25,000 지형도상으로 본 아키요시다이(秋吉台) 카르스트지역. 우수한 doline와 훌륭한 karrenfeld 그리고 아키요시(秋芳)동굴 등 카르스트지형이 종합적이고 모식적으로 잘 발달하였을 뿐만 아니라 시설 또한 훌륭하다.

아키요시다이(秋吉台) 전경(아키요시다이과학박물관 제공). 요철의 조화를 이룬 dolinenland와 karrenfeld의 발달이 인상적이다. 이곳은 지하 석회암동굴의 발달과 세계적 표준화석(index fossil)의 산지로도 유명하다. 카르스트지형을 연구하는 사람에게는 필수코스이다.

이곳은 고생계 후기의 Permo-Carboniferous의 산호초석회암(Reef limestone)을 비롯해 Fusurina limestone 등을 주축으로 하는 세계적 화석산지이다. 지질시대 구분의 열쇠가 되는 표준화석들이 많이 산출되며 유공충과 산호류, 완족류, 두족류 등 화석이 풍부하다.

카르스트지형으로는 밀도 높은 다양한 와지지형(doline uvale polje)과 볼록지형인 karrenfeld의 발달이 현저하며 아키요시(秋芳)동굴, 가게기요(景淸)동굴 다이쇼(大正)동굴 등 카르스트지형이 종합적으로 발달되어 있다.

1922년 일본 최초의 천연기념물로 지정되었고 1955년에는 국정공원으로, 다시 1961년에는 아키요시다이(秋吉台) 전체가 천연기념물로 지정되어 철저한 보호를 받고 있다.

1925년 쇼와 천황이 황태자 시절 아키요시(秋芳)동굴을 방문함으로써 공전의 큰 선전효과를 얻어 동굴관광의 막이 올랐다. 하지만 군국주의자들이 일으킨 전쟁과 패전 등으로 쇠퇴하였다가 한국전쟁을 통한 경제회복으로 경제적 여유가 생김으로써 관광자원 개발과 관광이 활성화되었다.

아키요시동굴의 관광 인구도 꾸준히 늘어 1988년도에는 1,979,000명에 이르렀으나 이후 국제 관광이 활성화 됨으로써 아키요시동굴 입동자 수는 점차적으로 감소되어 오늘날에는 현상유지에 급급한 실정이다.

1976년 한국동굴학회는 일본동굴협회장 야마우찌 히로시(山內浩)의 초청으로 아키요시다이(秋吉台)를 비롯하여 아데츠다이(阿澈台), 히라오다이(平尾台) 카르스트지역과 이들 지역 내 동굴들을 답사하고 돌아왔다.

일본의 이름 있는 카르스트대지와 동굴을 돌아보고 오카야마(岡山)현 니이미(新見)시에서 한일 간 카르스트지형 발달의 지질학적·암석학적 차이점에 대해 비교관찰 결과의 견해를 필자가 발표하였다.

한국동굴학회 일행은 아키요시다이(秋吉台) 과학박물관 학예담당관 오오다(太田) 박사로부터 아키요시다이 카르스트지형과 동굴발달 현황과 지질구조적 특성에 관한 설명을 들었다.

오오다 박사의 안내로 호냉성(好冷性) 어류인 송어의 양식과 동굴생물을 연구하는 동굴을 방문하여 현장에서 일하는 과학자들과 상호간 의견을 교환하였다.

오카야마(岡山)현 니미(新見)시의 마키(滿奇)동굴을 방문하고 휴게소에서 상업동굴 관람에 대해 한일 간 폭넓은 의견을 교환하고 동굴관리자들의 의견을 청취하였다.

마키동굴을 돌아보고 경영진들과 의견을 나눈 다음 지역내의 대표적 동굴과학자들과 상호 문헌교환을 끝내고 교토대학 요시이 료조(吉井良三) 교수(톡토기 연구의 세계적 권위자)를 만났다.

02_ 결정질석회암에 발달한 카르스트지형 히라오다이(平尾台)

  규슈섬에 위치한 일본 제2의 석회암대지 히라오다이(平尾台)는 NE-SW주향의 장축 6km, 평균너비 1.5km에 약 9km² 규모를 자랑하는 석회암대지이다. 이 대지상에는 약 300개를 헤아리는 doline와 훌륭한 karrenfeld가 발달했으며 지하에는 센부츠(千佛)동굴, 메지로(目白)동굴, 오시카(牡鹿)동굴, 세이류(靑龍)동굴 등이 발달하여 오목지형, 볼록지형, 동굴지형 등이 종합적으로 나타난다. 특기할 바는 화학적 용식작용보다 물리적·기계적 풍화작용이 탁월하여 특수한 경관의 카르스트지형을 나타낸다는 점이다.

  원래 이곳의 석회암은 Permo-Carboniferous의 유공충석회암이었으나 약 9000만 년 전 Cretaceous period 말기에 주변지역에서 화성암의 관입으로 변성된 결정질석회암으로 바뀌었다. 이 결정질석회암

히라오다이(平尾台)의 전경으로 카르스트지형이 종합적으로 발달해 있음을 보여준다. 동굴을 안내하는 이정표가 이색적이다.

결정질석회암의 특징은 화학적 용식보다 물리적, 기계적 풍화에 약하여 둔정(鈍頂)형 rund karren을 만든다.

둔정형카렌(rund karren)의 전형적 모습으로 karren 주변에는 석회사가 수북히 쌓여 있어 이색적인 경관을 연출한다.

사진 우측 상단의 카렌들 밑에 하얗게 보이는 부분들이 석회사가 쌓여 있는 모습이다.

은 용식작용을 주도하는 화학적 풍화보다도 물리적·기계적 풍화작용이 탁월하여, karren은 정상이 둥근 rund karren이 발달하였고 karren 주변에는 석회사가 수북하게 쌓여 있어 풍화작용이 신속하게 진행되고 있음을 보여준다.

03_ 오노가하라(大野ヶ原)와 덴구(天狗)고원의 카르스트지형

시코쿠섬의 에히메(愛媛)현과 고치(高知)현의 경계를 이루는 시코쿠(四國)산맥의 능선에는 지요시(地芳)고개(1,080m)를 중심으로 카르스트지형이 발달해 있는데 서쪽은 오노가하라(大野ヶ原) 카르스트지역, 동쪽은 덴구(天狗)고원 카르스트지역이다. 평균고도 1,100m에서 1,400m에 이르는 고산지대에 발달했으며 시코쿠(四國)카르스트라고 불린다. 겨울철에는 강설량이 많아 통행에 지장이 많은 곳이다.

시코쿠(四國)카르스트의 오노가하라(大野ヶ原) 일대 안내도

1980년 오노가하라로 올라가다 폭설을 만나 포기하려고 할 때 제설차가 올라와 답사는 계속될 수 있었지만 행동에는 큰 제약을 받았다.

덴구(天狗)교원 카르스트지역 전경. karrenfeld가 산맥의 능선을 따라 길게 이어진 모습이 보인다.

    고생대말 페름기의 유공충석회암 산능을 따라 25km를 연면히 이어진 일본 제3의 카르스트지역으로 doline와 karrenfeld의 발달이 비교적으로 양호한 편이다.

    특히 능선상에는 함몰에 의한 정호상 돌리네(collapse doline)인 수직굴의 발달이 많으며 이와 같은 수직 굴이 지하의 동굴과 연결되면 카르스트창(karst window)으로 부르는 경우가 많다.

    필자는 1980년 1월 15일 폭설 중에 이곳을 답사하며 눈덮인 돌리네 와지에 빠져 모진 고생을 한 기억을 잊을 수 없다. 만약 이것이 돌리네가 아니고 수지굴이었다면 문제는 상당히 심각했을 것이다. 동행한 가시마 나루히코(鹿島愛彦) 교수의 민첩한 구조로 답사는 계속되었다.

04_ 동양 최초의 여류 카르스트지형학자 우루시바라 가즈코(漆原和子)

    20세기 중엽부터 카르스트지형 연구사를 살펴보면 크게 주목되는 학자들은 주로 여류학자들이었다. 1971년 호주의 Canberra국립대학교 교수로 재직하던 J. N. Jennings에 의해 저술된 252쪽의 『Karst Geomorphology』이 출발점이었다.

    1973년에는 Marjorie M. Sweeting에 의해 뉴욕의 Columbia대학에서 출판된 362쪽의 『KARST LANDFORMS』이 발행되어 카르스트지형을 공부하는 많은 사람들을 즐겁게 하였다.

    다음으로는 Carol A. Hill이 저술한 동굴퇴적물의 전문서로 137쪽의 『CAVE MINERALS』가 미국 앨라바

마주의 Huntsville에 있는 국제동굴학협회에서 발행되어 동굴학과 카르스트지형학 연구에 많은 도움을 주었다.

Carol A. Hill은 1986년 다시 Paolo Forti와 공저로 238쪽의 『CAVE MINERALS OF THE WORLD』를 발행하였고 1997년 국제동굴협회 이름으로 제2판 463쪽을 발행하여 동굴학 연구에 큰 혁신을 가져왔다.

이들은 모두 백인 여류학자들로 이들에 의해 카르스트지형 연구는 주도되었다.

아시아계 여류학자로는 우루시바라 가즈코(漆原和子)가 있다. 일찍이 옛 유고슬라비아의 Ljubliana대학에 유학하고 돌아와 도쿄 고마자와(駒澤)대학 교수로 카르스트지형 연구활동을 지속하였다.

우루시바라 교수는 1996년 325쪽의 저서 『カルストーその環境と人びとのかかわりー』를 대명당(大明堂)에서 발행하여 잠자고 있던 아시아계 여성들에게 큰 경종을 울리며 화려하게 등장하였다.

이처럼 카르스트지형 연구는 여류들에 의해 주도되다시피 하였으나 최근에는 성별 차 없이 많은 학자들이 참여하고 있어 카르스트 지형학의 학문적 발전에 크게 기여하고 있다.

동남아시아의 카르스트지형

1. 쉬저우(徐州) 멘양스보(綿羊石坡)
2. 충칭(重慶) 우롱(武陵)카르스트
3. 쿤밍(昆明) 루난쓰린(路南石林)
4. 구이저우(貴州) 남부 리보(荔波)카르스트
5. 구이린(桂林) tower karst
6. 베트남 Ha Long Bay
7. 베트남 Dong Van karst
8. 베트남 Hang Son Dong Cave
9. 태국 Umphang karst
10. 말레이시아 Kilim Geoforest Park
11. 필리핀 St. Paul 만 일대의 karst
12. 말레이시아 Gunung Murud(Muru) karst
13. 인도네시아 Java섬의 karst

D. 인도네시아의 카르스트지형

01_ Java섬의 카르스트지형

인도네시아 Java섬의 카르스트지형 연구는 인도네시아의 카르스트지형학자들에 의해 대략 다음과 같이 알려졌다. 인도네시아의 카르스트지역은 서부 Java에 5개, 중부 Java에 4개, 동부 Java에 2개 등 도합 11개 카르스트지역이다.

① 서부 Java
a) Pelabuhanratu만 서부 Bayah 일대의 Ban Ten karst 지역, b) Pelabuhanratu만 동부 Mandiri강 상류의 Sukabumi karst 지역, c) Jakarta 남부 60번 국도변의 Cibinong karst 지역, d) Jatiluhur호 서안 일대에

발달한 Pangandaran karst 지역, e) 서부 Java와 중부 Java 남쪽 경계의 Anakan호 서안 일대

② 중부 Java

a) 남부의 인도양 사면 Tambak시와 Gombong시 일대, b) 동쪽의 Kutoarjo시와 Purworejo시 사이의 저평지, c) Yogyakrta시에서 가까운 Gunung Sewu karst 지역, d) Purwodadi시를 중심으로 한 Serang강 상류의 하곡을 따라 Grohogan 일대

③ 동부 Java

a) Java해 연안의 Tuban 항구를 중심으로 전개되는 카르스트지역, b) Madura만과 Java해 사이의 Pamekasan시 일대 저평지에 발달한 Madura karst 지역

02_ 뉴기니섬의 Lorentz National Park

오스트레일리아 북부 Arafura해의 토레스(Torres)해협 건너에는 동서로 길게 뻗은 뉴기니(New Guinea) 섬이 있다. 대략 우리나라 남북한을 합친 면적의 2배가 넘는 큰 섬인데 동경 141도선을 경계로 섬의 동반부 는 파푸아뉴기니이고, 서반부는 인도네시아의 Papua(옛 이름은 Irian Jaya)주이다.

Papua 지방은 동서로 이어진 Sudirman 산맥과 Jayawijaya 산맥이 등줄을 이루고 있는데 이 두 산맥의 경계지대를 중심으로 남쪽 해안까지 이어진 23,550km²의 넓은 땅이 Lorentz 국립공원이다. 동남아시아에 서 가장 넓은 국립공원이며 UNESCO에 등재된 세계자연유산이다.

Lorentz 국립공원 지역은 기후적으로 열대우림기후에서 빙설기후까지 기후대의 수직적 분포를 특징으 로 하며, 동시에 거의 수평층으로 된 두터운 석회암과 백운암을 기초로 한 광대한 지역에 발달한 카르스트 지형은 훼손되지 않은 원시적 자연 그대로의 특수경관을 형성하고 있다.

국립공원의 해안은 석회암의 고봉과 군봉들이 후빙기 해면의 상승으로 침수된 베트남의 Ha Long 만과 닮았으며, 해안저지대는 열대우림과 맹그로브숲이 나타나는 등 열대정글과 늪지대를 이루고 있다. 고도가 높아지면서 기후대는 점차 변하여 빙설기후에 이른다.

기후적 특징도 훌륭하지만, 빗물에 잘 용해되는 석회암과 백운암을 기초로 한 탄산염암 분포지역에서는 열대의 우세(雨洗)지형 pinnacle karst가 말레이시아 Gunung Murud(Muru)의 pinnacle karst를 방불케 하고 4,000~5,000m 고도에 이르는 고산카르스트 현상도 특별한 주목을 받고 있다.

Nice Mountain Lake(4°0′16″S-137°38′13″E) 주변 산지에 발달한 첨봉(horn)과 카리가람(Kari Garam) 암염동굴(4°02′18″S-137°28′57″E), 이완산토사(Iwansantosa)의 두터운 석회암 수평층에 발달한 단상지 등 카르스트지형상의 난해한 특수지형들이 다채로운 고산카르스트 경관을 형성하고 있다.

E. 베트남의 카르스트지형

01_ 후빙기 해면의 상승과 Ha Long 만의 카르스트지형

하롱(下龍, Ha Long)만은 문자 그대로 용이 하늘에서 내려와 1,000여 개의 고립된 군도 사이를 휘젓고 다니며 구비구비 수놓은 듯한 천하의 기경(奇景)이 펼쳐지는 곳이다. 석회암 고봉군도(孤峯群島)로 가득 찬 하롱만을 UNESCO 세계자연유산으로 등재하여 보호함도 당연한 것 같다.

Ha Long 만은 베트남 북부 Tongkin만 서안의 부속만으로 Haiphong, Hong Gai, Cam Pha 앞바다에 산재한 1,000여 개의 고봉군도가 들어서 있는데 각 섬의 아랫부분은 해파의 공격으로 침식되어 일종의

Ha Long 만 434km² 해역에 산재한 고봉(孤峯)군도를 섬의 정상에 올라가 촬영한 것으로 짐수해안의 분위기를 만끽할 수 있다.

만과 연결된 강안의 무명동굴 속으로 관광객을 실어나르는 배들. 뱃사공은 주로 여성으로 베트남 여성들의 강인함을 보여준다.

강상을 가득 메운 배들 뒤로 보이는 강안 절벽의 건폭들이 석회암 카르스트지형임을 설명해 주고 있다.

notch(단상지)를 만들고 제법 큰 섬에는 석회암동굴도 다수 발달하여 관광자원으로 활용된다.

Ha Long 만에서 2000년 UNESCO에 의해 세계자연유산으로 지정된 범위는 북위 20°43′~21°09′, 동경 106°56′~107°37′에 걸친 434km² 해역(海域)이며 여기에는 775개의 섬이 포함되어 있다.

Ha Long 만의 기경(奇景)은 홍적세의 최종빙기인 Würm 빙기 동안 발달한 고봉과 군봉의 열대 카르스트지형이 후빙기에 온난화로 해면이 상승하면서 수몰되어 고봉과 군봉이 윗부분이 해면상에 남아 군도를 이룬 데서 그 원인을 찾을 수 있다. 홍적세의 Würm 빙기가 극적으로 물러가고 후빙기가 시작된 것은 약 10,000년 전이며 현재의 해수면으로 고정된 것은 약 6,500년 전이라고 지형학자들은 추리하고 있다. 이것이 바로 Ha Long 만의 성인이며 군도는 특색 있는 카르스트지형으로 연구되고 있다.

군도 내에는 많은 석회암동굴과 수몰된 동굴들이 있으나 이들에 대한 연구는 초보적 단계이며 군도에 대한 카르스트지형학적 연구도 깊이 있게 진행되기를 기대한다. 현재의 상황은 1,600여 명의 어부들이 선상 생활을 하며 2개의 선상마을을 구성하고 관광산업에 종사하고 있을 뿐이다.

02_ 중국과의 접경에 있는 Dong Van Karst Plateau

베트남의 최북단, 중국의 윈난(雲南)성 남동부와 접경을 이루는 윈구이(雲貴)고원 남동 기슭에 해당하는 고원지대에는 UNESCO 지정 세계적 지질공원인 Dong Van Karst 고원이 넓은 범위에 걸쳐 발달해 있다. 이곳은 다양한 카르스트지형이 종합적으로 전개되는 곳으로 학계의 주목을 받고 있다.

중국에서 베트남으로 연결되는 중월(中越)철도가 통과하는 베트남의 국경도시 Lao Cai 동쪽의 산지지역으로, 그 남쪽에는 거대한 Thác Bá 호가 있고 동쪽으로는 Na Hang에 이른다. 역내에는 Ha Giang, Ya

Dong Van Karst 지질공원의 위치

베트남 북부 Dong Van Karst 고원의 전경

Minh 등 산간도시가 있다.

지역 내에는 구이린(桂林) tower karst에 견줄 만한 군봉(群峯)과 고봉(孤峯)이 즐비하고, 베트남 전통 고깔을 엎어 놓은 듯한 원추카르스트와 쿠바, 푸에르토리코의 mogote처럼 바가지를 엎어 놓은 듯한 석회 암지형들이 발달해 있다. 뿐만 아니라 다양한 형태의 karrenfeld와 석회암 표면이 거친 신기 산호초석회암 처럼 다공성의 karren 등도 발달해 있어, 카르스트지형을 바탕으로 한 기경들을 한곳에 모아 놓은 듯하다. 게다가 만산과 평지를 덮은 듯한 산지 카르스트지형에 더하여 촌락과 농업경관 또한 이색적이다.

한편 협곡에 무수히 발달한 석회암동굴 내에는 화려한 2차생성물(speleothem)을 비롯하여 석회화 단구 (Travertine terrace)가 있고, 동굴 밖의 계류천에도 제석(rimstone)과 제석소(Rimpool)의 발달이 왕성해 중국 쓰촨성의 주자이거우(九寨溝)를 방불케 한다.

천하에 이런 기경을 두고 카르스트지형 연구는 어디에서 할 것인가? 망설이지 말라! 학문은 어디까지나 학문이고 관광 또한 관광일 뿐이라는 말이 있긴 하지만, 이 두 가지가 결합된다면 금상첨화일 것이다. 미리 공부하고 가는 실속 있는 관광을 권하고 싶다.

03_ Pong Nha Ke Bang 국립공원과 Hang Son Doong 동굴

일반적으로 알려진 세계 최대의 동방은 말레이시아 Sarawak 지방에 있는 Cave of Southern Mulu의 Srawak Gallery로, 그 크기는 400m×700m에 천장의 높이 최대 175m이며 영국의 왕립지리학협회에 의해 조사되고 세상에 알려졌다.

그러나 최근에 미국의 동굴과학자들과 베트남 동굴과학자들이 합동으로 베트남 중부 Pong Nha Ke Bang 국립공원에서 새로운 동굴을 탐사한 결과, 이 동굴의 동방이 말레이시아 Sarawak Gallery보다 더 큰 것으로 밝혀짐으로써 세계 최대 동방의 명예가 경신되었다.

이 동굴의 이름은 Hang Son Doong(Son Doong Cave)이다. 주굴의 크기가 최대 높이 188m, 폭 150m, 길이 5km로 세계 최대이다. 동굴의 전체 길이는 9km에 이르는데 동굴 천장이 무너져 형성된 2개의 돌리네도 있다.

동굴의 막장은 400m 깊이와 50m 내외의 폭을 가진 거대 함몰돌리네(collups doline)인데, 동굴과 이어지는 바닥은 열대우림기후의 무풍과 척박한 환경조건으로 독특한 식물상을 나타내고 있다.

National Geographic 탐사 대원들은 열대우림기후의 주기적 호우인 squall로 인한 풍부한 동굴류의 발달과 동굴 내 급류천의 강력한 류세(流勢) 및 진흙을 피복한 lime coating 등 탐사조건의 열악함에도 불구하고 5km에 이르는 주굴 탐사를 훌륭하게 성공하였다.

뿐만 아니라 만리장성(Chinees Wall)으로 이름 부쳐진 높이 100m가 넘는 언덕 장애물을 정복함으로써 Hang Son Doong 동굴의 전모를 밝히는 데 성공하였다.

Pong Nha Ke Bang 국립공원은 베트남 중부의 Dong Hoi에서 국도 1A선을 따라가다 5km 북방에서 배를 타면 30분 거리에 있다.

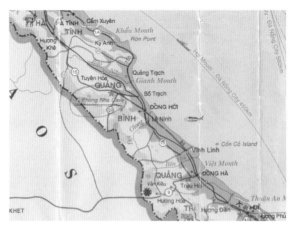

Pong Nha Ke Bang 국립공원의 위치

세계 최대의 동방을 가진 Hang Son Doong 동굴

Hang Son Doong 동굴의 막장 돌리네

F. 말레이시아의 카르스트지형

01_ 세계 최대의 동방으로 유명했던 Gunung Mulu 국립공원

말레이시아 Sarawak주의 Gunung Mulu 국립공원에 대한 조사는 영국 왕립지리학회에 의해 전문분야별로 과학자 100여 명이 참가한 가운데 이루어졌다. 이들은 석회암 지대의 특색 있는 지표지형과 지하에 비장된 동굴지형에 대한 종합적인 학술조사를 마무리하고 그 전모를 세상에 알렸다.

Gunung Mulu 국립공원은 브루나이왕국 남단에 가까운 Gunung Mulu 산지에 발달한 카르스트지형을 바탕으로 2000년 유네스코 세계자연유산에 등재되었다. 공원에는 Long Seridan 전용공항도 있어 매우 편리하게 접근할 수 있다.

Gunung Mulu 산지의 카르스트 용식지형은 표고 2,000m를 넘나드는 험준한 석회암 산등성이 능선을 따라 발달해 있는데 폭 5km, 길이 30km에 이른다. 이 일대는 열대우림 지역으로 연강수량이 4,000mm를 넘으며 약산성을 띤 빗물에 석회암이 용식되어 비고 100m에 이르는 첨정카르스트(pinnacle karst)와 돌리네, 우발레 등의 오목지형 그리고 지하의 공동이 잘 발달해 있다.

국립공원 내에는 10여 개의 동굴이 있는데 얼마 전까지도 세계 최대의 동방으로 기록되었던 Sarawak Gallery가 유명하다. Sarawak Gallery는 Carlsbad 동굴의 Big Room과 St. Martin's 동굴의 Salle de la

Gunung Mulu 국립공원은 말레이시아 Sarawak주 북부에 자리 잡고 있다.

Verna Room 두 곳을 합친 것보다도 더 큰 거대한 지하공간이다.

기타 특징적인 카르스트 지표지형으로 Wall, J. R. D. 등이 1967년 일본국 지리학평론 9월호에 소개한 소파상(小波狀)용식면과 뿌리 모양의 작은 홈(root grooves)이 있다. 하지만 이는 일종의 karren 구조에 포함되는 것으로 새로운 발견이나 놀랄만 한 사건은 아니라고 생각된다.

02_ Langkawi섬의 Kilim Geoforest Park

Andaman해에 면한 말레이시아의 북부, 태국과의 국경지대에 해안에서 30km 정도 떨어진 곳에 Langkawi섬이 있는데 2007년 유네스코 세계자연유산으로 등재된 곳이다. 이곳에 Kilim Geoforest Park가 있다.

Langkawi섬은 행정구역상 Kedah주에 속하며 모두 98개의 섬으로 이루어진 군도이다.

섬의 대부분은 캄브리아계에 속하는 고생계(古生界) 초의 석회암으로 구성되어 모식적인

말레이시아 북부, 태국과의 접경지역에 있는 Langkawi섬은 세계자연유산에 등재된 섬으로 Kilim Geoforest Park가 있다.

용식지형, 즉 카르스트지형을 기초로 하는 경관들이 잘 발달하였다.

구체적으로 보면 karren의 범주에 속하는 중국의 루난스린(路南石林) 같은 pinnacle karst가 전개되고 있고, 연안에는 베트남의 Ha Long 만을 연상시키는, 후빙기 해면상승과 관련된 버섯바위 같은 기암괴석 군봉과 고봉 등이 발달하여 카르스트지형에 관심 있는 사람들의 발걸음을 멈추게 한다. 또한 용식오목지형인 doline, uvale를 비롯해 호소화된 polje 지형도 나타나고 있다.

뿐만 아니라 석회암의 용식면에는 캄브리아기의 연천해(沿淺海)를 기어 다니듯 연체동물 화석이 붙어 있어 지질공원으로서의 의의를 더하여 준다. 심지어 카르스트지형에 나타나는, 암벽에서 분출하는 분천(噴泉)현상도 있어 석회암지형의 기이한 특성을 만끽할 수 있다.

G. 필리핀의 카르스트지형

01_ Palawan섬의 Saint Paul 만과 Puerto Princesa Subterranean River 국립공원

Palawan섬은 필리핀의 서쪽 Sulu해와 남중국해 사이에 남북으로 길게 뻗은 좁고 긴 섬이다. 섬의 중심도시인 Puerto Princesa에서 북쪽으로 50여km 떨어진 Saint Paul Bay 일대에는 환상적인 카르스트지형이 펼쳐지는 Puerto Princesa Subterranean River 국립공원이 있다. 이 국립공원에는 장대한 지하강을 가진 석회암동굴이 있어 세계적으로 유명하며 장관을 이루는 카르스트경관도 특징이다. 1999년 유네스코 세계자연유산으로 등재되었다.

이 지역의 카르스트지형은 Saint Paul 만의 해안에서부터 시작되는데 해파의 기계적 침식과 화학적 용식작용으로 특이한 연안 karren 지형을 만들어 경이로운 볼거리를 제공한다. 중국의 스린(石林)카르스트를 연상케 하는 pinnacle karst가 해면의 상승으로 바다에 잠긴 뒤 거친 석회암면 밑둥이 해파에 굴식되어 버섯바위가 되어 있다. 또한 난공불락의 성채 같은 칼바위에 둘러싸인 분지에 바닷물이 고인 석호(lagoon)의 기경도 연출한다.

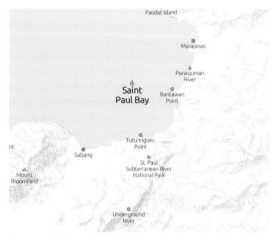

Palawan섬의 Saint Paul Bay와 Puerto Princesa Subterranean River 국립공원

Puerto Princesa Subterranean River 국립공원의 지하강

배후산지에 펼쳐지는 넓은 karrenfeld는 pinnacle karst를 비롯하여 tower karst 등 다채로운 경관을 보여준다. 뿐만 아니라 쿠바의 mogotes처럼 바가지를 엎어 놓은 것 같은 지형도 저평한 산지에 발달한다.

배후산지의 지하에는 수많은 동굴들이 발달하는데 그중에서도 Calbiga 동굴이 가장 유명하다. Calbiga 동굴은 2차생성 경관도 화려하지만 동굴류가 풍부하여 무려 4km가 넘는 긴 거리를 배를 타고 동굴관광을 즐길 수 있는 것이 특징이다. 배를 타고 기기묘묘한 동굴퇴적물을 감상할 수 있어 열대기후하의 고온다습함을 피하는 피서지로 청량함을 만끽할 수 있어 일석이조의 관광지가 되고 있다. 이 지하강은 길이도 장대하며 바다로 직접 들어간다.

필리핀 Bohole섬의 기이한 열대카르스트지형 Chocolate Hills의 장엄한 모습

02_ 세계에 유례 없는 Chocolate Hills

   필리핀 군도의 거의 중심부에는 둥근 형태의 Bohol섬이 있는데 그 중심부에 중국이나 베트남 사람들이 즐겨 쓰는 고깔모자형(원추형) 언덕이 집중적으로 발달하여 군봉을 이루고 있는 Chocolate Hills가 자리 잡고 있다. Chocolate Hills는 서양사람들의 눈에 그 모양이 마치 초콜릿처럼 보인 데서 이름이 연유하였다.
   Chocolate Hills는 기이한 열대카르스트지형이다. 둥근 바가지를 엎어 놓은 것 같은 자메이카의 mogote karst와도 비교되고 열대우림기후(Af)하의 우세(雨洗)지형 첨정(尖頂)karren인 pinnacle karst와도 비교되는 지형으로, 앞으로의 연구가 주목된다.

H. 라오스의 카르스트지형

01_ Khammouane 고원의 카르스트지형

라오스와 베트남의 국경을 이루는 안남산맥의 서쪽, 라오스 영토의 북부와 남부를 잇는 결절부에 발달한 Khammouane 고원에는 남북으로 80km, 동서로 50km에 이르는 거대한 석회암산지가 발달해 있으며, 이곳에 훌륭한 카르스트지형이 종합적으로 발달하였다.

오목지형으로는 거형 doline를 비롯해 uvale와 polje, 볼록지형으로는 열대의 탑카르스트를 비롯하여 pinnacle karst, 그리고 특색 있는 karrenfeld들이 즐비하게 발달하였을 뿐만 아니라, 지하의 동굴에는 풍부한 동굴류와 더불어 아름다운 2차생성물(speleothem)의 경관들로 꽉 차 있다.

동굴에는 다채로운 종유석과 석순은 물론 석주와 특수한 형석질 종유석 및 석순들도 발달하였고 미세경관인 곡석(helictites)과 석화(anthodite)라고 불리는 생성물들이 많아 여러 가지 목적을 둔 연구자들을 즐겁게 한다.

특히 동굴 내에 석회화단구(travertine terrace)와 더불어 제석과 제석소(rim pool)가 발달했을 뿐만 아니라 동굴 밖 계류천에도 석회화 단구가 발달하여 이채로운 풍광을 보여준다.

02_ Vang Vieng의 카르스트지형

Vang Vieng은 비엔티엔주에 있는 마을로, 수도 비엔티엔과 Luang Prabang을 잇는 거점 지역이다. Nam Song 강을 따라 하천의 양안에는 석회암 산지와 더불어 특색 있는 카르스트 지형이 발달하며 산기슭에는 많은 아름다운 석회암 동굴들이 즐비하다. 1990년부터 관광개발이 시작되어 현재에는 라오스의 중요 관광지로 발전하였다. Tham Poukham, Blue Lagoon, 특히 Tham Jang 석회암동굴 등이 유명하고, 교통수단과 숙박시설 등이 잘 갖추어져 있어 여행하는 데 불편이 없다.

I. 태국의 카르스트지형

01_ 서부 Umphang의 카르스트지형

    태국 서부 미얀마와 접경한 서부산지를 중심으로 북에서 남류하는 Chan강 상류지역에 Umphang이라는 산간 소도시가 있다. 이 소도시를 중심으로 북위 16°선을 사이에 두고 저명한 카르스트지형이 발달했는데 규모가 크고 화려하여 유네스코 세계자연유산으로 등재되었다.

    Chan강 상류지역은 표고 2,000m를 넘나드는 고원성 대상지(臺狀地)를 이루며 광범위한 지역에 탄산염암의 주축인 석회암과 백운암(고회암)이 분포한다. 이들 암석은 신생대 제3기에 형성된 다공성 산호초석회암으로 Chan강과 더불어 장엄한 기경을 만들었다.

    고원을 흐르는 Chan강은 다공성 산호초석회암을 적시고, 지표수와 삼투수는 대상지 변두리의 단애면을 흘러내리며 수준을 달리하는 수많은 폭포와 공천(孔泉) 및 분천(噴泉)을 만들었다. 중탄산칼슘용액 상태의 농도 짙은 하천수는 높이를 달리하는 수백단의 단상지를 만들며 흘러내린다.

    이들 단상지를 카르스트지형학에서는 석회화단구(石灰華段丘: travertine terrace)라고 부르는데 석회화단구는 제석(堤石)과 제석소(堤石沼)를 만들어 흐름을 완화한다. 계단상에 크고 작은 소지와 집체폭포(terminal fall)를 만들어 다채로운 카르스트 경관을 연출한다.

    Umphang시 주변의 카르스트지형은 Thi Lo Cho 폭포지대와 Thi Lo Su 폭포지대로 양분되며 석회암의 단애면과 하천 전체를 석회화단구화하였다. 이

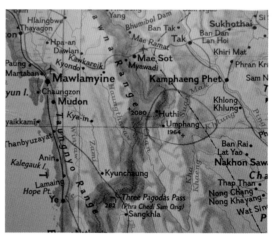

Umpang은 태국 서부 국경지대에 있는 산간도시이다.

Umpang의 Thi Lo Su 폭포의 경이로운 모습

늘 경관의 경이로움은 관광객의 얼을 빼기에 충분하다.

한편 부근 일대에 전개되는 고밀도의 카르스트 지표지형과 지하의 동굴을 통합개발함이 요청된다. Umpang 부근에는 카르스트 오목지를 대표하는 doline, uvale, polje와 볼록지형으로 알려진 tropical karst, 즉 군봉과 고봉이 발달했을 뿐만 아니라, 동굴류가 풍부한 동굴들이 다수 발달하고 2차생성물 (Spheleothem)의 경관도 화려하다.

02_ Ao Phang Nag 국립공원의 카르스트지형

Ao Phang Nag 국립공원은 태국 남서부 말레이지아 국경지대의 Langkawi섬과 연속성을 가지는 카르스트지역으로 태국에서 카르스트지형이 종합적으로 나타나는 곳이다. 아름다운 경관을 자랑하는 중생대 말의 백악계에서 신생대 초에 생성된 석회암에 동굴과 산지카르스트지형의 발달이 현저하다.

특히 후빙기 해면의 상승으로 전형적 침수해안을 이루며 베트남 Ha Long 만의 축소판 같은 인상을 주기도 한다. 석회암시내의 고봉과 군봉이 해면의 상승으로 일종의 군도화되었고 봉우리의 밑둥이 해파로 굴식되어 버섯바위를 만들어 놓은 기경은 매우 아름답다.

03_ Phuket만 동부의 카르스트지형

태국 남부의 해안도시 푸켓의 동쪽에 위치한 Krabi에는 Andaman해에 면한 산지사면에 아름다운 카르스트 지표지형들이 발달하였을 뿐만 아니라 석회암 동굴들도 많이 발견되었다. 이들 동굴은 2차생성경관도 매우 아름다워 관광개발되었다.

이곳에는 태국에서는 흔치 않은 온천이 개발되어 있어 카르스트지형 발달과 더불어 Phuket시를 포함한 지역 일대를 유명 관광지로 만들었다.

J. 인도의 카르스트지형

01. 데칸고원 주변의 카르스트지형

인도에서 석회암과 백운암을 중심으로 한 탄산염암의 분포지역을 살펴보면, 최대의 지역은 히말라야 조산대로서 영구빙설에 뒤덮여 인간의 접근을 거부하는 곳이며 두 번째는 인더스강 하곡을 따라 있는 건조한 북서부의 평원지대이다. 하지만 두 지역 모두 카르스트지형 연구활동에는 부적합하다.

답사가 가능한 카르스트지형 발달지역으로는 데칸고원 남부의 Karnataka주 Achave 남쪽의 Yana 석회암산지가 알려져 있지만 문헌이 없어 현황 파악이 쉽지는 않다.

Karnataka주의 아라비아해에 면한 항구도시 Karwar에서 70km를 남진하면 Kumta에 이르는데 이곳에는 거대한 결정질 석회암 암구(岩丘)가 있다. 그중 큰 암구인 Bhairaveshwara Shikhara는 단일암구로서 그 높이 120m에 이르며 기저부에는 Yuna마을과 동굴사원이 있다. 작은 암구는 그이름이 Mohini Shikhara이며 높이 또한 90m에 이르고 pinnacle karst 같은 모습이다. 암구의 기저부에 발달한 석회암동굴에는 사원이 자리 잡고 있는 것으로 알려져 있다.

Hyderabad 남쪽의 Krishna강을 사이에 둔 kurnool에서 Guntakal시와 Anantapur시로 이어지는 남북 주향 하간지의 단구면을 중심으로도 카르스트지형이 대규모로 집중 발달해 있을 것으로 본다.

02_ 인터넷 자료와 지도로 살펴본 인도의 카르스트지역

인도의 카르스트지형은 행정수도인 New Delhi 남부의 Jaipur를 중심으로 한 지역에도 산재적으로 발달하였으나 구체적인 연구와 문헌이 없어 자세한 내면을 들여다볼 수는 없다.

인터넷 자료상에 나타난 석회암과 백운암의 분포상과 인도의 자연지도를 바탕으로 살펴보면, ① Rajasthan 서부, 인도의 대사막에서 Ganganagar와 Bikaner를 연결하는 지역 내에 점재적 발달상이 예상되며 ② Madhya 동부산지 Nermada강 상류지역인 Jabalour시 주변지역, ③ Andhra Pradesh 북부에 전개되는 Godavari강 중류의 3강 합류분지인 Chandrapur 하곡, ④ Karnataka 중부와 Krishna강 하곡산지의 Hyderabad 일대, ⑤ Andhra Pradesh 남부의 Penner강 하간지의 Todapatri 일대, ⑥ Tamil Nady 하곡일대, 즉 반도 남부인 Salem일대가 주목된다.

우리나라의 경우 시멘트 공장이 입지한 곳은 우수한 카르스트지역이라는 사례가 있다. 삼척의 동양시멘트 공장과 그 주변지역, 단양 매포시멘트 공장과 그 주변지역, 쌍용시멘트 공장과 그 주변지역, 문경시멘트 공장과 그 주변지역이 그렇고, 북한의 승호리 시멘트 공장 주변도 마찬가지이다.

필자는 어느 나라에 가도 카르스트지형을 찾기에 앞서 시멘트공장의 입지현황을 챙기는데 거의 100% 카르스트지형 발달은 적중하였다. 따라서 인도의 시멘트공장 분포현황을 살피기 위해 주한인도문화원과 인도대사관을 방문하여 문헌을 살필 계획을 세웠다.

따라서 90세란 나이도 잊은 채 2016년 12월 5일 서울시 용산구에 자리 잡은 인도문화원과 그 건너편 인도대사관을 어렵사리 찾아갔으나 결과는 아무것도 얻은 게 없었다. 그래도 문화원 담당자는 친절하게 메모하며 후일 알려주겠노라고 명함을 요구하였다. 대사관에서도 이승아 씨가 열심히 도와주었으나 역시 지도 한 장 지리책 한 권 없었다.

중국 다음으로 Asia 최대의 영토와 인구를 가진 인도와 같은 큰 나라가 이런 상황이니 그보다 못한 다른 나라 대사관이나 문화원 방문 계획은 일찌감치 포기하였다.

K. 레바논과 이스라엘의 카르스트지형

01_ 레바논 굴지의 관광자원 Jeita동굴

레바논의 수도 Bayrut 북동방 18km, Nahr al Kalb 계곡에 자리 잡은 Jeita 동굴은 이 나라의 국민 총생산의 10%를 점하는 막강한 경제적 비중을 차지하는 아름다운 종유동굴이다. 화폐와 기념우표에도 등장할 정도로 중요하며 식수원으로도 사용된다.

동굴의 연장은 거의 10km에 이르고 상하 2층 구조로 이루어졌다. 홍적세 말의 다우기에 생성된 아름다운 2차생성물이 가득하다. 여름이 건조하고 겨울이 다습한 지중해성 기후지역이어서 2차생성물의 퇴적속도는 느리지만 풍부한 동굴류로 인해 동굴 내부는 생동하는 2차생성물의 아름다운 경관을 보여준다. 거형석순과 종유석 그리고 다양한 수중퇴적물(subaquous deposits)로 유네스코지정 자연문화유산으로 등재되었다.

동굴을 배태한 석회암은 중생대 중기에 해당하는 쥐라기에서 중생대 말의 백악기의 바다에서 퇴적한 석회암과 백운암으로서 선사인류들이 생활한 유적들이 발견되어 동굴퇴적물 외에도 선사유적을 기초로 한 박물관이 병설되는 등 많은 볼거리가 있어 관광객은 날로 증가하는 추세이다.

레바논과 이스라엘의 카르스트지형
1. 레바논의 Jeita 동굴
2. 이스라엘의 Sorek 석순동굴

02_ 이스라엘의 Sorek Stalagmites Cave와 카르스트지형

A. Shachori 등이 이스라엘의 카멜산지와 나하루 오렌강 유역의 35km²에 달하는 카르스트지역의 수문조사를 실시하였다. 이들 지역은 나하루 오렌강을 사이에 두고 후와라와 부스다니의 두 지역으로 양분된다.

전자는 투수성이 좋은 석회암이 지표를 덮고 있는데 높은 곳에는 투수성이 매우 강한 결정질석회암이 있다. 백운암(dolostone)과 백악(chalk)층을 머리에 이고 있어 저평한 지역과는 현격한 차이점을 나타내고 있다.

이 지역은 전체적으로 보아 암골의 노두(露頭)가 심한 백색의 해골산지를 이루는데 규모가 작은 doline 바닥은 terrarossa로 피복된 rendzina 토양으로 덮여 있다.

탄산염암의 풍화토인 rendzina 토양은 폴란드어의 잡음, 즉

Sorek Stalagmites Cave의 독특한 종유석과 석순들. 지난날의 수류 흔적과 수차에 걸친 신속한 수위변화에 따른 미생석순 등 동굴 환경의 변화과정을 묵시적으로 설명하는 귀중한 자료들이 많다.

일반적으로 점적의 빈도가 높으면 석순 성장이 빠르고, 반대로 낮으면 종유석 성장이 빠르다. 기형석순 모양의 화려함으로 보아 석순동굴(Stalagmites Cave)이라는 이름이 여기서 도입된 것 같다.

rzedzic에서 그 이름이 유래한다. 토층은 얇고 돌과 자갈이 많아 밭갈이 할 때에 보섭에 부딪치는 소리가 요란한데 이것이 시끄러운 소리, 즉 잡음으로 들린다고 해서 붙여진 이름이다. 하지만 부식질이 많은 흑갈색 토양으로 농경에는 적합한 편이다.

한편 이스라엘의 카르스트지형은 기후와 밀접한 관련이 있다. 반건조기후이면서도 겨울에 비가 오는 지중해성 기후지역으로 계절적인 영향이 커서 카르스트 지표지형 발달은 미약한 편이다. doline와 karrenfeld가 발달은 했으나 아기자기한 용식상은 찾아볼 수 없다.

하지만 지하의 동굴 발달은 화려하며 점적의 빈도가 낮아 석순보다도 종유석 발달이 우세한 편이다. 예루살렘구 Jordan강 우안에 발달한 Sorek(Soreq) 석순동굴은 다양한 2차생성물이 발달하여 기후적 영향이 별로 느껴지지 않는다.

Sorek 석순동굴의 2차생성경관을 대략적으로 소개하면 다음과 같다. 소위 cave spike로 불리는 종유석의 밀집현상, disk형 석순 발달, 미약하지만 cave shield의 발달, 극히 적게 발달한 수중첨가증식에 의한 subaqueous deposits, 종유석의 변종인 순무형 종유석 등이 특징이다.

L. 터키의 카르스트지형

01_ Pamukkale 온천의 석회화단구

터키 남서부 지방의 중심도시이며 E87 고속도로와 113 고속도로가 갈라지는 분기점에 발달한 Denizli 시의 북동쪽에 Akköy라는 관광마을이 있다. 이 마을을 중심으로 광대한 범위에 걸쳐 Pamukkale라는 대자연이 만든 신비한 열수온천 단구지대가 전개된다.

일종의 암장수(magmatic water)인 온천수가 지하의 탄산염암지대를 통과하여 용출하면서 순백의 순수한 calcite질 퇴적물도 만들고 때로는 불순물이 섞긴 물질을 밀어올려 황갈색의 제석(rimstone)도 만드는데 이렇게 해서 수백 단의 제석과 제석소(rim pool)가 펼쳐지는 경이로운 경관이 Pamukkale이다.

이러한 생성기구는 미국 Yellowstone 국립공원의 Mammoth Hot Springs의 생성기구와 같다. 그러나 Pamukkale 단구지형이 온천의 규모가 훨씬 크고 화려할 뿐 아니라 석회화단상지(石灰華段狀地)인 제석과 제석소의 크기와 낙차도 더 크고 변화무상하다.

지하의 탄산염암지대를 통과한 온천수는 농도 짙은 calcite용액인 중탄산칼슘용액, 즉 $Ca(HCO_3)_2$를 지속적으로 밀어올림으로써 제석과 제석소는 높이와 깊이를 더하게 되고, 단상지를 넘쳐 흐르는 크고 작은 폭포들이 변화무쌍하게 만들어진다.

뿐만 아니라 작은 제석소는 제석의 높이를 증대하면서 일종의 부상와지(caldron shaped hollow)도 깊이를 더하여, 방문자들이 개별적 욕조를 대신하여 즐기는 것은 이들 크기와 깊이가 다양한 부상와지들이 제각기 수온을 조절하고 있기 때문이다.

열수온천수에 용존한 중탄산칼슘용액은 칼슘성분을 재침적하여 석회화단구 지형을 만들었다.

결론적으로 석회화단구(travertine terrace)는 카르스트지형이며 중탄산칼슘용액에서 추출된 calcite의 2차적생성물로 동굴 속이나 동굴 밖의 계류천 등에 보편적으로 생성되는 석회암지형으로 이해하는 것이 자연스러울 것 같다

규모 있는 단상지 아래에는 비교적 짜임새 있는 공동이 생성되며 고드럼형 종유석과 때로는 석순도 나타난다. 또한 종유동굴의 수면 아래에서 흔히 관찰되는 subaqueous deposits도 다양한 모습으로 나타나는데 cave cloud와 bottle brush이 그것이다. 이 밖에도 다채로운 경관들을 보여준다.

터키의 카르스트지형
1. Pamukkale 열수온천 카르스트지역
2. Cappadocia 일대 응회암산지 사면에 발달한 위카렌지역

02_ 개선을 전제한 파괴의 현장 Pamukkale

자연이 만든 지형은 그 자체가 가장 안정되고 아름답다. 온천수가 지하의 탄산염암지대를 통과하면서 약한 산성을 띤 온천수가 석회암과 백운암(dolostone)을 녹여 중탄산칼슘용액 상태로 지표의 자연경사를 흐르면서 유구한 세월동안 만들어 놓은 Pamukkale 단구지형! 통상 석회화단구(travertine terrace)라고 부르며 아끼고 사랑하는 Pamukkale!

인공적으로 물길을 바꿈으로써 일부 단구지형은 성장을 멈추고 퇴락하는 수순을 밟고 있다.

인공물길을 만들어 석회화단구의 성장을 멈추게 한 현장. 관광객들은 여행의 피로를 풀기 위해 발을 담그고 즐거워하고 있지만, 물 공급이 멈춘 단구지형들은 풍화에 노출되어 변색되고 썩어 가고 있다.

선사시대로부터 연면히 이어온 이 아름다운 자연 Pamukkale는 지난 수만 년 동안 중탄산칼슘용액이 지표면에 용출되면서 생성한 하늘이 내린 대자연의 선물이다. 힘차게 지표면으로 용출된 온천수에 용존되어 있던 탄산가스는 공중으로 날아가고 수분은 증발되거나 지표면을 흘러내린다. 이때 백색의 calcite가 재침적되면서 쌓아올린 공든 탑이 석회화단구 지형이다. 이 아름다운 자연을 1988년 UNESCO는 세계자연유산으로 지정, 보호하고 있다.

그러나 Pamukkale 관리당국은 개선을 전제로 새로운 물길을 만들고 석회화(travertine)로 생성된 아름다운 퇴적물을 뜯어내고 위에 보여주는 사진과 같이 수로를 만들어 온천수를 한곳으로 몰아 배출하는 작업을 하였다. 이로 인해 생동하며 꾸준히 성장하던 단구지형은 일부 성장을 멈춘 채 산화되어 썩고 있다.

M. 러시아의 카르스트지형

러시아는 국토가 광대할 뿐만 아니라 불모의 땅인 영구빙설기후지역 및 툰드라지역, 타이가지대로 알려진 수해(樹海), 열악한 교통사정, 지난날의 폐쇄된 사회구조 등 여러 가지 불리한 조건으로 인해 카르스트 지형학적 연구성과는 별로 많지 않은 것으로 보인다.

툰드라지대의 열카르스트(thermo karst)현상, 우랄산지 중동부의 Permian System의 모식지 Perm 지방의 카르스트지형, Perm 남동방 90km에 자리 잡은 궁굴(Kungur)지방의 Gypsum karst 현상 등이 나타나는데 지표지형을 대표하는 doline와 지하 동굴지형이 발달하였다.

이외에도 Angara강에 면한 Irkutsk의 북방을 차지하는 광대한 Siberia고원에 러시아 최대의 탄산염암이 분포하며 카르스트지형이 보고되어 있으나 이곳 역시 세계에서 가장 추운 세계의 한극으로 알려진 베르호얀스크도 가까운 곳에 있는 등 기후적 악조건하에 있음은 누구나 아는 사실이다.

1972년 저술된 『북반구의 카르스트지형』에 소개된 것을 보면, 모스크바대학 지질학부의 N. A. Gvozdetskiy와 동대학 지리학부의 A. G. Chiklshev, 시리과학원에 근무하는 B. I. Kudelin의 연구에 의해 여러 연구지역이 설정되기는 했지만 지도 한 장 없는 연구로 그 내용을 종잡을 수가 없다.

다만 ① 모스크바 구조분지 카르스트지형구 ② 우랄산지 카르스트지형구 ③ 서부 시베리아 카르스트지형구 ④ 시베리아대지 카르스트지형구 ⑤ 바이칼호와 주변 카르스트지형구 ⑥ 극동 카르스트지형구 등은 그 윤곽이 잡힌다.

주목되는 카르스트지역은 모스크바 구조분지 카르스트지형구이다. 이곳은 수도권이란 이점과 각종 문화시설 및 교육시설의 집중으로 상당한 연구성과가 기대되지만 별로 알려진 바 없다. 현재 러시아의 카르스트지형은 대체로 다음과 같이 분류되고 있다.

러시아의 카르스트지형
1. 시베리아 고원 karst
2. 바이칼호 부근 바르구진 karst
3. Permian System의 모식지 Perm
4. 모스크바 구조분지 karst
5. Angara강 연안 karst

01_ 시베리아대지의 카르스트지형

시베리아(Siberia)대지는 Baikal호 북방에 펼쳐지는 앙가라 순상지와 Angara강 좌우측에서 발원하는 Yenisey강 유역과 Lena강 유역을 포함하는 광대한 지역으로, 이곳에 카르스트지형이 나타난다.

광대한 시베리아대지는 깊이 개석된 협곡과 타이가(taiga)침엽수림대가 빼곡히 들어서 있어 교통로는 물론 인적이 거의 없는 자연의 세계가 끝없이 펼쳐진다. 야생동물의 낙원으로 모피를 노리는 사냥군들을 제외하면 대자연의 법칙만이 적용되는 무인지대, 때 묻지 않은 자연 그대로이다.

시베리아대지의 중심부에서 방사상으로 발달한 12가닥의 큰 골짜기 양안 측벽의 노두를 조사할 탐사조를 운영한다면 지역 전체의 지질과 지형 판단은 가능하겠지만, 여름철에도 녹지 않는 빙벽과 계곡에 쌓인 눈, 수평층의 발달 등이 지형학적 장벽으로 작용할 것이다. 조뢰와 급단 수평층에 걸쳐 있는 폭포와 빙벽, 얼음사태와 눈사태, 폭담 등의 악조건을 짧은 하절기 동안 극복하기에는 너무나 많은 희생과 막대한 재정적 부담이 요구된다. 잘 훈련된 탐사대의 구성원들이 없다면, 명장이 사수하는 난공불락의 산성을 점령하는 것보다 더 어려울 것이다.

필자는 1949년 8월 한 달 동안 백두산 탐사의 경험을 가지고 있다. 북위 41°와 42° 경계, 동경 128°42′~43′ 사이인데도 계곡의 적설과 천지의 그늘진 곳에는 두터운 얼음이 있었다. Siberia 고원은 60°~65° N, 105°~115° E이므로 연중 최고기온을 나타내는 8월에도 잔설과 빙폭은 당연하다.

그럼에도 불구하고 러시아의 지리학자 Tatarinov에 의하여 카르스트지형 발달이 제기되고 연구되었다. 석회암과 백운암 그리고 석고카르스트지형이 보고되었는데 상부 Tortonian limestone, gypsum, chalk 등에 sinkhole과 기타 카르스트 특유의 지표지형은 물론 동굴까지 발달하였다는 기록이 있다.

이들 퇴적암의 지질시대는 중생계 초의 상부 Cretaceous로 판명되었으며 때로는 산호초석회암도 나타난다고 보고되어 있다. 하지만 필자는 한반도 크기의 10배 이상에 이르는 이 광대한 지역에 모든 지질시대의 탄산염암이 풍부하게 분포하고 극지사막형 카르스트지형 발달이 현저할 것으로 예견한다.

02_ Baikal호로 유입되는 Barguzin강 중류의 카르스트지형

Baikal호를 관할하는 부랴트자치공화국의 수도 울란우데에서 직선거리로 240km 북동쪽에 자리 잡은 Barguzin강 우안의 바르구진 마을에서 시작하여 40km 북방에 자리 잡은 울윤(Улюн) 마을 북방 70km에 자리 잡은 구룸칸(Курмкан)을 지나, 다시 60km 북방의 알라(Алла)에 이른다. 여기서 다시 북상하기를 30km, 구체겔(Кучегер)에 이르기까지 장장 200km에 걸친 넓은 Barguzin강 하간지에 시베리아 최대의 카르스트지형이 발달하는데 무수한 doline를 비롯하여 용식 하식 및 빙식호가 펼쳐진다. 러시아어로 바르구진스카야 도리나(Баргузинская Долина)로 불린다.

이는 '바르구진스키 하곡'이라는 뜻도 되나 위성사진을 엄밀하게 분석하여 보면 석회암지대에 발달하는 까르스토바야 도리나(Карстовая Долина)임에 틀림없다.

이곳으로 가려면, 울란우데에서 Baikal 호안의 그레먀친스크(Гремячинск)까지 약 100km를 가서 여기서부터 바이칼 호안을 따라 북상한다. 바르구진 하구에 자리 잡은 우스찌바르구진 항구까지는 약 100km이고 다시 바르구진 강을 따라 약 50km 북동진하면 바르구진 마을에 이르는데 여기서부터 카르스트지형이 전개된다.

답사일정은 한여름이 지난 9월 중순이 적합하며 충분한 빙하지형학적 지식을 바탕으로 카르스트지형을 답사하면 연구성과를 배가시킬 수 있을 것이다. 철저한 야영준비와 영양가 높은 비상식량 및 탄탄한 지원차량이 필수이며 이는 울란우데 연구소와 교포들의 도움을 받을 수 있나.

Barguzin강 중류의 카르스트지형

03_ doline가 발달한 Kungur 지방의 gypsum karst

우랄산맥의 유럽 쪽에 있는 도시 Perm시는 고생대 말의 지질시대 Permian system의 기준이 된 곳인데 역내의 탄산염암 산지에는 카르스트 지표지형과 지하의 석회암 동굴지형이 발달하였다. Perm시 남동방 90km 거리에 있는 Kungur시는 gypsum karst 지표지형의 모식지이다.

Kungur 지방의 전형적인 gypsum karst 지형. 훌륭한 doline의 발달과 더불어 전면의 solution lake(용식호)와 후면의 doline 속 수목이 매우 인상적이다. 일본인 지질학자 N. Kashima가 촬영한 사진이다.

일본인 지질학자 N. Kashima는 Kungur 지방을 답사하며 gypsum karst 지표지형인 doline와 solution lake(용식호)를 촬영한 귀중한 자료를 보내왔다. 뿐만 아니라 용식동굴의 발달도 소개하여 주었다. 이와 같은 선례들은 Klimchouk에 의한 1996년의 발표도 있다.

04_ 모스크바 구조분지의 카르스트지형

광대한 모스크바 구조분지의 카르스트지형은 상부 데본계에서 석탄계에 이르는 탄산염을 기초로 발달한다. 이들 지형은 대체로 분지의 남쪽 변두리를 차지하는데 Hercynian 구조운동과 깊은 관련이 있는 것으로 알려져 있다.

분지 서부와 북동부의 카르스트지형은 Dnieper와 Zapadnaya Dvina에서 백해에 이르며 모식적인 카르스트지형이 나타난다. 이들 지형의 발달은 홍적세의 빙기가 끝나고 간빙기에 이르면서 융설수가 흐르던 물길과 깊은 관련이 있다고 추리할 수 있다. 이들 카르스트지역의 모암은 페름기에서 석탄기에 이르는 탄산염암인 석회암과 백운암이며 Zapadnaya Dvina와 Dnieper강과 밀접하게 관련되어 있다.

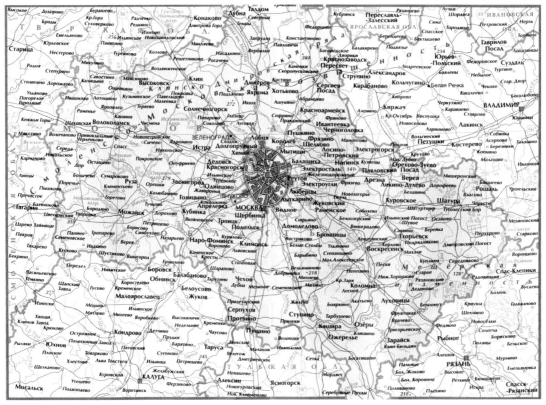

지도를 잘 관찰하면 모스크바 구조분지의 수계와 구릉지를 파악할 수 있다.

모스크바분지의 남동부는 구조적으로 Oksko-Tsninsk호(弧)와 관련된 석탄기의 탄산염암으로 석회암과 백운암을 기초로 카르스트지형이 발달하며, 때로는 페름기의 잔류암인 석고층을 모암으로 한 카르스트지형도 나타난다고 보고되어 있다. 돌리네를 기본으로 한 오목지형을 비롯하여 용식에 저항하여 남은 볼록지형, 지하의 공동인 석회암동굴 등 종합적인 카르스트지형이 발달하고 있다.

이와 같은 연구는 모스크바대학 지질학부의 N. A. Popov와 지리학부의 A. G. Gvozdetskiy의 연구에 기초하였는데 이들의 연구는 지질구조적인 문제를 중요시한 지사학적 치우침이 심하고, 현실적 카르스트지형 경관에 대한 전개가 없어 아쉬움을 남게 한다. 하지만 이들의 논문이 지난날 스탈린 치하 공포정치의 여파로 지형도는 고사하고 약도나 개념도는 물론이요 도표 한 장 없이 M. Herak가 저술한 『북반구의 카르스트지형』에 제출되었다는 점은 옛 소련 지리학자들의 고충을 이해하고도 남게 한다.

05_ Angara강 연안의 카르스트지형

Angara강 중상류 지역에 해당하는 사얀스크(Саянск)와 발라간스크(Балаганск) 사이의 대상지에는 캄브리아계와 상부오르도비스계의 석회암과 백운암이 넓은 범위에 걸쳐 분포한다. 카르스트 지표지형과 지하의 석회암동굴인 Khudgunsk와 Orgalesk 동굴이 보고되어 있다.

V. 유럽의 카르스트지형

A. 영국의 카르스트지형

영국의 카르스트지형은 이 나라 천체로 볼 때에는 남동부에 치우쳐 분포하는데 최대의 발달지역은 Wash만에서 남서부 Salisbury 평원에 이른다. 그중 남동쪽 끝에 있는 Maidstone 반도에서 협장한 벨트 모양으로 런던분지 남쪽을 지나 Salisbury 평원에 이르는 지역의 규모가 가장 크다.

두 번째의 카르스트 발달지역은 영국 중부의 북해 연안에 산재한 Holy섬과 그 남쪽의 Farne 제도에서 시작하여 스코트랜드와 잉글랜드 경계 남쪽으로 남북으로 놓인 Pennines 산맥 동부를 따라 Bradford에 이르는 지역의 하간지이다. 카르스트지형학적으로 저명한 Yorkshire Dales 국립공원의 Ingleborough 언덕을 중심으로 발달한 석회암포상(limestone pavement)도 바로 이 지역 서부의 Morecambe만 북안에 발달했던 빙하의 삭마작용을 받은 카르스트지형이다.

세 번째는 Wash만 북쪽의 Kingstone과 Grimsby 사이의 Humber강을 중심으로 남북 연안지대의 저평지에 발달한 카르스트지역이며, 네 번째는 북부의 Forth만을 중심으로 Edinburgh와 Glasgow를 포함하는 만안지대이다.

이들 중 두 번째와 네 번째는 대체로 석탄기(Carboniferous period)의 석회암을, 첫 번째와 세 번째는 백악기(Cretaceous period)의 석회암을 주구성암으로 카르스트지

영국과 아일랜드의 카르스트지형
1. Yorkshire Dales의 limestone pavement
2. Morecambe만의 카르스트지형
3. Derbyshire 지역의 카르스트지형
4. Wales 지방의 카르스트지형
5. Devonian limestone 분포지역의 카르스트지형
6. 아일랜드 Burren 일대의 카르스트지형

형이 발달한다. 쥐라기와 페름기 등의 석회암은 발달이 빈약하며, 특히 고생대 초기의 탄산염암은 발달이 미약하다.

01_ Yorkshire Dales의 석회암포상

빙하의 삭마지형인 석회암포상을 설명하기에 앞서, 홍적세에 일어난 기후사변(climatic accident)에 따른 해면의 승강운동(eustatic movement)에 대해 지형학적으로 간단히 설명하려고 한다.

제4기 홍적세(pleistocene epoch)에는 크고 작은 빙기와 간빙기가 8번에 걸쳐 일어났다. 홍적세 말에 극성을 부리던 마지막 빙기인 Würm(Wisconsin) 빙기는 약 7만 년 전에 발생하였다가 약 1만 년 전에 극적으로 후퇴하였다. Würm 후빙기에는 기온이 지속적으로 상승하여, 오늘날과 같은 해수준 면으로 상승하는데(120m±)는 거의 3,500년이 걸렸다.

한편 빙기가 극성을 부린 약 1만 년 전 이전에는 기온의 지속적 하강으로 유럽의 북서부와 북아메리카대륙의 북동부와 북서부가 두터운 빙상에 뒤덮였고, 저위노 지방의 고산지대에도 빙관빙하와 곡빙하가 발달하였다. 이 지구적인 사건은 아시아지역이라고 예외는 아니었다.

이렇게 물이 순환체계를 이탈하여 고위도지방의 빙상과 저위도지방의 고산지대에 빙관빙하 또는 곡빙하로 폐쇄됨으로서 해면은 계속적으로 저하되었다. 이로 인해 오늘날의 대륙붕(continental shelf)지역이 건륙화(乾陸化)됨으로써 대륙의 면적은 크게 확대되었고, 오늘날의 북해나 황해는 존재하지 않았다.

그러나 Würm 후빙기의 기온의 상승으로 빙하는 물러갔고 그 대신 빙기의 빙하에 의한 삭마지형(削磨地形)과 침식지형, 빙퇴석(氷堆石)지형 등 독특한 지형경관이 남았다. 그중 limestone pavement는 석회암지대의 빙하성 삭마지형으로, 독특한 karren 카르스트지형으로 진화하였다.

영국 중부의 페나인(Pennines)산맥 서부에 입지한 Yorkshire Dales 국립공원 남부에 Ingleborough Hill을 중심으로 홍적세의 최후빙기인 Würm의 빙하가 할퀴고 지나간 삭마지형이 광범위하게 나타난다. 기반암은 고생계(界) 전기인 캄브리아계(系)와 오르도비스계 및 석탄계의 석회암이다.

Yorkshire Dales는 limestone pavement의 세계적 표준지역이다. limestone pavement의 경우, 영국 서부의 Craven Arms와 아일랜드 서부 Galway만 남안의 Burren과 Kinvarra에서도 훌륭한 발달상을 볼 수 있다. 캐나다와 러시아 시베리아 지방에서도 대규모적 발달상이 예상되나 보고된 사례를 확인할 수 없다.

limestone pavement는 석회암지형의 karrenfeld로 분류된다. 다양한 형태의 karren들이 발달되어 karren 분류와 연구의 좋은 터전을 연구자들에게 제공하는데 특히 빙하가 운반한 기반암과 다른 이질암의 거대한 암괴, 즉 미아석(glacial erratic block)도 흔히 찾아볼 수 있다.

Tony Waltham이 2007년에 저술한 『The Yorkshire Dales: Landsscape and Geology』가 있는데 다양한 형태의 지형을 촬영한 사진과 지질도를 비롯하여 여러 가지 지도와 단면도가 수록되어 있어, 이 지방을

Yorkshire Dales 국립공원 Malham Cove 위의 limestone pavement. 빙하의 삭마작용을 받아 형성된 카르스트지형이다.

여행하는 기분으로 읽어 볼 수 있다.

02_ Morecambe만의 카르스트지형

석회암의 충후는 300m에 이르며 고생대 후기인 석탄기 이전의 석회암을 기초로 발달한 카르스트지역이다. 석회암 표면이 거칠고(sparry limestone) 신기 산호초석회암 같은 조면질 석회암을 바탕으로 카르스트지형이 발달하는 이색적 경관을 보여준다.

Morecambe만의 카르스트경관은 흡사 베트남의 Ha Long 만과 유사하며, 배후지에 전개되는 석회암산지는 구릉성이 아닌 비교적 고도가 있는 산지여서 해안절벽에는 석회암지대 특유의 건폭과 석회암동굴들이 발달하였다.

뿐만 아니라 조수간만의 차가 커서 연안에 산재한 크고 작은 섬들은 만조 시의 경관과 간조 시의 경관이 비교될 만큼 경관상의 차이점을 드러낸다. 만조 시에는 관광객을 태운 유람선이 청록의 군도 사이를 누비며 경관을 보완하는 역할을 한다.

해만(海灣) 배후지의 평탄면에는 많은 동굴들과 더불어 여러 가지 형태의 카르스트지형이 발달하여 종합적인 카르스트지형 경관을 나타낸다. 특히 Würm 빙기의 후퇴와 더불어 남기고 지나간 빙하의 퇴석지형과 삭마지형들도 도처에 남아 있어 악술석 가치를 더 높여 주고 있다.

영국은 전 국토가 홍적세 최후빙기인 Würm의 영향을 받았기 때문에 석회암지대 어디를 가나 빙하에 삭마된 지형과 용식지형 및 퇴석지형을 볼 수 있다. 또한 지하에는 용식작용과 침식작용의 합성물인 공동, 즉 석회암동굴과 그 안에 발달한 훌륭한 2차 생성경관을 볼 수 있다.

03_ Derbyshire 지역의 카르스트지형

역내의 석회암은 고생계 후기인 석탄기(Carboniferous period)의 석회암이며 노두(露頭)의 표면은 거칠다. 마름모꼴의 800m 층후를 가진 석회암지대로 화산활동과도 깊은 관련성이 있는 지역이며, 변화무상한 카르스트지형 발달상을 보이는 매우 특색 있는 곳이다. 여기에 홍적세 말의 빙하의 삭마작용을 받은 석회암포상 지형이 곁들여져 이색적인 karrenfeld 현상을 보여주고 있다.

04_ Wales 지방의 카르스트지형

남북으로 긴 Wales 지방에 발달한 탄산염암은 대체로 고생대 말의 육성층을 주구성암으로 하는 석탄계 지층이다. 층후는 다양하며 300m에서 두터운 곳은 1,000m에 이르는데 분상구조(盆狀構造)의 지향사(geosynclines)퇴적물로 이루어져 있다. Hercynian 습곡의 영향을 받았으며 지층의 층후는 남쪽으로 갈수록 후층(厚層)을 이루는 경향성이 있다. 카르스트지형 발달은 종합적으로 잘 나타난다.

05_ Devonian limestone 분포지역의 카르스트지형

영국의 Devonian system은 영국 남서부에 자리 잡은 Devon 일대를 중심으로 분포하며 그 층후는 80m 내외의 비교적 얇은 연근해 환경에서 퇴적한 지층이다. 산호와 남조류의 분비물로 생성된 생물기원의 퇴적암인 층공충류(Stromatoporoidea)로 이루어진 둥근 괴상암으로 구성되어 있다.

이처럼 층서의 발달이 명확하지 않은 괴상석회암에는 석회암동굴 발달이 많으며 동굴 내에는 2차생성물의 발달 또한 좋은 편이다. 이들 동굴들은 빙기와의 관련성이 매우 크다.

B. 아일랜드의 카르스트지형

01. Burren 일대의 석회암포상

아일랜드에서는 대서양에 면한 서부 Galway만의 남안부를 중심으로 석회암포상이 넓은 범위로 전개되는데 그 발달상에 특색이 있어 세계적으로 주목을 받고 있다. 그 중심에 Burren이 있다.

Burren의 석회암포상은 완전한 빙식작용에 의한 평탄면을 유지한 채 깊은 홈을 경계로 우리나라의 논과 같이 큰 규모로 구획되고 있다. 또한 동심원상의 원형을 이루는 것과, karren 석탑과 같은 단상구조 및 장기판구조를 이루는 것 등 다양한 형태가 나타나는데 Parr, S. Moran, J. 등의 연구가 주목된다.

아일랜드 국토의 대부분은 고생대 말인 석탄계의 석회암과 백운암으로 피복되어 있어 어디로 가나 여러 가지 형태의 카르스트지형이 나타나는데, 그중 가장 보편적으로 나타나는 것이 빙하의 삭마지형인 석회암포상(limestone pavement)이다.

석회암포상은 카르스트지형학적으로 karrenfeld에 속한다. 빙기에 삭마된 석회암 표면이 후빙기의 온난화로 용식잔재토 terrarossa가 잔적되며 식물이 뿌리를 내리고 식물 뿌리가 분비하는 강한 산성 분비물이 석회암의 용식작용을 가속화하면서 다양한 형태의 karren 미세지형을 만들었다.

Burren 지역은 그중에서도 holekarren으로 유명한데 다른 지역에서는 보기 드물게 석회암포상 위에 집중적으로 발달했다. 이 외에도 산지사면의 노출된 암석면 전체에 rinnenkarren이 나타나거나 때로는 rillenkarren이 나타나는 사례들도 많다. 이는 조습한 기후와 냉량한 서안해양성기후의 산물로 추정된다. 이밖에도 다양한 형태의 karren 미세지형들이 풍부하게 발달되어, karren을 연구하는 사람들에게 이곳은 천혜의 연구지역이 아닐 수 없다.

덧붙이자면, Hungary 대학의 Márton Veress가 2010년에 저술한 『Karst Environments: Karren Formation in High Mountains』에는 karren에 대한 새로운 개념과 지형분류가 많이 들어 있다. 카르스트지형을 연구하는 사람들은 꼭 한 번 읽어 보기를 권한다.

C. 프랑스의 카르스트지형

프랑스의 탄산염암 분포는 룩셈부르크 접경지대와 벨기에의 남동부로 흘러가는 Meuse강과 독일로 흐르는 Moselle강의 상류지역, 그리고 Bretagne 반도 남쪽 Loire강의 상류지역을 중심으로 전개된다.

카르스트지형은 Meuse강과 Moselle강의 세류들이 집수하는 북동부 상류지역에서부터 이 나라 중심부를 관통하는 Loire강과 Sévre강 하간지(河間地)에 이르는 지역에서 쥐라계(Jurassic system) 중부에 해당하는 석회암과 하부층인 라이아스(Lias)에 걸쳐 석회암, 배운암을 중심으로 발달한다. 이들 석회암지대의 평균 너비는 50km이며 대상(帶狀)으로 Biscay만으로 사라진다.

프랑스의 카르스트지형
1. Pyrenees 산지의 카르스트지형
2. Causses 지방의 카르스트지형
3. Normandy 지방의 카르스트지형
4. Clamous 동굴과 부근 일대의 카르스트지형
5. 크로마뇽인들의 동굴벽화가 있는 석회암동굴

석회암층은 다시 Garonne강의 지류 Lot강과 Tarn강의 상류 Causses 지방에서 나타나는데 여러 가지 모습의 세계적 카르스트지형 경관을 보여준다. Causses 지방은 카르스트지형학사에 큰 족적을 남긴 Edouard Alfred Martel(1859~1938)이 고등학교 시절에 동굴탐사로 정열을 불태우던 곳으로 카르스트지형학상 가장 유명하다.

또한 탄산염암의 산재적 분포지역으로는 쥐라(Jura)산지와 지중해 연안의 알프스산지가 있고, 제2차 세계대전을 승리로 이끈 Normandie 평원에서도 카르스트지형 발달을 확인할 수 있다.

01_ Pyrenees 산지의 카르스트지형

Pyrenees 산맥의 산등성이가 프랑스와 스페인의 국경을 이루는 프랑스령 Pyrenees 산지에는 다양한 형태의 카르스트지형이 발달한다. 고도가 높은 곳에는 빙하의 영향을 받은 cryokarst인 한지카르스트 현상이 나타나며 석회암포상과는 차원이 다른 둔정형카렌(rund karren) 현상도 볼 수 있다.

석회암지대의 용천(湧泉)들이 집수되어 만든 계류천에는 중탄산칼슘용액 상태에서 만들어진 석회화단구 지형이 나타나며 rimstone(제석)의 밀도가 높아 계곡의 하방침식(deepening)을 억제하는 낙차공사를 한 것 같은 연폭(連瀑)현상을 나타내기도 한다.

용식과는 상관없는 기계적 풍화작용인 서리의 쐐기작용으로 표면이 파쇄된 석회암 암주들이 군집하여 이색적 tower karst 현상을 나타내기도 하는데 이에 대한 카르스트지형학적 연구와 적절한 용어가 없다. 필자는 석회암 수평층에 있는 경연의 호층이 차별침식을 받은 것으로 본다.

또한 피레네 산지의 석회암 단애면에는 특색 있는 침식상이 나타나는데 아마도 고산지대의 서리의 쐐기작용(frost wedging)과 풍식(wind erosion)에 의한 결과로 추리하며 때로는 협장한 검능(knife ridge)과 석회암 수평층에 조망창을 만들어 놓은 것 같은 현상도 나타난다.

경사진 산지사면의 석회암 수평층이 90°의 절벽으로 용식되어 검능이 아닌 만리장성 같은 특수현상도 나타나는데 카르스트지형학을 외골수로 연구한 나로서도 처음 보는 현상이다. 앞으로 이에 대한 카르스트 지형학적 연구가 진행되어 새로운 학명과 연구분야가 개척되기를 희망한다.

02_ Causses 지방의 카르스트지형

Causses 지방은 프랑스에서 가장 일찍이 알려진 카르스트지형 연구지역으로, 카르스트 지표지형은 물론이고 지하의 동굴현상에 대해서도 일찍이 동굴학의 체계를 확립한 Edouard Alfred Martel(1859~1938)의 연구가 큰 공헌을 한 곳이다. Martel은 7살 때 처음으로 아버지를 따라 Causses 지방의 관광동굴을 관람하였는데, 이때에 본 동굴퇴적물의 아름다움에 매료되어 일생 동안 동굴탐험과 카르스트지형을 연구하게 되었다고 만년에 술회하였다.

Causses 지방에는 카르스트지형을 대표하는 다양한 형태의 크고 작은 doline를 비롯해 각종 오목지형과 Karrenfeld 같은 볼록지형이 발달하였고 지하에도 석회암동굴이 무수히 발달하였기 때문에 카르스트지형을 종합적으로 연구할 수 있는 세계 최고의 카르스트지역 중 하나로 알려져 있다.

이 밖에도 홍적세 말의 빙하의 삭마작용을 받은 석회암포상 지형과 용식에 저항하여 남은 첨정형 카르스트지형의 일종인 pinnacle karst 및 tower karst의 범주에 들어가는 현상과 석회암 단애에 발달한 동혈(洞穴) 등 특색 있는 현상들이 여러 가지 모습으로 나타난다.

03_ Normandy 평원의 카르스트지형

Normandy 평원의 카르스트지형은 파리분지 서부를 차지하는 Normandy 구릉 북쪽의 저평한 평야지대를 중심으로 발달한다. 지표지형인 오목지형과 용식 잔존 볼록지형이 발달하며 때로는 석회암동굴도 발달하였다. Calvados 연안을 비롯해 Orne천과 Touques천, Lisle 하간지의 단구면을 중심으로 와지지형(窪

地地形)의 모식적 발달상을 보여준다.

04_ 동굴퇴적물이 아름답고 아담한 Clamous 동굴

프랑스 남부의 Saintquilbem에 있는 Clamous 동굴은 그리 크지 않으면서도 매우 아름다운 동굴이다. 종유석과 석순 및 석주와 석화(anthodite), 그리고 곡석(helictites)과 aragonite needle처럼 기형석순 표면에 기성으로 첨가증식된 기이한 2차생성물 등 동굴퇴적물들이 다채롭다. 뿐만 아니라 disk형의 기형석순, 미끈하게 잘생긴 고드름형 종유석 등 아기자기한 동방을 황홀하게 장식한 2차생성물은 모든 동굴의 으뜸이라는 인상을 주기에 충분하다. 게다가 조명쇼와 시의적절한 음악은 동굴을 요염하게 만들었다.

05_ 크로마뇽인들의 동굴벽화가 있는 석회암동굴

1994년 프랑스 남부의 Ardéche 협곡에서 발견된 Chauvet 동굴에서는 약 32,000년 전 예술감각이 뛰어난 선사인들인 크로마뇽인이 건조한 벽면에 그린 역동적인 동굴벽화가 다수 발견되어 세상사람들을 놀라게 하였다. 이들은 건조한 동굴벽면이나 2차생성물의 모양을 활용한 마치 동양의 수묵화 같은 그림과 갈색 안료와 chalk 등을 사용하여 검붉은 벽면에 육식동물을 비롯해 다양한 모습들을 묘사하였다.

프랑스 중부의 Lascaux 동굴 등에 예술감각이 뛰어난 선사인들이 그린 생동감 넘치는 사냥 모습의 그림은 천연의 돌가루와 진흙 등 색소를 호제로 반죽하여 손가락으로 발랐거나 갈대나 대나무 등의 관을 이용하여 불어서 붙인 것이다.

다음은 경기도 광명의 폐광된 가학광산을 개발하여 개관한 광명동굴에서 2016년 6월 개최된 Lascaux 동굴벽화 국제순회전시를 관람하고 촬영한 수백 장의 사진 중 일부이다.

광명시 광명동굴에서 전시된 선사인들이 그린 라스코 동굴벽화. 벽화 속 동물들의 모습이 생동감 넘친다.

D. 스페인의 카르스트지형

스페인의 카르스트지형은 남부의 Andalusia 지방과 함께 북동부 Pyrenees 산지의 서부에 있는 Navarra 지방의 북부 산지를 중심으로 발달하고 있다. 이들 지역에는 카르스트 지표지형 외에도 지하에 비장된 석회암 동굴지형 등이 화려하게 발달되어 있다.

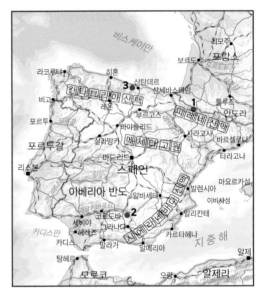

스페인의 카르스트지형
1. Larra Belagua 카르스트지역
2. Andalusia 카르스트지역
3. Altamira 동굴과 카르스트지형

01_ Larra Belagua 카르스트지역

스페인 북동부 Pyrenees 산지에는 2,000m를 넘나드는 Navarra 지방의 북부 고산지대에 석회암산지가 분포한다. 이곳에는 서리의 쐐기작용(frost wedging)과 빙하의 영향을 받은 석회암지형들이 잘 발달해 있고 융빙수의 삼투로 인한 정호상 돌리네의 발달도 목격되는 등 산지카르스트지형이 발달하였다.

계류천의 침식으로 생성된 Belagua 협곡에는 석회암의 수평층이 발달하여 특색 있는 카르스트 경관들이 나타난다. 산지를 흐르는 계류천은 석회암의 절리면을 따라 지하로 유입되며 수직굴을 만들기도 하였다.

지하에 발달한 석회암동굴 내에는 훌륭한 2차생성경관도 발달하였다. 지표에는 돌리네와 빙식지형인 석회암포상(limestone pavement)도 나타나는데 그 규모는 크지 않으며 산록의 결절부인 천이(遷移)점을 중심으로 나타남을 특징으로 한다.

02_ Andalusia 카르스트지역

1978년 스페인 남부 Andalusia 지방 석회암지대의 카르스트지형 발달지역을 중심으로 약 17km²가 국립공원으로 지정되었다. 역내의 석회암은 중생대 쥐라기에 맑고 파도가 거센 얕은 바다에서 생성된 산호초 석회암으로, 표면이 매우 거친 수평층이다.

역내에는 카르스트 지표지형을 대표하는 doline와 같은 오목지형을 비롯하여 용식에 저항하여 남은 karenfeld를 비롯한 볼록지형과 지하에는 용식과 침식의 합성으로 생성된 석회암동굴이 발달하였으며, 다양한 형태의 관광개발이 이루어졌다.

석회암동굴 중에는 구석기인들의 주거 흔적으로서의 유적층이 있으며 이 유적층의 연구로 구석기인들이 사냥으로 얻은 짐승, 화식의 흔적 등 생활습관의 일부도 밝혀졌다. 이들은 동굴 내의 진흙을 이용하여 황소의 소상을 만드는 등 예술적 감각도 유감없이 발휘하였다.

이들은 주로 Andalusia 지방의 Guadalimar강과 Guadiana강의 옛 하안단구면을 생활근거지로 활동하였으며 강안절벽에 개구한 석회암동굴을 주거로 활용하는 등 고도의 지능적 활동상을 남겨 이들에 대한 고고학적 연구성과도 많다.

대체로 건조한 Andalusia 지방의 동굴은 지하수의 삼투량이 적어 2차생성경관이 풍부하지는 않지만, 그런대로 종유석과 석순, 석주를 비롯하여 aragonite질 velvet와 anthodite 및 비틀어지고 뒤틀리고 꼬인 helictite 등 미세한 동굴퇴적물이 생성되었다.

03_ Altamira 동굴과 카르스트지형

스페인 북부 Biscay만 배후산지를 이루는 Cantabria 산맥 중의 Picos de Europa 산지는 대부분 석회암으로 이루어져 빙하의 영향을 크게 받은 특색 있는 빙식 고산카르스트(hochkarst)지형이 나타나고 있다.

특히 항구도시 Santander에서 서쪽으로 30km 떨어진 Altamira 지방의 Cantabria 산맥 북쪽 산록에 발달한 Altamira 동굴에는 고도의 예술적 감각을 지닌 크로마뇽인들이 그린 벽화가 남아 있는데 황소를 주제로 한 다양한 형태의 활력에 넘친 채색화가 세상을 놀라게 하였다.

크로마뇽인들은 색깔 있는 돌가루와 흙과 진흙 그리고 망간을 이용한 적갈색, 황색, 흑색의 안료를 호제로 반죽하여 넓적한 동물의 뼈를 팔레트로 손가락이나 동물의 털을 이용하여 바르거나, 대나무나 갈대와 같은 관을 이용하여 마른 가루를 불어 벽에 붙이기도 하였다.

E. 독일의 카르스트지형

모든 과학분야에 있어서의 연구성과와 마찬가지로 카르스트지형 분야에서도 눈부신 연구업적을 남긴 나라는 두 말할 것 없이 독일이다.

많은 독일학자들이 19세기 말에서 20세기 초에 걸친 카르스트지형학 발전의 여명기부터 유럽과 알프스산지 및 Adria해 연안의 카르스트지형을 연구하였다. 특히 Alfred Bögli와 H. Lehmann의 연구가 돋보인다.

독일에 대한 연구는 D. Pfeiffer와 J. Hahn의 연구가 중요한데 이들의 연구로 독일의 석회암과 백운암 등 탄산염암 분포지역과 gypsum karst와 saline karst에 대한 전모가 밝혀졌다. 이들의 연구를 기초로 독일의 카르스트지형 발달지역을 살펴보면 다음과 같다.

독일의 카르스트지형
1. Turingian 분지의 카르스트지형
2. Eifel 지방의 카르스트지형
3. Swabian Alps 산지의 카르스트지형
4. gypsum karst 지형
5. saline karst 지형

01_ Thuringian 분지의 카르스트지형

백악기에 생성된 패각사 기원의 천해성 석회암을 모암으로 한 Thuringian 산림지대에는 분지 주변을 중심으로 카르스트지형이 발달하는데 이 지역은 거의 독일의 중심부를 차지 하고 있다. 이들 석회암은 남서 주향으로 Rhein강의 상류인 Black Forest 동쪽 변두리까지 이른다.

02_ Köln 북동부의 Sauerland와 Eifel 지방의 카르스트지형

이곳은 독일 서부 Köln을 기점으로 Rhein강 하곡을 따라 중하류 결절부에서 북동부의 Sauerland와 남서부의 Eifel 지방에 걸친 카르스트지역으로, 데본기(Devonian period)에서 석탄기(Carboniferous period)에 형성된 산호초석회암(reef limestone)에 카르스트지형이 발달하였다.

03_ Swabian Alps 산지의 카르스트지형

　삼첩세(Triassic system) 중부에 해당하는 패각 기원의 천해성 석회암으로 쥐라계 상부에 해당하는 Cenomanian 패각석회암은 Swabian Alps 산지를 중심으로 카르스트지형을 발달시키고 있다. 뿐만 아니라 풍부한 ammonite 화석과 fusulina 화석을 산출하는 것으로도 유명하다.

04_ gypsum karst 지형

　석고카르스트 현상도 석회암지대의 카르스트 현상과 거의 비슷하다. 돌리네와 용식호, 용천 및 sink, 카렌과 동굴현상까지도 잘 나타난다. 돌리네의 유형을 보면, 지하공동의 함몰로 생긴 돌리네 측벽이 급경사를 이룬 것이나 때로는 깔때기형도 나타난다. 깔때기형 외에도 접시형 돌리네도 잘 발달하여, 사발(bowl)형 돌리네처럼 특징적인 모양도 발견된다. 또한 절리면 동굴이나 용탈동굴(leaching cave)도 발견된다. 독일 중앙부에 고립된 Harz 산지에 사례가 많다.

05_ saline karst 지형

　독일에서 암염카르스트(saline karst) 현상은 매우 비중이 크며 대체로 건조한 지역을 중심으로 나타난다. 그중에서도 Swabian Alps와 Franconian Alps 지역의 데본계에서 석탄계에 걸친 석회암지대에서 암염카르스트 현상이 현저하며 북독일평원(North German Plain)에 사례가 많다. 북독일평원의 암염층은 주로 작은 돔형의 구조를 보인다.

　Saxonian 조산운동으로 불리는 알프스조산기와 관련이 없는 독일에서는 전형적인 게르만형 조산운동과 관련된 암염층 발달지역을 기본으로 하는 암염카르스트가 상기 석고카르스트와 함께 매우 비중이 큰 카르스트현상으로 알려져 있다.

F. 이탈리아의 카르스트지형

이탈리아 최대의 탄산염암 분포지역은 북부의 Alps 산지를 중심으로 나타나며 두 번째는 이탈리아 중부에 펼쳐지는 Apcnnines 중부산지이다. 세 번째는 Apennines 남부산지이고 네 번째는 남쪽 끝에 있는 Sicily섬이며 마지막은 Tyrrhenian해 건너의 Sardinia섬이다.

이들 지역 중 최대의 카르스트지형 발달은 북부의 Alps 산지 그리고 남동부의 San Marco 지역과 Apulia 산지이다. 기초적인 연구는 1940년 Dainelli와 1957년 Nangeroni의 연구가 있다. 이들이 정한 주요 카르스트지역은 다음과 같다.

① Italian karst

② Mt. Bernadia

③ Mt. Prat

④ Mt. Ciaoriecc

⑤ Cansiglio Plateau

⑥ Asiago Plateau

⑦ Lessini Mountains

⑧ Berici Hills

⑨ Serle Plateau

⑩ Gargano

⑪ Murge

⑫ Serre of Salento

⑬ Montello Hill

위 지역들을 요약하면 대략 다음과 같이 카르스트지역을 대별하여 설명할 수 있다.

01_ 이탈리아 Alps 산지의 카르스트지형

카르스트현상은 틀에 맞출 수 있는 획일적 현상이 아니며 암석학적 지질조건 및 기후조건에 지배되는 경향성이 강한 지형현상이다. Alps 산지에 있어서도 동서사면과 남북사면이 지형적·기후적 영향을 강렬하게 받으며, Cottian Alps의 백운암질 석회암에는 lapije와 doline가 다수 발달한다.

한편 프랑스 남부에서 이탈리아 북서부에 걸친 Maritime Alps 산지에 발달한 석회암동굴들은 수직굴의 형태가 많으며 중부삼첩계(mid Triassic system)의 석회암을 기초로 발달한다. Bossea 동굴은 그 연장이

2km가 넘는데 이것은 융빙수와 깊은 관련이 있는 것으로 알려져 있다.

02_ Apennines 중부산지의 카르스트지형

Apennines 산지의 중부에서 남부에 걸친 넓은 지역에는 카르스트지형이 모식적으로 발달하였다. 그중에서도 중부산지의 카르스트지형 발달이 특징적이다.

Monte Catria 산지의 Marches 지역과 Monte Montea 산지에서 발원하는 Tiber강 연안에는 규모가 작은 카르스트지형들이 앙징스럽게 발달하였다.

Apennines 중님부산지의 Volturano 계곡은 아펜니노 남부산지와는 뚜렷한 카르스트 경관상의 차이를 나타내는데 거대한 함몰로 생긴 1km² 전후의 와지도 있고, 다양한 형태의 용식분지들이 분지 내에 V자형 계곡을 만들기도 한다.

이탈리아의 카르스트지형
1. Alps 산지의 카르스트지형
2. Apennines 중부산지의 카르스트지형
3. Sicily섬의 카르스트지형
4. Sordinia섬의 카르스트지형
5. gypsum karst 지역

아펜니노산지 카르스트지역 내의 polje는 비교적 하나의 독자적인 틀 속에서 발달하며 부드러운 사면을 가진다. 또한 수많은 카르스트 호(湖)들은 일시적 또는 영구적으로 물을 담기도 한다. 지표수가 발달한 곳에서는 때때로 지하로의 잠류현상이 있으며 지하에 동굴을 확대하여 나가기도 한다.

03_ Sicily섬과 Sardinia섬의 카르스트지형

Sicily섬과 Sardinia섬의 카르스트지형 연구는 1957년 Saibene가 시작하였으며 석고카르스트의 다양한 형태학적 특징에 대하여 연구한 바 있다. 두 섬에는 중생계의 석회암과 신제3기초의 중신세(Miocene epoch)의 석회암 및 경신세의 산호초석회암이 널리 분포한다.

특히 Sicily섬의 Madonie 산지 능선부에 발달한 거대한 함몰성 돌리네와 극심한 풍화작용을 받은 석회암 표면에 미세한 카르스트지형의 범주에 속하는 karren이 다양한 형태로 나타난다. 섬 주변 해안선을 따라가면 파식과 용식에 의한 특징적인 지형경관도 관찰된다. 그중에서도 Addaura 동굴은 해면과 같은 수준으로 70m, 그리고 막장까지는 1,600m에 이르는데 1957년 Nangeroni는 helictite의 존재를 보고하였다.

한편 Sardinia섬에서는 Oliena와 Albo 산지에 doline와 polje가 발달하고 있음이 보고되었다.

04_ 역암카르스트 현상

이탈리아에서는 다양한 카르스트현상들이 보고되어 있다. 그중에서도 역암카르스트(conglomerate karst) 현상은 Treviso 평야의 Montello 부근이 모식지라고 1955년 Martinis에 의해 보고된 바 있다. 쥐라계의 Rias, Dogger, Malm 등 전 계에 걸쳐 역암카르스트 현상이 다양한 형태로 나타나고 있다.

Montello 서부의 대상지(台狀地)에는 카르스트지형을 상징하는 doline와 uvale가 발달하는데 접시형과 깔때기형이 공존한다. 그 규모는 다양하며 큰 것은 직경이 100m에 이르며 크고 작은 와지지형들이 잘 어울려 발달하고 있다.

05_ 석고카르스트 지역

석고카르스트(gypsum karst) 현상은 이탈리아에서는 보편적인 카르스트 현상이며 Alps 산지와 Apennines 산지, Sicily섬에서 일반적으로 관찰된다. 이들 지형이 나타나는 지질시대는 Permo-Triassic system과 신생계 중신통에 걸치며, 지형적인 특징은 앙징스러운 소규모 doline의 분포이다.

이들 지형은 Moncenisio 카르스트지역에서 관찰되는데 분포밀도가 낮은 것이 특징이다. Bologna의 Apennines 산지와 Sicily섬에도 나타나며 다공성의 백운암(cellular dolostone)을 기초로 발달한다.

G. 스위스의 카르스트지형

스위스는 국토면적이 41,288km²으로 대한민국의 절반보다 약간 작은 나라이다. 그러나 약한 산성을 띤 빗물에 용해되는 성질을 가진 석회암과 백운암 등 탄산염암이 국토면적의 19%인 7,900km²로, 지구의 육지표면적에서 차지하는 비중보다 약간 높다.

고산준령 위에 빙하에 덮여 있는 Alps 산지와 Jura 산지가 남쪽과 북쪽에 가로놓여 있어 빙하의 기계적 삭마지형과 빙하가 운반한 암설로 뒤덮인 빙퇴석지형을 비롯해 빙기와 간빙기 사이에 형성된 빙하의 침식으로 형성된 빙식호 등이 풍부하게 발달하였다.

U자로 식각된 빙식곡에는 넓은 곡저평야가 발달하였는데 기온이 온화할 뿐만 아니라 풍부한 융빙수의 혜택에 힘입어 풍요로운 삶의 터전을 이루며 아름다운 영농경관을 보여준다.

탄산염암의 분포면적은 비교적 많으나 카르스트지형 발달은 제한적이다. 극한지적 기후조건으로 인한 특색 있는 고산카르스트(hochkarst: hochgebirgs karst)에 대한 O. Lehmann의 연구가 있다("Das Tote Gebirge a1s Hochkarst. Mitteil Geogr Gesell", Wien, 70 (1927) 201–242).

Lehmann은 고산카르스트의 특징으로 정상적인 doline의 발달은 거의 없으며 karren과 공존하는 대형 doline보다는 직경 2~4m의 소형 doline가 많다고 기술하였다. 또한 karren의 대부분은 수평적 경관으로 나타난다고 하였는데 이는 limestone pavement를 지칭한 것으로 이해된다.

01_ Jura 산지의 봉소상(蜂巢狀) doline

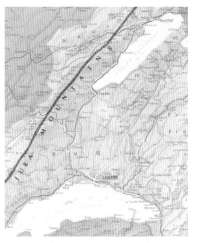

Léman호와 Neuchâtel호의 북방에 NE-SW 주향으로 달리는 Jura 산맥은 산도 높은 융빙수의 용식작용으로 생긴 앙증스러운 소형 doline 인 grattalp로 유명하다. 저자가 산맥을 표시하고 래터링하였다.

특기할 바는 Lemann호와 Neuchatel호의 북쪽에서 NE-SW 주향으로 달리는 Jura 산맥의 Chasseral 산지사면에 발달하는, 산도(酸度) 높은 융빙수에 의한 용식작용으로 생성된 일종의 소형 수직정호상 doline의 밀집현상인데 Thomas는 1954년 km²당 5,000~7,500개를 계산하였다. Alfred Bögli가 이들 돌리네에 최초로 grattalp라는 명칭을 사용하였다.

문헌을 살펴보면 Márton Veress가 2007년에 저술한『Karst Environment』에는 pitkarren으로, Tony Waltham가 저술한『The Yorkshire Dales』에는 bell pit로, Tony Waltham와 Fred Bell, Martin Culshaw 공저의 2005년판『Sinkholes and Subsidence』에는 shake-holes로 기재되어 있다.

grattalp라고 부르는 Jura 산맥 Chasseral산의 봉소상(蜂巢狀) doline들

　모든 카르스트지형 연구에 있어서와 마찬가지로, 카르스트지형에 대한 명칭은 나라마다 편의적으로 부르기 때문에 학술연구에 적지 않은 혼란을 가져온다. 학명 통일에 관한 연구가 절실하게 요청되는 바이다.

　특히 grattalp 명칭은 그 어떤 카르스트지형 저서 말미의 용어사전에서도 찾아볼 수 없다. grattalp의 유사지형을 지형학 사전에서 찾아본다면『THE ENCYCLOPEDIA OF GEOMORPHOLOGY』490쪽에 있는 화강암산지에 발달하는 weather pit가 있긴 하지만 이것은 일종의 풍화혈 deep gnamma로서 용식지형 grattalp와는 아무런 관련성도 없다.

　빙하의 삭마지형인 석회암포상(limestone pavement)은 스위스에 비교적 많으나 고산지대여서 그 규모가 작거나, 사면의 경사에 따른 빙식작용의 결과로 수평적 발달보다는 사면의 경사도에 순응한 발달상을 보여준다.

　Würm 빙기가 극적으로 후퇴한 이후의 약 1만 년 동안에 새로운 카르스트지형들이 생성되어 왔으며 현재 진행 중인 가장 새로운 카르스트지형을 우리가 관찰하고 연구하고 있는 것이다. 카르스트지형은 Würm 빙기 이후의 자연사를 말없이 설명하여 주고 있다.

　스위스의 카르스트지형은 스위스 북서부의 Jura 산지와 Midlands 그리고 Pre-alpine zones과 Léman호 북동방향의 Thun호까지의 120km 우모상산지 서쪽의 Chblais pre-alps와 동쪽의 Romande pre-alps 및 스위스 알프스에 널리 분포되어 있다.

　그중에서도 벌집처럼 밀집된 grattalp 돌리네와 karren, Salzburg 부근의 limestone pavement, Tsanfleuron의 Santesch-pass 부근에 발달한 경사진 사면의 run-off karren, 확인된 길이만도 200km에 이른다는 Muotathal 동굴 등이 스위스의 대표적 카르스트지형으로 기록될 만하다.

H. 헝가리의 카르스트지형

헝가리는 우리나라와 비교하여 국토면적이 약간 작은 93,030km²이고 인구는 우리나라의 1/5에 불과한 유럽의 내륙국이며 흑해로 유입되는 국제하천 Danube강의 연안국이다. 이 나라에는 중생대 전기인 상부Triassic의 석회암과 백운암이 분포하며 우수한 카르스트지형이 발달하였다.

헝가리의 카르스트지형 학자인 F. Daranyl의 연구에 의하면 헝가리의 카르스트지형은 크게 3개 지역으로 구분된다. 첫째는 Transdanubian 중앙산지 카르스트지역이며 둘째는 북부의 Aggtelek 카르스트지역이고 셋째는 Mecsek 산지 카르스트 지역이다.

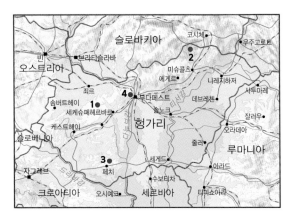

헝가리의 카르스트지형
1. Transdanubian 중앙산지의 카르스트지형
2. Aggtelek 동굴국립공원
3. Mecsek 산지의 카르스트지형
4. Budapest 지하동굴도시

특기할 바는 Danube강 우안의 Buda 지하에 전개되는 그물망 같은 수백에 달하는 온천수와 연관된 천연용식동굴인데 이는 세계적으로 유례가 없는 현상이다. 헝가리인들은 9세기에서 13세기에 인위적으로 터널을 굴착하고 계단, 사다리 등 다양한 수단으로 동굴들을 연결하여 기상천외한 지하도시를 건설하였다.

01_ Transdanubian 중앙산지의 카르스트지형

Transdanubian 중앙산지는 헝가리 북서부에 자리 잡은 Balaton호 서안에서 시작하여 슬로바키아에 인접한 북동부산지와 Danube 강가에 자리 잡은 수도 Budapest에 이르는 이 나라 최대의 카르스트지역으로 북북동과 남남서의 주향으로 거의 150km를 달리고 있다.

역내의 석회암과 백운암은 상부삼첩계이며 석회암과 백운암의 두터운 지층에는 다양한 형태의 카르스트 지표지형과 지하의 동굴지형 등이 다채롭게 발달했으며 Alps 산지의 카르스트지형 발달상과 일맥 상통하는 경관을 보이고 있다.

02_ Aggtelek 카르스트지역과 동굴국립공원

Aggtelek 카르스트지역은 헝가리 제2의 카르스트지역이며 Sajó강을 사이에 두고 북부와 남부로 양분되는데 서의 50km 떨어져서 카르스트지형이 발달한다. 북부 국경지대의 카르스트지형은 슬로바키아의 카르스트지역과 연속적으로 발달한다. 두 지역 모두 중부 삼첩계의 석회암과 백운암으로 지표지질은 구성되어 있다.

북부의 카르스트지역 중 슬로바키아 국경에 가까운 Aggtelek 동굴국립공원은 2차생성물이 풍부하게 발달은 하였으나 우리나라의 성류굴처럼 동굴의 생성연대가 오래되어 동굴퇴적물은 청신하지 못하다. 특히 박쥐배설물로 심하게 오염됨으로써 표면이 밤색으로 변질되어 brushite화하였다.

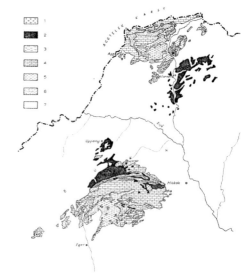

Fig.3.A rough geologic map of the Northeast Range (scale 1:680,000). *1* = Igneous rocks; *2* = Palaeozoic; *3* = Lower Triassic sediments; *4* = Middle Triassic limestone and marl; *5* = Middle Triassic shale, flintshale and sandstone; *6* = Middle Triassic dolomite, and limestone alternating with dolomite; *7* = Tertiary and Quaternary sediments.

Daranyl의 저서 속 Aggtelek 카르스트지역 지질분포도

2차생성물의 변성광물인 brushite화는 광물학적 연구가치는 있겠으나 경관상으로는 회손에 가까운 적갈색을 띠어서 관광객에게는 그리 호감을 살 수 없다. 그래도 석회화단구와 제석소, 종유석과 석순과 석주, disk형의 류석벽 등 특색 있는 동굴관광자원이 많은 편이나 동굴방패나 수중동굴퇴적물(subaqueous deposits)의 빈약함은 아쉬움을 남긴다.

한편 남부의 카르스트지역은 지역 북부의 Uppony에서 동쪽의 Miskolc 남쪽의 Eger를 연결하는 삼각지 내에 우수한 카르스트지형이 나타난다.

03_ Mecsek 산지의 카르스트지형

헝가리 제3의 카르스트지역은 남부의 Danube강 우안 가까이에 발달한 Mecsek 산지 카르스트지역이다. 북쪽의 Komló에서 남쪽의 Pécs에 이르는 20km이며 이 사이에 분포한 석회암과 백운암에 카르스트지형이 발달하였다.

이곳에서 100km 떨어진 남쪽 루마니아 국경 가까이에도 카르스트지형이 발달하는데 그 규모는 매우 작으며 Villány 서쪽으로 5km의 너비로 약 30km의 길이로 발달하였다.

04_ 세계적으로 특색 있는 동굴과 온천의 도시 Budapest

Budapest는 시역의 규모가 동서 남북 최대 30km인 불규칙한 환상 도시이다. 이 도시는 세계적으로 유례가 없는 도시이다. 시역에 자그마치 127개소의 크고 작은 온천이 산재한 온천의 도시일 뿐만 아니라, 이들 온천의 용출과정에서 Buda 지하에 펼쳐지는 중생대 초 Triassic system에 퇴적된 석회암과 백운암을 용식하여 지하에 무수한 공동(空洞)을 형성하였다는 사실이다.

Budapest는 동서양을 연결하는 길목에 입지한 나라의 수도로서 수많은 전쟁을 겪었고 시가 포위공격을 받은 기록만도 32회에 이른다. 이처럼 엄청난 전화(戰禍)를 입은 도시였으나 최대의 피해는 제2차 세계대전의 피해였다. 그런데

전화(戰禍)를 입을 때마다 Budapest 시민을 지켜준 피난처는 지하의 석회암동굴이었다. 제2차 세계대전 중에는 군사작전 지휘소와 야전병원 심지어 교회까지 지하에 설치되었고 많은 시민들이 지하도시에 거주한 사실은 Budapest대학교 지하도시 연구가인 타마스 메조스 교수의 증언으로 밝혀졌다.

이 역사상 유례 없는 지하의 고고도시(考古都市)에 수많은 문화유산들이 비장(秘藏)되어 있을 것이며 앞으로의 지속적 연구로 많은 놀라운 사실들이 밝혀질 것으로 예상된다. UNESCO가 관여하는 동굴탐사와 이에 따른 유적개발을 기대해 본다.

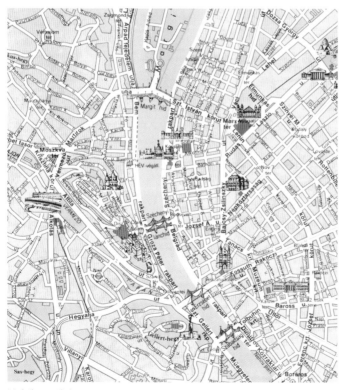

부다페스트 시가도

I. 스웨덴의 카르스트지형

01_ Gotland섬의 카르스트지형

Baltic해에 자리한 스웨덴 최대의 섬 Gotland는 Slurian system의 모식지이다. 예전에는 통상 고생대 전기인 Ordovician과 Silurian기를 합하여 Gotlandian system이라 불렀으나 오늘날에는 Silurian system에 해당하는 지층에만 극한하여 사용하고 있다.

따라서 Gotland섬은 고생계 중기에 퇴적한 석회암과 백운암이 풍부하며 이를 기초로 훌륭한 karst지형이 발달하였다.

저평한 평야지대에는 용식와지(溶蝕窪地) doline가, 주변의 산지사면에는 용식에 저항하여 남은 암골의 노두 karren이 발달하며, 지하에는 종유동굴이 발달하였다.

스웨덴과 노르웨이, 핀란드의 카르스트지형
1. Gotland섬의 카르스트지형
2. Abisko 한지카르스트지형
3. Rapakivi 화강암 원산지

02_ Abisko 국립공원의 카르스트지형

스웨덴의 극북지방, 노르웨이 국경 가까이에 동서로 가로놓인 Ormetrask호가 있고 그 호수의 남쪽 산지를 중심으로 Abisko 국립공원이 입지한다. 이곳은 극지사막형 한지카르스트지형이 나타나는데 캐나다의 Rocky 산맥 중에 발달한 Nahanni 국립공원 카르스트지역과 대비된다. 뿐만 아니라 밤하늘을 수놓는 오로라 현상이 곁들어 있는 환상적인 국립공원이다.

Abisko 국립공원의 카르스트지형을 살펴보면, 석회암의 수평층을 굴식한 협곡과 이들 수평층이 조폭층(造瀑層)을 이루어 아름다운 연폭(連瀑)을 만들고 있으며 강안절벽 위에는 빙식작용과 용식작용으로 생성된 호소군과 석회암동굴 등이 발달하였다.

J. 기타 유럽 국가의 카르스트지형

01_ 우크라이나의 카르스트지형

우크라이나에서는 험준한 서부산악지대인 Volyn-Podolian 대지와 루마니아와 몰도바의 접경인 Bukovina 및 Dniester 계곡에 발달한 하안단구를 기초로 카르스트지형이 발달하는데 특히 중신세의 석고층을 바탕으로 경이적인 카르스트지형이 발달하였다.

이들 gypsum karst의 연구는 Alexander Klimchouk에 의해 이루어졌으며 그는 다음과 같이 석고카르스트지역을 구분하였다. 첫째는 감입곡류천에 의해 깊이 개석된 견고한 절벽에 둘러싸인 하안단구(river terrace) 면에 발달한 entrenched karst, 둘째는 계곡 아래의 하간지에 발달한 subjacent karst, 셋째는 깊고 평탄한 하식단애(河蝕斷崖) 아래의 평탄한 석고층을 기초로 발달한 deep seated karst와 subjacent karst 로 나누었다.

이 밖에도 견석고 지층에 용식에 의해 낭상으로 얼키설키 발달한 석고동굴로서 Ozenaya 동굴, Kristal Naya 동굴, Slavka 동굴, Mlynki 동굴, Zolushka 동굴과 215km의 연장으로 세계 3위를 자랑하는 Optymistychna(Optimisticeskaja) 동굴 등이 유명하다.

02_ 오스트리아의 카르스트지형

오스트리아의 카르스트지형은 스위스와 동일하게 Alps 산맥을 중심으로 한 고산카르스트(hochkarst)이다. 오스트리아의 카르스트연구가 F. Bauer과 J. Zötl에 의하면, 국토의 중심부를 동서로 가로지르는 중부 Alps 산지가 오스트리아 최대의 카르스트 발달지역이다.

다음은 슬로베니아와 국경을 같이하는 Souter Alps 카르스트지역인데 서쪽에서 동진하며 Lienzer dolomite karst, Gailtaler Alps, Villacher, Karawanken 등 카르스트지역이 순차적으로 발달하나 규모는 중앙 Alps에 비하면 작다.

대체로 카르스트지형을 발달시킨 석회암과 백운암은 중생대 초의 Triassic system과 중기인 Jurassic system이며 층후는 1,000~1,500m의 암회색 내지 흑회색 석회암으로 약 1만 년 전 Würum 빙기가 극적으로 후퇴하며 남긴 삭마지형과 현세의 용식지형이 공존하는 특징이 있다.

한편 Robert Bouchal과 Josef Wirth가 저술한 『Österreichs faszinierende Höhlenwelt』를 보면, 오스트리아의 동굴을 42개소가 행정구역별로 지도상에 표시되어 있는데 Burgenland에 1개, Kärnten에 5개, Niederösterreich에 10개, Oberösterrich에 5개, Sarzburg에 6개, Steiermark에 10개, Tirol에 4개,

Vorarlberg에 1개, Wien에 1개 등이다. 이들은 중탄산칼슘용액에 의한 2차생성물(speleothem)과 얼음동굴 등 아름다운 동굴퇴적물들을 아낌없이 소개하고 있다.

03_ 알바니아의 카르스트지형

알바니아의 카르스트지형 연구는 많은 카르스트지형학자와 관심 있는 소장 학자들에 의해 활발히 이루어졌기 때문에 저서와 논문 등 많은 문헌들이 발표되었다. 그중에서도 저명한 카르스트지형학자 Gunn, J. Gams, J. Gillieson 등의 저술한 무게 있는 논문과 저서들이 주목을 받고 있다.

알바니아는 국토면적이 28,784km²에 인구 3백만의 작은 나라이며 발칸반도 서쪽에 자리 잡은 Adria해로 출입하는 관문적 위치에 입지한 나라이다. 전 국토면적의 거의 절반에 해당하는 지역에 용해성 암석인 석회암과 백운암이 분포하며 따라서 카르스트지형은 어디에서나 관찰되는 일반적 지형이다. 석회암은 주로 중생대에 퇴적한 것이다.

주요 카르스트지역은 북부의 Valbona 일대와 남부의 Progonat와 Golem 그리고 Gjirokaster 일대, 중동부의 Mali me Gropa, 중부에 자리 잡은 수도 Tirana와 그 남쪽의 Kavaja 및 Elbasan, Dumre, Tomor, Korca 등 거의 전국에 고르게 분포되어 있다.

이들 카르스트지역에는 용식 오목지형과 용식에 저항하여 남은 볼록지형 그리고 지하에 발달한 용식과 동굴류의 침식 및 중탄산칼슘용액에서 재생산된 2차적생성물인 동굴퇴적물(speleothem)이 다양한 형태로 화려하게 발달되어 있다. 빙식과 용식에 의한 첨봉과 수평층의 발달 또한 현저하다.

04_ 불가리아의 카르스트지형

불가리아는 우리나라보다 국토면적이 1만km² 남짓 크며 인구는 우리나라의 6분의 1 정도이다. 루마니아, 터키, 그리스와 국경을 접한 흑해 연안에 자리 잡은 나라로 국토의 약 1/4 이 탄산염 암석이며 카르스트지형이 발달한 Varana 지방의 Chepelare에는 카르스트박물관이 있다.

중생계의 석회암과 백운암을 바탕으로 한 빙하의 삭마지형이 특징인 Vitosha 국립공원은 경관이 수려하여 하이킹을 주로하는 등산객과 방문객이 많고, 지하에는 석회암동굴과 2차적생성물이 화려하여 관광개발된 동굴도 많다.

카르스트 지표지형은 Varna 서쪽 25km에 자리 잡은 Varna호와 연속된 서쪽의 Beloslav호 서안의 Devnya 계곡 서부에 전개되는 Doburuja 대지 남사면의 넓은 대상지에 훌륭한 발달상을 보이며 특히 30여 개소의 카르스트 용천(湧泉) 샘물은 Devnya와 Beloslav호 주변 공장의 공업용수로 사용된다.

05_ 폴란드의 카르스트지형

폴란드는 우리나라 국토면적의 3배를 넘지만 인구는 우리나라보다 약간 적은 나라이며 Baltic해에 면한 북부유럽 대평원상에 입지해 있다. 산지와 깊은 하간지는 주로 체코와 슬로바키아 국경에 가까운 남쪽에 있으며 이곳에 카르스트지형이 발달되어 있다.

즉 카르스트지형은 남동부의 Lublin 고원과 남부의 Silesia 고원을 중심으로 원생계 상부에서 고생계 하부에 걸쳐 변성작용을 심하게 받은 지향사 퇴적물로서의 탄산염암 지역을 중심으로 발달하였다. 지질학자인 J. Glazek, T. Dabrowski, R. Gradzinski에 의해 연구되었다.

그중에서도 Holy Cross 산지와 Silesia-Cracow Upland가 주요 지역인데 상부 Devonian system의 탄산염암으로 층후 500m에 500km²인 넓은 지역에 걸쳐 다양한 형태의 카르스트지형이 발달하며 부분적으로 삼첩계와 쥐라계의 석히암에도 카르스트지형이 발달한다.

06_ 체코의 카르스트지형

체코의 카르스트지형 발달은 대체로 미약한 편인데 서부의 Karpatya 산맥에 침식에 저항하여 남은 불완전한 카르스트지형이 산발적으로 발달하였다. Moravian karst와 Bohemian karst로 양분되며 지표지형보다 지하의 석회암동굴 발달이 알려졌으나 2차생성물의 발달상은 미약하다.

07_ 슬로바키아 공화국의 카르스트지형

슬로바키아의 카르스트지형 발달은 비교적 넓은 범위에 걸친 것으로 알려져 있다. 주로 Nizketatry 국립공원 대상지에 치우쳐 발달한 것으로 알려져 왔으나 이들 대상지(台狀地) 외에도 남동부 Torysa강 연안도시 Košice를 중심으로도 모식지가 발달한다.

카르스트지형 연구는 20세기 초 Sawicki에 의해 시작되어 전후에는 Láng과 Seneš 및 Lukniš의 연구 등으로 이어져 왔다. 옛 체코슬로바키아는 1999년 1월 1일 합의에 의해 평화적으로 체코와 슬로바키아로 분리독립하였다.

VI. 아프리카의 카르스트지형

01_ 마다가스카르의 pinnacle karst

마다가스카르는 우리나라 남북한을 합친 면적의 2배 반보다도 약간 큰 세계에서 가장 큰 섬나라이다. 아프리카대륙 남동부 모잠비크해협을 건너 인도양 서부에 입지하였으며 국토면적은 587,041km², 인구는 약 1450만 명인 저개발국가이다.

이곳 마다가스카르에는 경이로운 카르스트지형이 발달하는데 바로 용식 잔존 볼록지형에 속하는 karrenfeld의 일종인 pinnacle karst이다. 그 규모가 세계 최대로 중국의 스린(石林), 말레이시아의 Gunung Mulu 국립공원보다도 훨씬 방대하다.

첫 번째 지역은 열대권에 속하는 북부의 Ampasindava만 동쪽에 입지한 Tsingy de l'Ankarana이며, 두 번째 지역은 중서부지방으로 18°17′~19°06′S, 44°36′~44°58′E에 입지한 Tsingy de Bemaraha 국립공원

마다가스카르 중서부 Tsingy de Bemaraha 국립공원에 발달한 pinnacle karst

이다. 이들은 모두 UNESCO 지정 세계의 카르스트 자연유산으로 등재되었다.

2013년 말 EBS 세계테마기행에서 Tsingy de Bemaraha 국립공원의 생생한 탐사 모습이 방영되었다. 필자는 직접 답사하는 기분으로 그 모습을 흥미롭게 감상하였다.

pinnacle karst 표면에 난 크고 작은 용식홈(溶蝕 溝), 즉 karren이라는 미세지형(微細地形)뿐만 아니라 차별침식(差別侵蝕)으로 풍화에 약한 이암층이 없어져 석회암 지층이 가로로 잘라낸 듯 낭떠러지로 변한 모습은 경이로움 그 자체였다. 무거운 짐을 지고 줄로 엮은 출렁다리를 건너가는 위태로운 모습에는 손에 땀을 쥐었다.

이처럼 기계적 침식에 강한 석회암이 야한 산성을 띤 빗물에 의해 송곳 같은 용식첨정(溶蝕尖頂)을 갖고 표면에는 미세지형인 용식홈, 즉 karren이 나타나는 카르스트지형이 바로 pinnacle karst이다.

아프리카의 카르스트지형
1. 마다가스카르의 pinnacle karst
2. 이집트 사막의 유존 석회암동굴
3. Danakil 함몰대의 위카르스트

02_ 이집트 사막의 유존 석회암동굴

2013년도 가을철로 기억되는데 EBS 방송에서 이집트 남부의 사하라사막에 있는 석회암동굴 Djara 석회암동굴을 방영한 적이 있다. 당시 화면을 보면서 기록한 노트를 찾지 못하여 기억을 더듬어 가며 서술하니 다소의 착오가 있더라도 양해 있기를 바란다.

카르스트지형인 용식 오목지형이나 볼록지형 또는 지하에 발달한 석회암동굴은 산성을 띤 빗물의 용식작용으로 만들어지는 것임으로 물 없는 곳에서는 카르스트지형이 성립되지 않는다. 그러나 고기후학(古氣候學)상 지난날의 습윤기후하에서 만들어졌다고는 가정할 수 있다.

사막에는 강수량이 거의 없는 절대사막이 있으며 이런 곳에는 카르스트지형 발달이 불가능하다. 따라서 사하라사막의 석회암동굴은 건조기후 이전에 습윤하였던 지난날의 고기후하에서 만들어진 일종의 유존동굴(遺存洞窟)이라고 볼 수 있다. 훌륭한 2차생성 경관의 발달도 지난날 고기후하에서 생성된 것이다.

카르스트지형학 일반론에서 물 없는 건조한 동굴을 '죽은 동굴(deth cave)'이라 칭하고 점적수나 동굴류가 풍부한 동굴을 '생동하는 동굴(live cave)'이라고 부르는데 물 없는 건조한 동굴의 2차생성물은 성장을 멈추고 퇴락하는 모습을 보여주는 것이 보통이다. 따라서 사하라사막의 유존 석회암동굴도 성장을 멈춘 지 오래되어 풍화되고 퇴색한 모습을 우리들에게 보여준다. 이는 학술연구상 고기후를 추리하는 데 시사하는 바가 크다.

03_ 사하라사막의 풍식 석회암지형

위의 EBS 방송과 관련하여 석회암의 풍식지형(風蝕地形)을 볼 수 있는 기회를 가지게 되었다. 석회암은 약한 산성을 띤 물에는 쉽게 용식(溶蝕)되는 성질의 암석이지만 기계적 풍화에는 매우 강한 암석이다. 하지만 사막에 노출된 석회암 지층은 풍식에 의한 특색 있는 경관을 보여주고 있었다.

수평층인 석회암 지층은 사막의 바람에 의해 경연의 호층이 선택침식(選擇浸蝕)됨으로써 순수한 석회암은 풍식에 저항하여 돌출하고 약한 셰일(shale) 같은 부분은 깊이 파여 들어갔다. 따라서 석회암 단애면이 톱날같이 불규칙한 모양을 가지게 되었다.

이집트의 서부사막(사하라사막) Farafra 저지에 있는 석회암 풍식지형으로 전형적인 버섯바위이다. 사막에서 발생하는 강한 바람은 모래를 날려 탑상 암석의 밑둥을 공격한다.

또한 고립된 구릉 표면은 염식(鹽蝕)에 의한 tafoni 현상이 나타나, 우리들이 생각하는 습윤기후하의 카르스트지형과는 근본적으로 다른 모습을 보여주었다. 마치 극한지(極寒地)의 유사카르스트지형인 열카르스트(thermo karst) 현상과도 비교되는 특수한 카르스트지형이었다.

Ⅶ. 오세아니아의 카르스트지형

A. 오스트레일리아의 카르스트지형

오스트레일리아 최대의 카르스트지형 발달은 Arnhem Land로 일컬어지는 북부 산지 남사면에서 시작하여 Tunami 사막 동부에 발달한 염각에 뒤덮인 Wood호, Tarrabool호, Sylevester호의 광대한 저지와 Tunami 사막 서부의 Hooker 말무천, Winneck 말무천 일대를 포함한 광대한 지역에서 볼 수 있다.

제2의 카르스트지형 발달은 오스트레일아 남부 해안의 Spencer만을 끼고 동쪽의 Lofty 산맥 서사면과 다시 Spencer만 건너편의 Eyre 반도를 중심으로 Torrens 염호 일대의 염각(salt crust)에 뒤덮인 황량한 지역에 펼쳐진다.

제3의 카르스트지형 발달은 서부 Swan강 하구에 입지한 Perth시를 중심으로 한 남북의 석회암지대에서 펼쳐진다. Perth시 북쪽의 사막지대 내 Nambung 국립공원에 있는 pinnacle karst와 Perth시 남쪽에 전개되는 Cave Wonderland의 때 묻지 않은 동굴군 등이 유명하다.

오스트레일리아의 카르스트지형
1. Nambung 국립공원의 pinnacle karst
2. Cave Wonderlands의 아름다운 동굴들
3. Shark만의 stromatolite
4. Great Dividing 산맥의 Jenolan 동굴군
5. Tasmania의 카르스트지형
6. Spencer만 일대의 카르스트지형
7. Arnhem Land의 카르스트지형

01_ Nambung 국립공원의 pinnacle karst

오스트레일리아 서부 최대의 도시 Perth에서 북쪽으로 조금 떨어져 있는 Nambung 국립공원은 일명 'Pinnacles Desert'라고도 불리는데 해안사막 위에 뾰족한 석탑들이 무한히 펼쳐지는 karrenfeld의 기이한 경관이 특징이다.

이곳의 석탑들은 pinnacle이 뜻하는 첨정(尖頂)형의 석회암 첨탑이 대부분이지만 때로는 둔정(鈍頂)형 rundkarren도 있다. 석탑에는 풍식(風蝕)과 염식(鹽蝕)에 의한 타포니(tafoni)현상

Nambung 국립공원 내 해안사막에 발달한 pinnacle karst

과 풍식혈(風蝕穴)들이 발달해, 방문객들은 pinnacle의 구멍으로 머리 또는 주먹을 내밀며 기념촬영을 하기도 한다. 사막 주변에는 제법 강수량이 있는 듯, 지하수의 모세관 현상으로 잔솔밭이 우거져 있다.

1658년 독일에서 발행한 지도상에 The North and South Hummock란 이름으로 처음 세상에 알려졌고, 1956년 오스트레일리아의 국토지리정보부가 국립공원으로 등재함으로써 유명세를 타게 되어 연간 해외관광객 15만 명이 찾는 유명한 국제적 광광지로 자리매김하였다.

Nambung은 이곳 원주민어로 굽었다는 뜻인데 극심하게 사행(蛇行, meander)하는 Nambung강에서 그 이름을 도입하였다고 전해진다. Perth에서 50km 북방에는 Yanchep 국립공원이 있고, Yanchep 국립공원 북방 112km에 Nambung 국립공원이 자리 잡고 있다.

02_ Cave Wonderlands의 아름다운 동굴과 2차생성물

오스트레일리아의 서부 Perth를 중심으로 한 남북의 석회암지대에는 자그마치 45개소의 크고 작은 동굴들이 알려져 있다. 특히 Leeuwin곶과 Naturaliste곶이 자리 잡은 대륙 남서단에는 석회암동굴들이 집중적으로 발달하며 제각기 아름다운 동굴퇴적물을 자랑한다. 이곳이 Cave Wonderlands이다.

Cave Wonderlands의 환상적인 동굴들은 Yallingup(Ngilgi) 동굴로 시작되며 그 남쪽으로 Mammoth 동굴, 바로 남쪽에 붙어 있다시피한 Lake 동굴, 다시 그 남쪽으로 Jewel 동굴이 있다. 특히 잔잔한 동굴호수에 천장에서 내려드리운 크고 작은 종유석이 수면에 반영된 모습은 관광객의 얼을 빼기에 충분하다.

또한 기괴하면서도 화려한 곡석(helictites), 종유석 말단부가 동굴호수에 잠겨 동굴호수에서 첨가증식된 bottle brush, 정육점에서 삼겹살을 얇게 썰어 걸은 듯한 bacon like sheets, disk형의 기형석순 등 아름다운 동굴퇴적물이 즐비하다.

이제부터 앞서 열거한 Cave Wonderlands의 4개 동굴을 Leeuwin곶이 있는 북쪽에서 남쪽으로 내려가며 차례대로 동굴가하저 입장에서 특색 있는 2차생싱물(speleothem)에 대해 살펴보기로 한다.

① Yallingup 동굴은 작고 아담한 동굴이며 Busselton에서 서쪽으로 32km 떨어진 Yallingup의 북동부에 입지한다. 현재는 Ngilgi 동굴이라고 한다. 1899년 길 잃은 Edward Dawson에 의해 우연히 동구가 발견되고 1900년 발견자의 생각에 따라 관광개발되었다. Yallingup이란 동굴명은 부근을 흐르는 작은 시냇물의 이름에서 유래하며, Aborigin어로 '사랑스러운 곳'이란 뜻이다.

특색 있는 동굴퇴적물은 포상종유석(bacon like sheets)으로, 아름다운 색조와 더불어 거치상의 drapery를 bacon 저변에 두르고 있다. 다음은 종유석 말단부가 농도 짙은 중탄산칼슘용액인 작은 pool 속에 잠겨 물속에서 첨가증식된 bottle brush이다. 수중첨가증식물(subaqueous deposit)인 brush 부분이 결정체로 이루어진 것이 이색적이다. 아마도 pool의 정온이 오래도록 지속된 데서 얻어진 결과인 것 같다.

그 외에도 문어바위(cave octopus), 곡석(helictites), 육중한 disk형의 거형석순, 방추형종유석 등 2차생성물이 다양하여 종합전시장을 방불케하는 아름답고 신비로운 동굴로 평가되며, 점적(點滴)이 활발한 생동하는 동굴이다.

② Mammoth 동굴은 이름이 시사하는 바아 같이 기대동 굴이다. 세계에서 사상 실고 거대한 521km의 연장을 가진 미국 켄터키주의 Mammoth 동굴에 버금간다는 뜻에서 붙인 이름일 것이다.

Mammoth 동굴은 1900년 Tim Connelly에 의하여 탐험되고 동굴계통(cave system)과 경관에 대한 조직적 연구가 이루어졌고 1904년에 관광개발되었다. 동굴의 생성연대가 오래되었으며 2차생성물은 퇴색하는 경향을 보여준다.

동굴 내에서 죽어간 많은 동물들의 유골이 2차생성물로 덮혀 있고 유적층은 고고학적 측면에서도 많은 과제들을 남기고 있다. 중요한 동굴퇴적물로는 퇴화되는 거대석주와 석순 그리고 기형종유석(erratic stalactites)을 들 수 있다.

특히 주목되는 것은 거대동방(grate gallery)에서 지반의 침하로 기울어져 가는 석순과 퇴색하는 석순뿐만 아니라 점적수가 낙하하는 곳에서 성장하는 미생석순과 퇴락하는 종유석 숲 속에서도 점적으로 신생하는 미생종유석이 공존하는 점이라 할 수 있다.

비교적 생동감은 적지만 그런대로 2차생성물로 채워져 가는 유석벽(flowstone wall)에 발달한 disk 윗면에는 정온한 동굴 속이지만 풍화작용이 진행되고 있고 disk면에는 약간의 검은 먼지들이 쌓이고 있어 나이 많은 노인의 모습을 보는 것 같다.

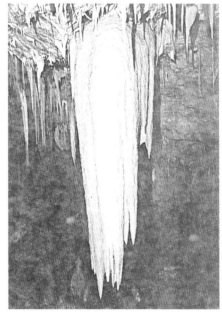

Cave Wonderlands를 대표하는 거대한 집괴형 종유석. 활발한 동굴퇴적작용이 이루어짐을 알 수 있다.

③ Lake 동굴은 동굴명처럼 동굴 내에 호수가 있으며 수위변화에 따른 호수 바닥의 석순과 수중첨가증식물이 보이고 천장에는 다양한 동굴퇴적물이 발달해 있다. 특히 작은 종유석들의 spike 현상과 호면에 비친 환상적인 반영은 내방객들의 탄성을 자아낸다.

호수동굴은 수직벽으로 둘러싸인 거대한 함몰 돌리네(collapse doline) 바닥에 입구를 두고 있다. 1890년 동굴탐험가 Tim Connelly와 두 친구에 의하여 발견되고 탐사되었다.

동굴 내에 는 다양한 형태의 2차생성물(speleothem)이 발달하였는데 그중에서도 지반의 침하로 중산부분이 비대칭적으로 절단된 석주는 동굴퇴적물 연구의 좋은 자료가 된다. 즉 석주의 절단면과 거기에서 재생산된 종유석은 단절의 시기와 지반침하의 방향 및 속도를 추리할 수 있는 열쇠가 될 것이다.

뿐만 아니라 거대한 prachute형 거대 유석(flowstone)의 석주화와 말단부가 수중에서 첨가증식된 기현상 등 놀라운 경관들이 많다. 이 밖에 순백의 calcite질 기형종유석과 helictite 등도 있다.

④ Jewel 동굴은 아담하지만 동굴의 이름처럼 매우 아름다운 보석과 같은 동굴퇴적물이 풍부하며 학술적 가치 또한 크다. Cave Wonderlands 중에서 가장 최근에 발견되고 개발된 청신한 동굴이다.

동굴탐험가 Lloyd Robinson과 Lex Bastian에 의해 탐사되었다. 수km의 좁은 통로를 악전고투 끝에 1958년 3월 동굴호수와 2차생성물로 가득 채워진 아름다운 동방을 발견하였다. 정밀한 설계하에 가장 합리적인 터널공사를 시행하여 입출입의 안전과 편리한 동굴 통로를 확보하고 관광개발하였다.

Jewel 동굴의 화려한 동굴퇴적물과 학술적 가치가높은 2차생성물을 소개하면 대략 다음과 같다. 한 쌍의 거형석순은 마치 미국 버지니아주의 Lulay 동굴을 연상케 하며, 추녀에 달린 고드름 같은 유석벽의 장적형(長笛形) 석주와 종유석은 호수면에 반영되어 아름답다.

동굴기류에도 부러질 것 같은 2m가 넘는 가냘픈 종유관(soda straws), aragonite 종유석 측면에 붙은 정교한 결정(結晶)들은 때로는 곡석(helictites)으로 변모하고 제3기 후기에 번성했던 척추동물의 골격화석은 완벽하게 보존되어 살아서 달려가는 듯한 모습이다.

이 밖에도 동굴류의 굴식작용으로 곳곳에 괴체침하(塊體沈下)현상이 일어나 많은 석순들이 기울어진 암반 위에 그대로 보존되어 있어 원래의 모습을 상상할 수 있다. 점적으로 calcite를 첨가하지 않은 만곡된 기형석순이 없다는 것은 침하의 역사가 오래되지 않았음을 입증한다.

03_ 서부 Shark만의 stromatholite

stromatholite는 남조류(藍藻類, cyanobacteria)의 광합성에 따른 분비물이 만들어 낸 생물 기원의 암석 bioherm limestone을 지칭한다. 다른 말로 cryptozoon이라고도 하는데 우리나라 마천령산맥에 풍부한, 석회암이 변성된 대리석인 대와권(大渦卷)석회암이 여기에 속한다.

stromatholite는 동심원상의 엷은 피막으로 난상구조(卵狀構造)의 둥근 암석이거나 연마 면이 태풍의

오스트레일리아의 서부 Shark만의 Hamelin Pool에 빌닐한 생불 기원의 암석 stromatholite

눈 주변처럼 회오리치는 무늬를 가진 와권(渦卷)상의 대리석이며 이는 원생계(Proterozoic group) 초 지구 대기의 산소 제조원으로 지목되어 왔다.

지구상 최대의 stromatholite 발달지역은 오스트레일리아 서부 Shark만의 Hamelin Pool이다. 조간대 (潮間帶)인 Hamelin Pool에는 수천의 개체들이 분포하며, 부근 천해(淺海)의 바닷속에서도 현재진행형의 크고 작은 stromatholite의 생성이 보고되고 있다.

Vinod Tewari와 Joseph Seckbach가 2011년에 출간한 『STROMATOLITES: Interaction of Microbed with Sediments』는 stromatholite 연구의 전문서로서 표지에 Shark만의 stromatholite를 보여주며 세계 도처에 넉넉하게 분포되어 있는 사례들을 모아 집대성하였다.

이 밖에도 1987년 일본방송출판협회가 발행한 NHK 지구대기행 2 "남겨져 있는 원시의 바다/오스트레일리아 서해안(殘されていた原始の海/オーストラリア西海岸)"가 대서특필되었는데 필자도 이 글을 읽고 stromatholite에 관심을 가지고 문헌을 탐색하게 되었다.

04_ Sydney 서쪽 150km에 자리 잡은 Jenolan 동굴군 답사기

필자는 2000년 7월 28일 Sydney 중심가의 호텔에서 택시를 대절하여 아침 9시에 90km를 달려 북북서 방향의 Mount Wilson에 들렀다가 바로 60km를 남서진하여, Mount Guduogang(1,290m) 능선 부근 동 쪽 사면에 발달한 Jenolan 동굴군 탐사길에 올랐다.

Jenolan 동굴군은 Jenolan 주굴 외에 개구부(開口部)를 달리 하는 Imperial 동굴, Jubilee 동굴, Chifley 동굴 등이 지근거리에 집중되어 있어 크게 기대를 하지는 않았지만, Great Dividing 산맥을 경계로 강수량에 따른 경관상의 다양한 문제점을 생각하며 입굴하였다.

예상 대로 지하수류의 발달이 미약하여 지질구조적인 인자가 동굴발달을 지배하고 있었다. 따라서 동굴 내부는 불규칙한 오르막과 내리막이 연속되었으며 동굴퇴적물의 발달상도 지하수의 극부적 삼투가 이루어지는 곳에 집중되는 경향성이 뚜렷하였다.

일반적으로 고도가 낮은 중사성(中山性)의 곡저부나 산지사면에 발달한 동굴은 지하수면의 하강적 발달의 영향을 받은 수평적 동굴발달이 나타나며, 시간과 공간적 환경조건에 영향을 받아 위로부터 하강적 증상구조를 이루며 상층일수록 2차생성경관이 화려하고 아래로 갈수록 미약함을 보여준다. 그러나 큰 산맥의 능선부는 동서사면의 기후적 차이가 현저하고 지하수의 발달조건 또한 미약하며 물의 영향력보다도 지질구조적인 조건에 지배되는 경향성이 뚜렷하기 때문에 2차생성 경관도 지질구조에 지배된 삼투수의 과다와 밀접하게 관련되어 있다.

가장 하위부에 발달한 Jenolan 주굴에는 단속적이고 미약한 동굴류가 존재했으며 빈약하지만 제석(rimstone)과 제석소(rimpool), 석회화단구(travertine terrace)도 일부 보였다. 또한 비교적 점적현상이 집중되는 곳에서는 소파상(小波狀)의 단상구조인 tier도 발달하였다.

Jenolan 동굴군에서 관찰한 2차생성경관을 종합적으로 기록하면, 불균등한 삼투수나 점적수의 영향으로 극지적 발달상이 현저하며 연속성이나 지속적 발달상은 관찰되지 않았다. 살아 숨쉬는 동굴현상보다 퇴색하는 동굴현상을 보여주고 있었다.

부분적으로 인식된 동굴퇴적물은 곡석(helictite), disk형 석순, 적백(赤白)이 잘 어우러진 독특한 현수상 종유석(bacone like sheets), gypsum flower, drapery, 석순 밑둥에 생성된 moonmilk이다. 점적의 빈도가 비교적 높은 곳에서는 미생석순(微生石筍)의 집중현상이, 점적의 빈도가 낮은 곳에서는 순백의 calcite 종유석의 왜소한 집중현상이 있었고 발등을 적실 만큼 동굴류가 있는 측벽에서는 미약하나마 scallop 현상도 인식되었다. 한없이 높은 수평층으로 된 천장에는 제법 점적의 속도가 느린 곳에서 수천의 작은 종유석 무리들로 구성된 spike 현상도 있었다.

05_ Tasmania의 카르스트지형

오스트레일리아 남동부 Bass 해협 건너에는 역심각형에 가까운 Tasmania섬이 있다. 이 섬의 북부 중심에 Mole Creek Karst 국립공원이 입지하는데 지표에는 카르스트 지표지형이, 지하에는 2차생성경관이 매우 아름다운 Marakoopa 동굴이 발달하였다.

석회암은 주로 Silurian system에 해당하며 Eugenana에는 석회암 채석장이 있다. 탄질이암(炭質泥岩) 속에는 포자화석이 산출되고 전체적으로 수평층으로 되어 있어 복잡한 구조운동을 받지 않은 것으로 N. kashima는 보고하였다.

B. 뉴질랜드의 카르스트지형

01_ Moheraki 해안의 공용알 같은 둥근 돌들

뉴질랜드 남섬 Central 지방의 Waitaki강 하구와 Dunedin시의 중간 지점에 Moheraki라는 작은 어촌이 있는데 이 어촌의 북쪽 사빈해안에는 괴이한 모습을 한 직경 2m 내외에 이르는 둥근 돌 덩어리 100여 개가 산재되어 있다.

조간대에 자리 잡은 이 괴이한 돌들은 마치 중생대의 거대한 공용알처럼 속이 비어 있어 갈라진 틈으로 관광객들이 들어가 얼굴을 내밀거나 거꾸로 두 다리만 내놓고 기념촬영을 하기도 한다.

이 돌들이 바로 지구 창생의 비밀을 간직하고 있는 stromatolite이다. 남조류(藍藻類, cyanobacteria)의 광합성에 따른 분비물로 만들어진 호상구조의 탄산염암이며, 이와 같은 생물 기원의 암석을 통상 bioherm이라 칭한다. stromatolite는 Pre-Cambrian 시대 이래로 생성되어 왔다.

우리들이 호흡하는 대기 중에는 질소 78%, 산소 21%, 그리고 기타 이산화탄소 수증기, 아르곤 등 미량 요소들이 포함되어 있는데 지구만이 가지고 있는 산소는 원시의 바다에서 남조류가 광합성을 하면서 만들어 낸 것으로 추정되고 있다. 따라서 이 돌들은 지구 생명의 근원과 탄생의 역사를 밝힐 수 있는 열쇠로 지목되고 있다.

이러한 stromatolite를 보려면 오스트레일리아 서부나 뉴질랜드 남섬을 가야 한다. 그런데 오스트레일리아 서부 중심부에 가까운 Sharks만의 Hamelin Pool에 가는 것은 많은 비용과 고온건조한 기후조건 등 여러 가지 고려할 점들이 많다. 하지만 뉴질랜드 남섬의 Moheraki boulder 관광은 접근이 용이할 뿐더러 쾌적한 기후적 조건을 가진 Southland 서부해안의 Fjordland와 빙하에 뒤덮인 Cameron 산지를 포함한 국립공원을 한데 묶어 관광하는 것은 비용절감의 효과뿐만 아니라 여러 가지 이점이 있을 것으로 생각된다.

뉴질랜드의 수도 Auckland대학에 교환교수로 1년간 체류한 경북대학교 고 조화룡 교수가 저술한 『뉴질랜드 지리 이야기』에 게재된 Moheraki boulder. 남조류의 광합성에 의한 분비물이 만든 탄산염암이다.

Rotorua 지열지대에서 분출하는 Geyser의 폭발 전후 사진으로 고 조화룡 교수가 촬영하였다.

02_ Rotorua 온천이 만들어 낸 석회화단구와 부상와지

　세계에서 가장 규모가 큰 터키의 Pamukkale 온천과 미국 Yellowstone Park의 온천이 만들어 낸 석회화단구(travertine terrace)와 부상와지(cauldron shaped hollow)는 세계적으로 유명하다. 또한 뉴질랜드 Taupo 화산지대의 Rotorua 지열지대도 세계적인데 Whakarewarewa의 Pohutu Geyser와 Waiotapu의 Lady Knox Geyser 등이 유명하다.

　간헐천(geyser)은 땅속 깊은 곳에서 뿜어올리는 암장수(magmatic water)가 탄산염암 지층을 통과하면서 중탄산칼슘용액(CaHCO$_3$)$_2$ 상태로 용출되는데 온천수의 과다에 영향을 받아 rimstone과 rimpool이 만들어진 것이 석회화 단구이다. 가마솥이나 욕조처럼 생성된 것이 부상와지이며 야외온천을 즐길 수 있다.

　이것 역시 카르스트지형이며 동굴 내에도 동굴 밖의 계류천에도 때로는 지하에서 용출되는 온천지대나 샘물로 용출되는 냉천지대 또는 동굴류가 동구(洞口) 밖으로 흐르는 곳을 가리지 않고 탄산염암 지질지대를 흐르거나 용출하는 곳에서는 흔히 나타나는 카르스트 현상이다.

VIII. 아메리카의 카르스트지형

01_ 캐나다의 카르스트지형

캐나다 국토는 빙상에 덮여 있는 영구빙설지역과 계절적으로 융해와 결빙을 되풀이하는 툰드라지역, 캐나디안 록키산지의 빙관빙하와 곡빙하지역이 대부분이다.

따라서 카르스트지형이 나타나는 곳은 국토 남동부를 흐르는 Saint Lawrence 강 하구의 Newfoundland섬이 대표적이다. 노바스코샤주, 5대호 북부연안인 온타리오주 남부지역 및 매니토바주 남부와 서스캐처원주 및 앨버타주 동부의 탄산염암 분포지역을 중심으로도 국지적으로 카르스트지형이 나타난다.

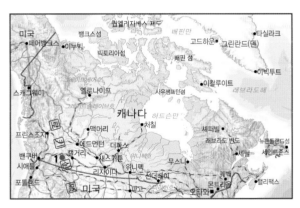

캐나다의 카르스트지형
1. Nahanni 국립공원의 카르스트지형
2. 점재적으로 넓게 분포하는 evaporite karst

지질학적으로는 다음의 지질지역을 중심으로 발달한다. Appalachian Orogen, Grenville Province, Superior Province와 Interior platform 지질지역 남쪽에 나타난다. Robert Bell과 Derek C. Ford와 Michaella McGuinness의 자료를 참고로 하여 그 대표적 발달지역을 살펴보았다.

01_ Nahanni 국립공원의 카르스트지형

캐나다의 북서부 Yukon Territory와 Northwest Territoriys 접경의 남단 Northwest Territoriy 지역에는 저명한 한지(寒地)카르스트지형이 전개된다. 세부적으로 살펴보면 Mackenzie 산맥과 Selwyn 산맥의 남

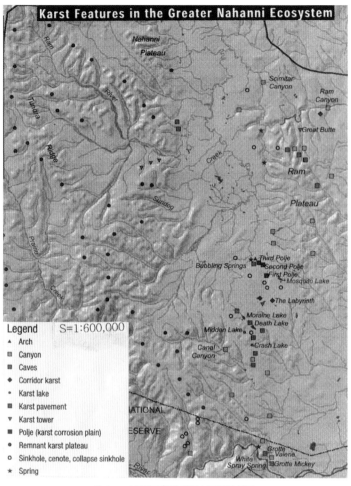

Nahanni 국립공원의 카르스트지형 분포

쪽 끝부분에 Nahanni 국립공원이 입지한다.

South Nahanni 강에 걸쳐 있는 Nahanni국립공원 남동부를 포함하여 북쪽 Ram Canyon과 Scimital Canyon의 남쪽에 전개되는 Ram 대지에 광대한 Ram 석회암지대가 펼쳐진다.

Ram 석회암대지의 크기는 대략 동서의 길이 10~20km, 남북의 길이는 60km이고 총면적은 800km²에 달한다. 대지를 개석하는 북동부의 Throat강, Dhadinn강, Johonson강과 대지를 남북으로 가르는 Root강에 의해 남부의 대지와 단속(斷續)된다.

단속된 남쪽의 대지는 다시 North Nahanni강, Ram강에 의해 단속적으로 이어지며 서부의 Witigley 강을 거쳐 South Nahanni 강에서 국립공원 내의 화려한 석회암동굴들과 만난다. 이곳에 Valerie 동굴, Mickey 동굴 등이 발달하였다. Ram 대지상에는 다채롭고 화려한 카르스트지형들이 제각기의 특성을 나타내며 펼쳐진다.

통상 arch라고 불리는 natural bridge(천연교)와 카르스트지형 순회답사를 위한 탐방로를 따라 걷다 보면 협곡과 동굴, 용식호와 빙하의 마식지형(磨蝕地形)인 limestone pavement, tower karst 및 거대한 용식와지(溶蝕窪地)인 polje 지형 3개소를 감상할 수 있다. 뿐만 아니라 시난날의 카르스트 유존지형(遺存地形)을 비롯하여 수많은 doline와 물로 채워진 cenote, 정호상(井戶狀) 함몰돌리네, 용천(湧泉)현상 등 카르스트지형의 종합적 관찰이 가능하여 꿈의 관광 및 연구의 마당으로 추천하고 싶다.

총체적으로 보아 Nahanni 국립공원의 카르스트지형은 영구빙설(永久氷雪)과 동토(凍土)지대에 전개되는 한지(寒地)카르스트지형이다. 카르스트지형학도들에게 학술연구상 천혜(天惠)의 관심대상이 되고도 남음이 있다고 생각한다.

02_ evaporite karst

1977년 이탈리아에서 개최된 제4차 국제지형학회의에서 발표된 Derek C. Ford의 논문 주제는 캐나다 카르스트지형의 주된 경관인 evaporite karst의 개념에 대한 것이었다. 그는 evaporite karst란 호수와 바다의 증발로 인한 잔류암, 즉 석고나 암염층에 발달하는 카르스트지형을 지칭한다고 하였다.

즉 evaporite란 호해의 증발로 남은 잔류암 또는 증발암에 대한 총칭적 용어이다. 탄산염암인 석회암과 백운암, 황산염암인 석고나 경석고, 나아가서는 암염층에 이르는 용해성 암석에 대한 총칭적 표현이므로 특별히 생각할 필요는 없고 우리들이 생각하는 보편적 카르스트지형으로 인식하면 족하다.

광대한 캐나다순상지(Canadian Shield)에는 Pre-cambrian group에 속하는 용해성 암석이 덮고 있어, 특색 있는 빙하의 삭마지형으로 limestone pavement, 함몰성 doline인 굴뚝이나 우물 모양의 cylinder형 돌리네 등이 발달해 있고 용해와 동결의 반복으로 생성된 thermo karst 현상도 나타난다.

Mississipian Windsor Group에 발달한 카르스트지형에 대해서는 Baird(1959), Sweet(1978), Roland(1982), Martinez와 Boehner(1997) 등 다수의 연구가 있다. 구체적으로 살펴보면 대략 다음과 같다.

Newfoundland 남서부와 Nova Scotia 북부 및 Cape Breton 섬과 New Brunswick와 Magdalen섬 등지에 evaporite karst가 나타나는데 특히 석고층과 암염층 등 증발잔류암 분포지역을 중심으로 evaporite karst 경관이 현저하다. 또한 온타리오주 Woodville 서부의 Simcoe 호안에서 동쪽으로 1,000km, 남북으로 800km에 걸친 광대한 지역에는 무수한 doline와 물로 채워진 doline, 용식호들이 산재되어 있으며 빙하의 영향을 받은 특색 있는 카르스트경관들도 나타나고 있다.

한편 이와 같은 사례는 러시아에서도 찾을 수 있다. 러시아의 Baikal호 북동부에 유역을 둔 바르구진(Баргузин)강 중류의 바르구진 마을에서 상류 쪽의 알라(Алла) 사이의 200km 구간에 전개되는 바르구진스카야 돌리나는 분명 증발성잔류암인 evaporite karst이며 러시아에서는 까르스토바야 돌리나(Карстоая долина)로 부른다.

B. 미국의 카르스트지형

카르스트지형학적으로 세계에서 가장 쓸모 있는 큰 나라는 미국과 중국이다. 그러나 중국은 지난 수세기 동안의 부패와 봉건왕조의 무단정치로 근대화에 뒤져, 카르스트 분야에서도 깊은 잠에서 깨어나기는 하였으나 아직도 초보적 단계에 머무르고 있다. 열심히 따라가지만 뒤처진 것을 만회하기란 그리 쉬운 일이 아니어서 마치 황무지를 개척하는 기분으로 카르스트지형 연구에 박차를 가하고 있는 실정이다.

반면에 선진국인 미국은 현재 세계 카르스트지형 연구를 주도하고 있다. 우리나라와 같은 작은나라에도 석회암은 어느 시도에나 분포하고 있지만, 미국은 모든 주에 넉넉하게 탄산염암이 분포하고 있을 뿐만 아니라 그동안 충분히 깊이 있는 연구도 진행되어 카르스트지형 연구에서 선두를 달리고 있다.

미국의 카르스트지형은 Appalachia 산맥 주변의 펜실베니아주, 버지니아주 서부와 산지 서사면의 오하이오주, 켄터키주, 테네시주에 집중적으로 발달하며 중부 미시시피주와 그 남쪽의 아칸소주 그리고 서부 대평원의 사우스다코타주 및 특색 있는 플로리다주에서 괄목할 발달상을 보인다.

미국은 카르스트 지표지형인 오목지형과 볼록지형 연구는 물론이요 지하에 비장된 동굴의 연구에서도 주도적 연구실적을 올렸다. 뿐만 아니라 동굴의 관광개발도 세계의 효시를 이룰 만큼 학문적 체계를 완성시켰는데 그 사례가 Mammoth 동굴의 관광개발이다.

01_ 켄터키주 남동부에서 테네시주 동부에 이르는 미국 최대의 카르스트지역

Mississippi강은 St. Louis에서 1차지류인 Missouri강과 만나고, 다시 200여 km 하류에서 또 다른 1차지류인 Tennessee강을 만난다. 이 Tennessee강은 북쪽에서 남류하는 Wabash강과 서류하는 Ohio강의 무수한 2차지류 3차지류를 합하여 Mississippi강에 합류한다.

Tennessee강의 유역은 Appalachia 산맥의 서사면과 Michigan호 남동부의 광대한 지역이 포함되며 홍수와 가뭄 등 자연재해가 빈발하던 지역이다. 1930년대에 TVA(테네시강 종합개발계획)가 수립되고 거대한 지역개발이 이루어짐으로써 세계적 지역개발의 효시가 되었던 곳이다.

역내는 광대한 석회암과 백운암 발달지역으로 댐 건설에 여러 가지 문제점들이 발생하였으나 성공적인 개발로 인해 제기된 문제들은 기우로 종결되었다. 거대한 Kentucky호, Barkley호 등을 형성하는 22개의 다목적댐 건설로 지역경제는 활성화되었다. 홍수조절과 수자원 확보로 가뭄과 용수문제 해결, 거대한 전력 생산, 내륙수운의 활성화로 운송비 절감, 내수자원(양식수산업) 조성 및 관광산업의 활성화, 호안에 건설된 공업지대 등 실로 눈부신 지역개발의 효과가 나타남으로써 세계적 지역개발의 기준이 되었다.

이로 인해 수몰된 오목지형과 호수로 변한 오목지형, tower karst의 수상기경, 수몰된 동굴과 동굴호수

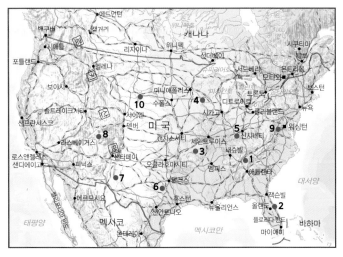

미국의 카르스트지형
1. Kentucky 남동부에서 Tennessee 동부지역
2. Wisconsin 후빙기 해면상승과 Florida 반도
3. Missouri 남서부와 Arkansas주 북부지역
4. Minesota 남동부와 Wisconsin주 남부지역
5. Indiana주 남동부와 Ohio주 서부지역
6. Texas주 남부에 펼쳐지는 카르스트지역
7. New Mexico 주 남부의 카르스트지역
8. Arizona주 북동부의 카르스트지역
9. Virginia주의 Luray 동굴 카르스트
10. South Dacoda 주의 동굴카르스트

등 예상되는 새로운 문제들은 후진들의 연구과제로 남겨두기로 하고 여기서는 현실적인 카르스트지형을 살펴보기로 한다.

역내에는 다양한 형태의 용식 오목지형과 용식에 저항하여 남은 용식잔존 볼록지형이 고원면이나 산지 사면 또는 하안단구 면에 밀도 높게 발달한다. 지하에는 석회암동굴 수천 개소가 발달하며 그중 개발된 것으로는 591km의 길이로 세계의 최장동굴로 등재된 켄터키주의 Mammoth 동굴, 177km의 길이로 세계 제7위인 Fisher Ridge 동굴, American Cave Museum과 Hidden River Cave, 테네시주의 Appalachian Cavern과 Cumberland Cavern 등이 유명하다. 이처럼 다채로운 지표지형이 발달하여 명실 상부한 미국 최대의 카르스트지대를 이루고 있다.

02_ Wisconsin 후빙기의 해면의 상승으로 인한 특수 카르스트현상의 Florida 반도

플로리다주는 북서부의 극히 적은 모퉁이를 제외한 155,000km²의 전 지역이 크고 작은 용식호(溶蝕湖)와 저습지(低濕地)를 이루며 동굴 발달이 극히 적은 특수 카르스트지역에 해당한다. 여행 중에도 지반의 함몰현상을 목격하는 특색 있는 카르스트지역이 Florida 반도이다.

이는 Wisconsin 빙기 동안에 물이 순환체계를 이탈하여 고위도지방이나 고산지대에 얼음이나 눈의 형태로 가두어짐으로써 상대적으로 해면이 하강하였을 때 진행되었던 카르스트지형이 Wisconsin 후빙기의 해면의 상승으로 용식와지(溶蝕窪地)가 호소 또는 저습지가 된 것이다.

동굴로는 주 북서부의 Florida Caverns State Park가 알려져 있을 뿐, 카르스트지형 연구상 지반의 침하로 인한 재해와 관련된 많은 문제점들을 나타내는 특수 카르스트지역으로 카르스트지형 연구가와 현장을 찾는 탐방객들의 관심사가 아닐 수 없다.

03_ 미주리주 남서부에서 아칸소주 북부에 걸친 카르스트지역

이곳은 Mississippi강 우안에 집중적으로 발달한 광대한 석회암과 백운암 발달지역으로 카르스트지형 발달 또한 일반화된 지역이다. 따라서 수많은 특색 있는 카르스트 지표지형뿐만 아니라 지하의 석회암동굴 수천 개가 발달해 있는데 이름 있는 석회암동굴은 20여 기가 된다. 그중에서도 Mark twain 동굴, Onondaga 동굴, Cathedral 동굴, Meramec 동굴, Talking rocks 동굴이 유명하다.

이 지역처럼 지표지형으로서의 와지지형 발달이 좋을수록 동굴 발달이 현저한 것은 카르스트 와지의 집수기능과 sinkhole을 통한 배수기능이 암석학적으로 원활하기 때문이다.

04_ 미네소타주 남동부와 위스콘신주 남부의 카르스트지역

이 지역은 아이오와주 동반부와 일리노이주 북부에 연결된 석회암과 백운암의 집중적 분포지역이며 카르스트 지표지형과 지하의 동굴지형 등 카르스트지형이 종합적으로 발달해 있다. 저명한 동굴로는 미네소타주 남동부의 Niagara 동굴, 위스콘신주 남동부의 Cave of the Mounds, 아이오와주 동부의 Crystal Lake 동굴 등이 있다.

05_ 인디애나주 남동부와 오하이오주 서부에서 켄터키주 북부에 이르는 카르스트지역

아주 넓은 범위에 걸쳐 석회암과 백운암이 발달하며 인디애나주에는 카르스트 지표지형이 훌륭한 발달상을 보인다. 다른 지역에 비해 많은 카르스트지형 연구성과가 집적되어 있는곳이다.

인디애나주 The Garrison Chapel 카르스트지역의 지형도를 보면 북동부에서 남동방향으로 거대한 카르스트계곡이 발달하였는데 그곳에는 거대 용식와지가 발달해 있고 와지 내에 수많은 doline가 있다.

William D. Thornbury가 그의 저서에서 1mile²당 1,022개의 sinkhole을 계산한 곳도 바로 인디애나주 Orleans 남서부 지역이다.

저명한 동굴로는 Blue Spring Cave가 있는데 NSS73 Convention Guide Book에 하안단구상의 지형도와 함께 소개된 cave system 개념도는 동굴발달과 지표지형의 상관관계를 잘 나타내고 있다.

06_ 텍사스주 남부에 펼쳐지는 석회암지대와 카르스트지형

텍사스주 남부에는 석회암과 백운암이 넓은 범위에 걸쳐 분포하며, 중·북부지방에는 gypsum과 halite 등이 나타나고 evaporite karst 지표지형과 지하의 동굴지형이 잘 발달되어 있다. 그러나 동굴 발달은 텍사스주 중부에 집중되며 Caverns of Sonora와 Natural Bridge Caverns 등이 유명하다.

07_ 뉴멕시코주 남부의 석회암지대와 카르스트지형

뉴멕시코주 중남부에는 석회암과 백운암이 넓은 지역에 걸쳐 분포한다. 이들 암석의 동쪽 변두리에는 남북으로 협장하게 분포한 석고층과 암염층이 있는데 이곳에 특색 있는 evaporite karst 지형이 나타난다. 특히 아름답기로 소문난 Carlsbad Caverns와 Lechuguilla 동굴이 이 지역에 있다.

특히 주 최남단에 발달한 Lechuguilla 동굴은 길고도 아름다우며 다양한 동굴현상으로 세계적으로 널리 알려져 있는데 193km의 Lechuguilla 동굴 대탐사가 성공적으로 마무리됨으로써 뉴멕시코주는 더욱 유명세를 타게 되었다.

Lechuguilla 동굴이 처음으로 소개되어 세상을 놀라게 한 것은 1991년 3월 국제 지리학잡지『National Geographic』Vol. 179, No. 3에 화려하게 등장하면서다. 마치 그리스 신화에 나오는 아리아드네의 동굴처럼 193km에 달하는 거대한 동굴 계통도와 더불어 환상적인 종유석과 석순, 석주와 석주열, 디스크형과 수중퇴적물, 석고퇴적물, 풍선석(balloon stone), 비틀어지고 뒤틀린 곡석(helictites), 화형물(anthodite), 동굴진주(cave pearls) 등 매력적인 2차생성물(speleothem)들이 소개되었다.

지난날 동굴학계에 알려지지 않았던 수중곡석(subaqueous helictites)을 비롯한 놀라운 수중퇴적물(subaqueous deposit)도 호기심을 자극하였다. 이와 함께 산소통을 메고 생명줄을 풀면서 전진하는 집단 수중탐사 광경도 세인을 놀라게 하였다.

우리나라에서는 1992년 6월호 과학잡지『Newton』과 지리학잡지『GEO』9/10월호에 이 동굴이 소개됨으로써 한국민에게도 친숙한 동굴이 되었다.

08_ 애리조나주 북동부에 발달한 석회암지대와 카르스트지형

이 지역은 대체로 건조하며 특색 있는 카르스트지형이 나타난다. 동굴로는 Grand Canyon Caverns가 알려져 있다. 석회암 분포지역은 넓지만 카르스트현상은 부진하며, 연구할 많은 과제들을 안고 있는 카르스트지역이다.

09_ 버지니아주의 Luray 동굴

버지니아주 북동부에 자리 잡은 Luray 동굴은 아름다운 동굴퇴적물로 인해 한국사람들에게도 친숙한 동굴이다. 특히 동굴막장의 포상종유석(bacon like sheet)에서 아름다운 음색을 녹취하여 Stalacpipe Organ을 연주하는 속칭 피아노광장이 있다.

피아노광장 한 모퉁이의 샘물이 용출하는 샘가에는 한국전쟁에 참전하여 고귀한 생명을 바친 Virginia 출신 전쟁영웅들의 추모비가 세워져 있어 한국인 방문자들을 숙연하게 만든다.

10_ 사우스다코타주의 Jewel 동굴과 Wind 동굴

국가기념물인 Jewel 동굴은 218km의 연장으로 세계 제3위의 장굴(長窟)로 기록되었으며, Wind 동굴은 199km의 길이로 세계 제4위 로 기록되었다.

그러나 이와 같은 순서는 잠정적이다. 특히 개발도상에 있는 중국의 카르스트지형(岩溶地貌) 연구가 활발하게 진행 중이라 순위가 바뀔 가능성이 높다. Libo(荔波) 카르스트, Woolong(武隆) 카르스트, Tiankeng(天坑) 카르스트 등은 세계의 판도를 바꾸어 놓을 공산이 매우 크다.

11_ 대서양의 절해고도 버뮤다의 카르스지형 답사기

북대서양의 영국령 Bermuda에 쉽게 갈 길은 미국밖에 없어 '미국의 카르스트지형' 말미에 기록한다.

필자는 관광유람선 Horizon호(46,000톤)에 승선하여 1998년 7월 5일 맨해튼 55번가 88부두에서 오후 4시 39분 출항하여 7월 7일 오전 11시 버뮤다 북서부의 Royal Naval Dockyard에 정박한 이래 버뮤다의 수도 Hamilton을 7월 10일 밤 출항할 때까지 만 4일 동안 자유롭게 지형답사를 하였다.

Bermuda는 300여 개의 산호초석회암으로 이루어진 군도이고 이들 중 20여 개 섬이 유인도이다. 주도인 Bermuda를 비롯해 Saint George, Saint Davis, Somerset, Ireland 등 5개의 섬은 연육화되어 버스와 택시 등 교통에는 불편이 없었기 때문에 답사가 끝나는 대로 Horizon호에서 숙식하였다.

수도 Hamilton은 32° 18′ N, 64° 48′ W에 위치하며 멕시코만류의 영향으로 최난월인 8월의 최고기온 29℃, 최저기온 23.5℃, 누년평균 26℃, 최한월인 2월의 최고기온 19℃, 최저기온 15℃, 누년평균 17℃에 사계절 균등한 연강수량 1,300mm의 인간활동에 쾌적한 해양성기후지역이다.

거초(fringing reef), 보초(barrier reef), 환초(ring reef), 탁초(卓礁), 초원(礁原), 암초(暗礁) 등 예정된 산호초 답사는 일기불순으로 좌절되었지만 홍적세에 빙기와 간빙기가 되풀이되면서 발생한 해면의 승강

북대서양에 위치한 영국령 버뮤다
제도의 카르스트지형

운동은 이 지역의 카르스트지형 형성에 많은 영향을 주었을 것이다. 즉 해면이 낮았던 시기에 산호초석회암의 쇄설물이 doline 바닥에 침적하여 생긴 2차적 쇄설암을 기초로 접시형 분상지(pan shaped doline)를 비롯하여 와지지형들이 발달하고 평탄면에는 지표지형이, 산지사면에는 석회암동굴이 발달하였다.

지도에 보이는 Harrington Sound의 동쪽 산호초석회암에는 Crystal Cave, Walsingham Cave, Leamington Cave 등 용식동굴이 발달하였다. 공교롭게도 이들 동굴은 환초의 형태를 취한 육지로 둘러싸인 Harrington Sound와 Castle Harbour 사이의 저지대 구릉지를 중심으로 발달하여 기수동굴(brackish cave)의 성격을 띠고 있다. 동굴 내에는 물로 가득 채워진 깊은 호수가 형성되어 있다.

필자는 2차생성물의 발달이 가장 많다는 Crystal Cave를 지목하여 관람하였는데 입구부터 동굴호상에 부교가 설치되어 있어 왕복하며 동굴퇴적물을 살펴보았다. 호수 가장 깊은 곳의 수심은 18m이고 동굴퇴적물은 곡석(helictite)이 지배적이었다.

동굴천장을 가득 메우고 있는 고밀도로 발달한 아름다운 종유석 무리들이 호면에 반영된 모습은 문자 그대로 동화 속 환상의 세계였지만, 아쉽게도 이 동굴은 석순 발달이 불가능한 동굴이었다. 하지만 필자는 동벽의 notch를 찾아 미생석순(微生石筍)과 짧은 석주가 생성되고 있음을 확인하였다.

앞으로 동굴진화는 공간적 제약성으로 인해 확대될 가능성은 적다. 다만 종유석의 성장이 수면에 도달하면 수중첨가증식에 의한 bottle brush가 생길 수도 있겠지만 동굴호수의 수심이 깊고 기수호(brackish lake)여서 칼슘용액의 농도가 낮아 그 또한 가능성이 적다.

특기할 바는 섬 주변의 해안선에 산재한 파식동굴 또한 용식되기 쉬운 산호초석회암이기 때문에, 비교적 고도가 있는 파식동굴 오부에는 기이한 형태의 부가증식된 종유석과 파랑에 의한 훼손 등 양면성을 지닌 calcite질 2차생성물의 퇴적이 가능할 것으로 전망된다.

C. 중앙아메리카의 카르스트지형

01_ 유카탄 반도의 cenote 카르스트

유카탄 반도는 20세기 초부터 세계적 카르스트지역 중 하나로 취급될 만큼 카르스트지형 발달이 우수한 지역으로 카르스트지형이 종합적으로 잘 발달하였다. 특히 이곳은 cenote 모식지로 세상에 알려져 있는데 doline의 일종이며 역깔때기형에 속하는 foibe와 cenote karst는 일맥상통한다.

cenote karst는 해면이 현재의 해수면보다 120m 낮았던 Wisconsin(Würum) 빙기 동안에 하안단구면이나 낮은 대상지(臺狀地)에 발달한 doline와 sink를 통하여 연결되어 있던 지하의 동굴이 후빙기 해면의 상승으로 물로 충전됨으로써 역깔때기형으로 현존하게 된 doline 와지이다.

cenote는 대부분 물로 채워진 정호(井戶)상의 수직굴로 이루어지며 땅속에는 옛날의 동굴계통을 그대로 유지하며 물로 가득 찬 동굴이 존재한다. 화려한 동굴퇴적물 또한 물속의 정온(靜穩)과 더불어 그대로 유지 보존되는데 대표적인 동굴로는 미국 뉴멕시코주의 Lechuguilla 동굴을 예로 들 수 있다.

이와 같은 사례들은 중앙아메리카를 비롯하여 미국의 Florida 반도와 열대수역의 산호초석회암지역에서도 관찰되는데 주로 연안부나 100m 이하의 도서지방 또는 평야지대나 저습지대를 중심으로 발달하며 높은지대에 발달하는 사례는 거의 없다.

02_ 멕시코 Golondrinas 수직동굴의 경이

Sótano de las Golondrinas(제비동굴)는 평균직경 50m에 깊이는 376m인데 아래로 내려가면서 점점 넓

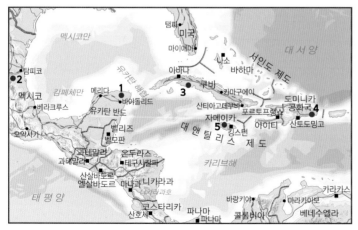

중앙아메리카의 카르스트지형
1. Yucatan 반도의 cenote 카르스트
2. 기이한 수직동굴 Golondrinas
3. 쿠바의 mogote karst
4. 도미니카의 Haitises 카르스트
5. 자메이카의 카르스트

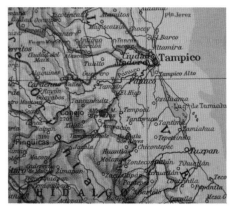

Golondrinas 수직동굴의 위치와 모습

어져 바닥의 면적은 자그마치 축구장 넓이의 3배에 이르는 일종의 역깔때기형 doline, 즉 foibe이다. 바닥에는 제비를 닮은 칼새와 녹색의 앵무새 수만 마리가 배설한 guano 언덕이 있다.

이 수직동굴은 멕시코 중부의 Reserva de la Biosfera Sierra Gorda 자연보호구 북동 모퉁이에 있는 1,000m에 이르는 산지에 입지한다. 고도는 849m이다. 수직동굴 개구부는 북서부에서 남동부로 약간 장축을 두고 있으나 대체로 둥글다. 주변일대는 석회암의 용식지형 발달로 불규칙하며 거친 지면이 펼쳐진다.

성인을 카르스트지형학적으로 추리하여 보면 지하의 거대한 공동 천장부의 함몰로 생겼으며 중국의 Tiankeng(天坑)과 톈성싼챠오(天生三橋)와 비교하여 생각하면 무난하게 생성 원인을 알 수 있다. 특히 아래로 내려가면서 넓어진다는 것은 공동의 함몰이 지하에서 진행되었음을 시사한다.

천창(天窓), 즉 karst window의 생성은 제비동굴 최후의 붕락(崩落)으로 믿어지며 수직굴 바닥의 조분구(鳥糞丘) guano의 총량을 계산한다면 붕락의 시기도 추정할 수 있을 것이다. 또한 붕락한 쇄설물(碎屑物)을 제거하면 지하 동굴과의 연결도 가능하다고 생각된다.

03_ 쿠바와 자메이카 및 푸에르토리코에 널리 발달한 mogotes karst

mogote란 원래 스페인어에서 유래된 카르스트 전용 학술용어로서 용식에 저항하여 남은 일종의 볼록지형을 가리키는데 나라마다 그 명칭이 다양하여 혼란스럽다. 형태학적으로는 바가지를 엎어놓은 것 같은 모양, 베트남 사람들이 즐겨 쓰는 원추형의 대나무 고깔 모양이 특징이다.

열대습윤기후하에서 흔히 발달하는 mogote는 독일에서는 kegelkarst(원추카르스트), 동남아시아에서는 mogote, 말레이시아에서는 pinnacle karst ,중국에서는 쓰린(石林), 푸에르토리코에서는 pepino hill, 또는 목초용의 마른 풀 더미와 같다는 뜻으로 haystack이나 morne의 이름으로 부른다.

이와 같이 다양한 이름을 가진 mogote는 doline의 용식하강으로 비교적 불순물이 많은 석회암이나 백운암이 용식에 저항하여 남은 잔구(monadnock)이다. 열대호우의 우세(雨洗)지형으로 절벽에 가까운 급사면을 이룬다.

04_ 도미니카 Haitises 국립공원의 카르스트지형

거의 카리브해의 중심부에 자리 잡은 도미니카는 카리브해의 국가들 중 쿠바 다음으로 크지만 국토면적 48,734km²에 총인구 일천만 명의 작은 섬나라이다. 이 나라에는 우수한 카르스트지형이 발달해 있으며 유명한 Haitises 국립공원이 있다.

국토의 대부분은 석회암과 산호초석회암으로 덮여 있으며 바가지를 엎어 놓은 것 같은 mogote로 이루어진 언덕들이 넓게 분포되어 있다. 역깔때기형의 doline인 cenote와 해안 석회암동굴들은 아름다움을 더하여 준다.

얼기설키 뿌리를 내린 맹그로브 숲도 볼 만하며 내륙에는 석회화단구로 된 단상지와 줄줄이 얽힌 집체폭포(集體瀑布)들이 열대의 무더움을 식혀 주는 듯 물보라를 뿜어 낸다. 석회암동굴의 2차생성물과 더불어 소박한 동굴벽화, lagoon 등 동굴관광의 청량함은 오래도록 기억하게 될 것이다.

05_ 자메이카의 카르스트지형

자메이카는 카리브해 북쪽 우바 남쪽에 자리 잡은 국토면적 10,991km²에 총인구 260만 명의 작은 나라이다. 전국은 1:50,000지형도 20매로 구성되며 1:50,000지질도는 총 30매로 세분되어 있다. 국토면적의 대부분이 중생대 말인 백악기 이후의 산호초석회암으로 구성되어 있어 훌륭한 카르스트지형이 발달한다. 특히 mogotes karst가 유명하다.

이러한 카르스트 지표지형과 지하 동굴세계는 Alan G. Fincham이 저술한 『Jamaica underground the Caves, Sinkholes and Underground Rivers of the Island』를 통해 상세하게 소개되어 있다. 지표지형은 온통 바가지를 엎어 놓은 것 같은 이색적인 느낌을 주며 지하에 발달한 동굴도 수백을 헤아리고 진흙에 충전된 동굴도 많다. 강수량이 많아 지하의 동굴류와 호소 등의 발달도 많다. 그러나 열대권의 나라라 동굴퇴적물이 화려하지 않을 뿐더러 수중첨가증식 작용도 빈약하다.

D. 남아메리카대륙의 카르스트지형

01_ 브라질의 카르스트지형

브라질의 카르스트지형은 브라질 중동부에 펼쳐지는 Brazil 고원을 중심으로 전개되는데 그 유형은 크게 두 가지로 구분할 수 있다. 첫 번째는 탄산염암인 석회암과 백운암을 주구성 암으로 하는 카르스트지형이고, 두 번째는 비탄산염암인 규질사암(硅質砂岩)을 모암으로 하는 카르스트지형이다.

이들 지역의 카르스트현상은 특유의 지표지형과 지하의 농굴지형이 함께 나타나며 규모가 크다. 또한 세계적 경이로 주목되는 일종의 위카르스트(pseudo karst) 현상이 나타난다.

카르스트지형 발달은 거의 고원 중앙에 있는 행정수도 Brasilia를 중심으로 그 서부의 Goiás 주, 북동부의 Bahia주, 남동부의 Minas Gerais 주에 펼쳐지는데 이들 모든 지역에 Brasilia를 정점으로 방사상으로 하계망들이 발달하고 있

브라질의 카르스트지형
1. Bahia주 남부에서 Minas Gerais 주의 카르스트지형
2. Parana주 동부에서 Sao Paulo 주에 걸친 비탄산염암 카르스트
3. Sao Paulo와 Rio de Janeiro 배후산지의 카르스트
4. Minas Gerais 주의 탄산엽암 카르스트
5. Goiás주 남부에 발달한 탄산염암 카르스트

다. 북류하는 Parana강과 고원을 북동류하는 São Francisco 강의 무수한 지류, 동류하는 수많은 하천, 남류하는 Paranaiba강 상류의 수많은 지류들이 얼키설키 발달한 Brazil 고원의 중심에 Brasilia가 있는 것이다.

Brasilia 북방에는 1,309고지, 남쪽에는 1,283고지, 동쪽으로는 2,040고지, 1,500고지 1,600고지 등 고산준령들이 있다. 이들 험준한 산지 사이사이에 발달한 수많은 하천들이 고원면을 개석하며 흐르는데 심산유곡과 깎아지른 듯한 협곡의 하간지에 카르스트지형이 나타난다. 그러나 무인지대에서 오는 열악한 교통사정 등으로 연구대상지역을 눈앞에 보면서도 며칠의 악전고투 끝에 목적지에 도달하게 된다. Brazil 고원의 카르스지형은 실로 극지사막형보다도 더 접근이 어려운 subjacent karst 또는 entrenched karst로서 학자들의 끈기와 인내를 필요로 한다.

이제부터는 "A BRIEF INTRODOCTION TO KARST AND CAVES IN BRAZIL"(by A. Auler and A. R. Farrant)와 "KARST AREAS IN BRAZIL AND THE POTENTIAL FOR MAJOR CAVES – AN OVERVIEW"(by A. Auler) 두 논문에 의거하여 브라질의 카르스트지형을 대략 살펴보기로 한다.

브라질의 핵심 카르스지역은 Bambui, Bahia, Minas Gerais, Goiás이며 주구성암은 limestone, sandstone, quartzite이다.

1) Bahia주 남부에서 Minas Gerais 주에 걸친 카르스트지역

평균고도 1,000m 이상의 Montes Clalas 고원 일대의 탄산염암 분포지역은 고원에서 방사상으로 발달한 수많은 협곡지대의 강안절벽과 고원면에 발달한 카르스트지역이다. 지리적 장벽이 많은 지역으로 답사 및 연구상의 제약요소가 많은 지역 중 하나이이다.

2) Parana주 동부에서 São Paulo 주 중심을 관통하는 비탄산염암 카르스트지역

Purnas 저수지를 중심으로 한 대상지(台狀地)로서 평균고도 1,200m를 넘나드는 지역이다. 무수한 하천들의 개석으로 심산유곡을 이루어, 험준한 산지에 둘러싸인 난공불락의 요새 같은 entrenched karst와 깊은 계곡 아래의 subjacent karst가 중심을 이룬다.

3) São Paulo와 Rio de Janeiro 배후산지의 카르스트지형

거의 3,000m에 이르는 브라질 남동부의 산지 Serra da Mantqueira에 발달한 비탄산염암 카르스트이다. 임해도시에 가까운 이점도 있으나 고산준령과 깊은 협곡의 발달로 지형적 제약요소가 가장 많은 지역에 속한다.

4) Minas Gerais 주의 카르스트지역

브라질 남동부 Três Marias 저수지의 동쪽 험준한 산악지대에 발달한 카르스트지역으로, 비탄산염암 카르스트지역과 탄산염암 카르스트지역이 병행하게 발달하고 있어 양자의 비교연구가 가능한 지역으로 주목되고 있다.

5) Goiás주 남부에 발달한 비탄산염암 카르스트지역

Goiás주 남부의 브라질고원에 발달한 탄산염암 카르스트지역이며, 그 서쪽으로 비탄산염 카르스트지역이 대규모적으로 발달하여 비교가 가능한 카르스트지역이다.

이상을 요약하면 브라질의 카르스트지형은 Tocantins 강 상류의 수많은 지류와 San Francisco 강의 수많은 지류, Parana강 상류의 무수한 지류들에 의해 개석된 브라

Brazil 고원에서 보고된, 비탄산염암인 규석 사암지대에 발달한 동굴로 종유석과 석순의 경도가 6으로 매우 높다. 필자가 전남 화순 백학산의 영제굴에서 발견한 규석 종유석 또한 경도 6이었다.

질고원의 산지와 협곡지대에 발달하였다. 이들 카르스트지역은 인간이 발붙이기 어려운 원시적 자연지대로 인간의 거주지역도 교통로나 교통수단도 없어 접근이 매우 힘든 곳이다. 다시 한번 말하지만, 브라질의 카르스트지형학자, 지질학자, 동굴학자들의 탐험가적 정신과 희생을 필요로 하는 연구지역이다.

02_ 아르헨티나의 카르스트지형

남부 안데스산지를 중심으로 탄산염 카르스트지형과 Brujas 동굴에 대한 고환경을 기초로 한 연구와, San Juan Pseudo karst에 대한 연구는 있으나 멀리 우리나라의 대척점(對蹠點)에 위치한다는 취약점 때문에 쉽게 문헌과 연구성과를 접할 수 없다.

03_ 칠레의 카르스트지형

남태평양 연안의 장대한 나라 칠레에는 탄산염암 카르스트(carbonate karst)와 증발암 카르스트(evapolite karst) 및 카르스트지형과 형태학적으로 유사하면서도 전혀 다른개념에 속하는 위카르스트(pseudo karst) 지형이 안데스산맥 서사면을 중심으로 발달한다.

그중에서도 칠레 최남단의 항구도시 Puerto Montt 이남으로 전개되는 빙하의 삭마지형과 퇴적지형 그리고 무수한 fjord 협만의 경관은 Magellan해협에서 절정을 이룬다. 지난날 두터운 빙상에 뒤덮였던 석회암산지의 특색 있는 빙식 카르스트지형은 새로운 연구분야로 대두될 것으로 생각된다.

특히 Canadian Rocky 산중에 전개되는 한지카르스트 Nahanni와 더불어, 산도 높은 융빙수의 석회암 굴식작용으로 생성된, lava tunnel에 비교할 만큼 단조로운 빙하의 굴식동굴과 빙상 아래에서 조성된 석회암 수평층을 굴식한 천공(穿孔)지형은 놀라운 특수카르스트 현상이 아닐 수 없다.

E. 잠수부들의 무덤 blue hole은 빙하시대의 카르스트지형

끝으로 카르스트지형에 속하면서도 연천해(沿淺海)에 잠겨 있어 카르스트지형학자들보다 스쿠버다이버들이 관심을 기울이는 blue hole에 대해 살펴보기로 한다.

잠수부들에 의해 발견된 blue hole은 연근해 바닥에 존재하는 최소한 100~300m 깊이의 우물과 같은 원통형 해저 구멍을 지칭하는데 잠수부들은 통상 '잠수부들의 무덤'이라고 부른다. 그 이유는 많은 잠수부들이 이곳에서 실종되었기 때문이다.

blue hole의 성인을 지형학적으로 살펴보면, 홍적세의 최후빙기에 온난한 열대 · 아열대권의 석회암지대를 바탕으로 전개된 카르스트지형 발달로 형성된 수직굴 또는 원통상 돌리네 또는 함몰성 돌리네가 후빙기의 온난화로 해면이 상승하면서 오늘날의 연천해에 남게 된 일종의 천해저 수중 함정인 셈이다.

유럽에서는 뷔름빙기, 미국에서는 위스콘신빙기로 호칭되는 홍적세의 최종빙기가 극성을 부리던 약 7만 년 전부터 1만 년 전 사이에는 육지 표면적의 30%를 빙하가 덮고 있었다. 이로 인하여 순환체계를 이탈한 물이 고위도지방과 저위도지방을 불문하고 고산지대에 폐쇄됨으로써 연간 대략 1m의 증발량을 기록하던 해수준면은 오늘날보다 120m± 낮았다. 그러나 1만 년 전 극적으로 빙기가 후퇴하며 후빙기가 시작되었다. 고위도지방과 중저위도의 고산지대에 얼음과 눈으로 폐쇄되었던 물이 다시 해양으로 되돌아가면서 해수준면은 3,500년 동안 꾸준히 상승하여 6,500년 전에는 오늘날의 해주준면으로 고정되었다.

이러한 주장은 빙하학자들이 추리하고 있는 내용이지만 빙퇴석의 연구로 거의 확실한 이론으로 받아들여지고 있다. 6,500년 전 10%로 축소되었던 대륙빙하는 오늘날에는 다시 그 1/3이 축소되면서 해면의 점

벨리즈의 Great Blue Hole. 환초 안에 blue hole이 있음을 짙은 색깔로 알 수 있다.

진적 상승으로 이어지고 있지만 우리 생애에 느낄 수 있는 급변사태는 아니다.

참고로 blue hole 잠수는 보통 40m까지만 허용된다. 그 이하는 산소가 부족하면 압축공기가 질소마취현상을 일으켜 호흡이 정지되기 때문에 특수장비를 착용하지 않으면 안 된다. 스쿠버다이버들은 전문가의 자문을 받아 blue hole 탐사를 실행하여야 할 것이다.

세계의 이름 있는 blue hole을 소개하면 다음과 같다.

① 멕시코의 Tamaulipas: 깊이 335m

② 바하마의 Dean's Blue Hole: 깊이 202m

③ 이집트의 Dahab: 깊이 130m

④ 벨리즈의 Grate Blue Hole: 깊이123m

덧붙이자면, 최근에 남중국해의 하이난섬(海南島) 남동방 300km, 베트남 중부의 Da Nang 동쪽 420km 해상에 위치한 Paracel 군도 해역에서 구경 130m, 깊이 300m의 세계 2위의 거대한 blue hole이 발견되었다는 중국 신화통신의 2016년 7월 23일자 보도가 있었다.

IX. 위카르스트(pseudo karst)

01_ 한국의 용암동굴을 모체로 한 패각사 기원의 위종유동굴

　한국의 최남단에 입지한 화산섬 제주도는 한국에서 가장 큰 섬으로 총면적 1,824.9km²에 총인구 57만 명이 거주하는 행정자치도이다.

　지질학적으로 살펴보면 신생대 제4기 초 경신세(Pleistocene epoch)인 약 200만 년 전에 화산활동으로 형성되었고, 역사적 기록상으로 서기 1002년 북제주군 한림읍 비양도의 해중용출을 끝으로 현재까지 1,000년 이상 화산활동이 잠잠하다.

　타원형으로 생긴 섬의 최고봉은 한라산(漢拏山, 1950)이며 이 한라산을 중심에 두고 거의 동심원상으로 고도를 유지한다. 또한 기생화산체 약 360여 기를 가지고 있어 세계에서 그 유례를 찾아보기 어려울 정도로 기생화산이 고밀도로 분포한 아름다운 화산섬으로 세계에 알려져 있다.

　염기성이 강한 유동성 용암인 현무암(basalt), 특히 hawaiite 현무암을 주로 분출하여 때로는 강열한 화산폭발과 수증기폭발이 일어나, 아름다운 응회환(tuff ring) 퇴적층을 비롯하여 화산회토층과 고도의 진흙 토인 현무암 풍화토 terraroxa를 잔적하여 비옥한 경지들이 많다.

　유동성이 강한 현무암이 유출된 지역에는 용암동굴(lava tunnel)이 많으며 해안선 가까이에는 위카르스트(pseudo karst) 지형인, 용암동굴을 모체로 한 패각사(shelly sand) 기원의 종유석과 석순 등 2차생성물(speleothem)이 발달해 학계의 주목을 받고 있다.

　필자가 1983년 문화재관리국의 입굴허가를 받아 북제주군 한경면 한림읍 협재리에 소재한 황금굴을 5일간 정밀조사하고 다음과 같은 논문을 서울대학교 인문사회과학대학 지리학과 논문집인 『지리학논총』 제10호(지형학교수 김상호 정년퇴임 기념호) pp. 291~304에 실은 바 있다. 논문제목은 "二次元의 僞鍾乳洞에 關한 洞窟微地形學的 硏究"-天然記念物 236號로 指定된 黃金窟을 中心으로-(A Study on the Binary Appearance in Pseudo Limestone Cavern)였다. 다음해인 1984년에는 『Journal of the Speleological Society of Japan』 Volume 9(Deccember 29, 1984 Akiyoshi-dai, Japan)에 일본인 지질학자 Kashima Naruhiko 공저 논문으로 전재한 바 있다.

제주도 한림읍 협재리 일대에 발달한 조개껍질모래층은 최대층후 두께가 10m를 넘으며, 옛 사람들이 경지보호를 위해 돌각담을 쌓아올린 흔적을 찾을 수 있다.

위종유동 협재굴에는 바람에 날려 들어온 패각사가 동상을 덮고 있으며, 그 패각사층 위로 점적되는 중탄산칼슘용액이 석배(conulite)와 송이석순을 만드는기초를 다지고 있는 것으로 보인다.

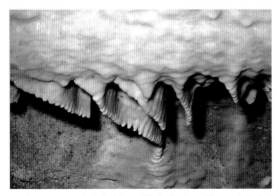

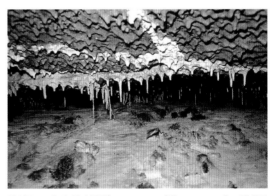

북제주군 한림읍에 자리 잡은 2차원의 위종유동 황금굴 내에 발달한 포상종유석 말단의 거치(鋸齒)구조, 즉 drapery이다. 위종유동의 calcite질 2차생성물도 내륙의 석회암동굴에 비해 손색이 없다.

용암동굴 내의 상치현상(sharks teeth)은 lavatites이고 백색의 calcite 종유석은 용암동굴 위를 덮은 패각사 기원의 종유석으로 두 가지를 합친 것을 바로 2차원의 위종유동굴이라 한다.

　　이 논문의 개략적 내용을 소개하면 다음과 같다.

　　① 제주도에는 사원암석(砂源岩石)인 화강암(granite)이 없다. 따라서 보통 바닷가나 강가에서 보는 석영, 장석, 운모가 혼합된 모래는 없다. 그러나 한림읍 일대에는 넓은 지역에 걸쳐 조개껍질모래(shelly sand)가 바람에 날려와 가옥과 농경지에 피해를 주며 두텁게 쌓여 있다.

② 이들 패각사가 용암동굴 위를 두껍게 덮고 있어 조개껍질의 주성분인 탄산칼슘($CaCO_3$)이 약한 산성을 띤 빗물에 용해되어 중탄산칼슘용액($CaHCO_3)_2$ 상태로 용암동굴 천정의 절리면을 따라 용암동굴에 삼투하여 석회암동굴처럼 종유석과 석순 같은 2차생성물을 만들었다.

③ 동굴 내에는 화려한 종유석과 석순 및 석주 그리고 포상종유석(bacone like sheet) 말단의 거치구조(drapery)가 발달했으며, lime coating된 용암선반 위에는 달팽이 핵의 콩돌(pisolite) 및 경이로운 콩돌의 변종 판상체(tabular)와 담수산 다슬기 핵의 봉상체(axiolite)까지 발견되었다.

④ 용암동굴 천장에는 용암동굴 생성 당시의 현무암종유석(lavatites)과 상어의 이빨처럼 생긴 미생용암종유석인 sharks teeth와, 석회암동굴에서 볼 수 있는 조개껍질모래 기원의 calcite질 종유석이 공존하는 2차원성을 나타내고 있었다.

제주도 2차원의 위종유동인 용천동굴군(群)은 용암동굴을 모체로 조개껍질모래에 의한 여러 가지 형태의 calcite질 동굴퇴적물을 퇴적하고 있어, 뒤늦은 감은 있지만 필자가 계통적 조사를 완료한 후 근 30년만에 유네스코 세계자연유산으로 등재되었다.

02_ 이탈리아 Cutrona 용암동굴의 승화물 종유석과 석순

이탈리아반도 남서쪽에는 우리나라의 제주도보다 크며 지중해에서도 가장 큰 섬인 세모꼴의 Sicilia섬(25,704km²)이 있다. 이곳에는 동쪽 Ionia해를 바라보며 Etna 활화산(3,290)이 자리 잡고 있는데 기저부는 순상화산체, 정상부는 종상화산체를 이룬다. 기저부의 크기는 동서로 40km, 남북으로 50km에 달한다.

Etna 화산은 산정에서 산록부에 이르면서 266개의 기생화산이 있는데 그중 몇개는 유사 이래의 활동기록을 가지고 있다. 처음 용암의 유출은 tholeiite현무암이었고, 후기에는 alkali현무암인 hawaiite현무암으로 변화되었다.

이탈리아 Cutrona 용암동굴의 승화물 speleothem

약 30만 년 전 해중분출로 시작되어 기원전 693~475년에서부터 오늘날까지 활발한 화산활동 기록을 가지고 있다. 화산의 활동형식은 Strombory식이며 간헐적으로 염기성 용암을 분출하여 산록의 저지대와 해안가에 많은 용암동굴을 생성하였다.

그중에서도 Cutrona 용암동굴은 특이한 종유석과 석순 등 위카르스트(pseudo karst) 현상으로 세상에 널리 알려져 있다. Porti 등

이 1994년 연구한 바에 의하면, 용암동굴 초생기에 동굴바닥의 갈라진 틈으로 섭씨 수백 도에 이르는 여러 가지 화산성 gas가 분출되었다. 이들 분기 gas의 승화물(昇華物)이 동굴천장과 동굴바닥에 다양한 형태의 종유석과 석순을 만들었는데 무려 16가지의 광물질 승화물이 검출되었다고 하며, 주요 성분은 중탄산소다석(Trona), 망초(Thenardite), 명반석(Alunite), 류조광(Mirabilite) 등이다. 이러한 1994년 Porti의 보고 외에도 다른 연구보고가 있었다고 N. Kashima는 그의 저서『すねぐろの洞穴のはなし』에서 밝혔다.

03_ 에티오피아의 Danakil 함몰대에 발달한 Dallol 화산과 pseudo karst

에티오피아 북동부와 에리트레아 중부의 국경지대에는 거대한 지구성 함몰대가 생성되어 있는데 놀랄 만한 화산성 위카르스트(pseudo karst)지형이 넓은 지역에 걸쳐 발달한다. 필자는 이름하여 Dallol pseudo karst 지형이라 명명하며 그 발달상을 구체적으로 설명하려고 한다.

지구성 함몰대란 20세기 초 Wegener의 대륙표이학설에서 나왔다. Carboniferous period까지는 지구상의 수륙 분포는 단순하여 Pangea 대륙이라는 하나의 육괴와 해양으로 존재하였다. 신생대에 들어오면서 지각이 약선을 따라 갈라져 대륙이 표이분리되었다는 이론이다.

이러한 약선이 바로 판구조적 예인작용으로 갈라진 Danakil 함몰대이며 대륙의 표이분리(漂移分離)는 현재진행형인 것이다. 이 함몰대에 바로 Dallol 화산이 있고 이곳에서 기이한 위카르스트 현상이 나타나 학계의 관심사가 되고 있다.

우선 탄산염암 카르스트지형에서 나타나는 석회화단구(travertine terrace)는 계곡이나 석회암동굴 내에서는 익숙한 지형이다. 그러나 에티오피아 Danakil 국립공원의 석회화단구는 화산활동과 열수분출이 만들어 낸 대자연의 놀라운 결과물이다. 그 형성과정과 특징을 살펴보면 다음과 같다.

첫째는 지하의 암염층과 탄산염암층 그리고 활화산작용으로 뿜어내는 화산성gas와 유황과 열수의 분출물, 여기에 더하여 화산이 방출하는 열기들이 조화를 이루며 황적백청록의 아름다운 단구지형을 비롯하여 다양한 pseudo karst 지형을 만들었다.

계절적 증발량의 차이와 온천수의 용출빈도 및 과다는 호수면의 수위를 증감시켜 제석(rimstone)과 제석소(rimpool)로 단상지(段狀地)를 만들고, lilipad와 shelfstone 때로는 평정석순인 plat top으로 들판을 가득 메우며 pseudo karrenfeld를 발달시키는 등의 이변으로 우리들을 놀라게 한다.

둘째는 무수한 수천 기의 백색 또는 유백색 때로는 황갈색을 띤 pinnacle cone이 넓은 들판에 펼쳐지며 석회암지형의 karrenfeld 같은 착각을 일으키는데 마치 동굴카르스트지형인 것처럼 New Mexico Hidden 동굴의 pool fingers를 연상시킨다.

셋째는 석회암동굴에 있는 농도 짙은 중탄산칼슘용액의 rimpool 표면에서 부유(浮遊) calcite가 건우기 수면의 승강에 따라 lilipad를 만들듯이 염호 수면의 증감에 따라 꽃쟁반을 만들어 놓았는데 형태학상 구별

열수온천의 분출로 유황 성분의 rimstone dam과 rimpool이 생성되었는데 석회암지대에 발달한 석회와단구와 동일하지만 생성기구가 달라 위카르스트로 분류하였다.

유황 성분의 pinnacle cone들이 석회암지대의 karrenfeld를 방불케 한다. 일종의 thermal pseudo karst 지형으로 석회암카르스트보다도 더욱 정교하다.

일종의 염(鹽)쟁반으로 석회암 동굴지형의 lilipad와 동일한 모습일뿐 아니라 더욱 정교하다.

석회암동굴 내의 수중퇴적물(subaquous deposit)과 비교하여 손색없는 화산성 열수온천 퇴적물로 위카르스트(pseudo karst)의 정교함을 보여준다.

이 어려울 정도로 동굴생성물과 생성기구도 동일하다.

넷째는 석회암동굴 속의 콩돌(pisolite)과 닮은 첨가증식(accretionary deposit)에 의한 염정(鹽晶), 즉 부정(flowting crystal)이 건조한 saline pool바닥에 잔적(殘積)한 것을 비롯하여 지난날의 수면에서 첨가증식된 shelfstone(棚石)의 발달 등 놀라운 pseudo karst 경관이 나타난다.

다섯째는 calcite의 유백색 퇴적물과 유황과 산화철분의 조화로 만들어진 황갈색의 2차생성경관 또는 승화물 그리고 청록색과 보라빛을 띤 사리염(epsomite)과 형석(fluolite)질 퇴적물의 조화로운 퇴적경관은 우리들의 시각을 의심케 하며 황홀한 경지로 이끈다.

결론적으로, 광물질과 화산성 승화물이 형형색색 제각기 모양과 색채를 자랑하며 자연의 조화와 신비로움을 보여주는데. 마치 동굴 속에서 석고와 calcite 그리고 산석(aragonite), 드물게는 형석(fluolite) 및 사리염(epsomite)이 재결정하며 조화를 이룬 것과 비교된다.

04_ 터키 Anatoria 고원 중심부의 Cappadocia pseudo karst

터키의 수도 앙카라(Ankara) 남쪽 120km에는 거대한 염호 투즈(Tuz)가 있다. 이 염호 부근에서 발원하는 Kzilirmak강의 상류 Cappadocia 지역에는 '요정의 굴뚝(Fairy Chimneys)'으로 불리는 괴이한 pseudo karst 지형이 광범위하게 발달하는데 마치 석회암지대에 발달하는 탑카르스트(tower karst)의 축소판 같은 모습이다.

Cappadocia의 중심도시는 Nevsehir이며 이곳 남서방의 Aksaray, 북서방의 Kirsehir, 동쪽의 Kayseri, 남쪽의 Nigde를 포함한 아주 광대한 지역이며 이곳에 특수지형과 석탑도시가 펼쳐진다.

특히 Nevsehir에 가까운 Göreme, Avanos, Urgüp, Ortahisar, Derinkuyu, Kaymakli, Ihlara에서는 땅 위에 우뚝솟은 요정의 굴뚝들이 인간의 특수한 주거지가 되고 있다. 마치 중국의 황토고원에 펼쳐지는 지하의 100만 도시 야오동(窯洞)과 같은 석탑도시와 유사하다.

여기에는 파 들어가기 쉽다는 공통점이 있다. 황토고원은 황토라는 풍성토(風成土)로 이루어져 있고, 이곳 Cappadocia는 화산폭발로 대기 속에 비산(飛散)된 화산분출물이 낙하하여 퇴적한 응회암(tuff)으로 이루어져 있기 때문이다.

응회암도 일종의 풍성암임에는 이의가 없다. 대기의 저항으로 화산탄 같은 무거운 물질이 먼저 낙하하고 순차적으로 무게의 비중에 따라 낙하하며 화산사(volcanic sand)나 가벼운 화산재는 천천히 낙하하여 일종의 화산성 퇴적암을 만든 것이 응회암층이다. 제주도 성산일출봉 남쪽 벼랑면에 층층이 쌓인 응회암층을 감상하여 보라! 제주도에서도 Cappadocia의 석탑 같은 우세(雨洗)지형을 쉽게 관찰 할 수 있다.

터키 사람들은 석탑 머리 위의 현무암괴가 우산처럼 비를 막아준 차별우식(差別雨蝕)지형을 잘 활용하였다. 응회암층을 파고들어가 나선통로를 만들고 주거공간과 교회당을 만든 터키 사람들의 강인한 정신력과 삶의 지혜를 엿볼 수 있다.

터키 Cappadocia의 Göreme 국립공원에 있는 요정의 굴뚝. 차별침식으로 인해 응회암 석탑 위에 우산처럼 현무암괴가 남아 있다.

Cappadocia의 Göreme 일대에 펼쳐지는 위카렌(pseudo karren)은 정교하여 마치 백악(chork)으로 착각하기 쉬우나, 이것은 화산 포출물인 화산재의 고결로 만들어진 응회암(tuff)이다. 이 위카렌의 정교함은 에티오피아 Dallol 화산에 발달한 pseudo karst와 비교된다.

Göreme의 야외박물관 일대 백악층(chalk bed) karrenfeld 같은 지형은 위카르스트(pseudo karst)의 전형이며 역시 살기 편한 카렌의 기저부에도 횡열로 열촌형태의 촌락이 형성되었다. 구이린(桂林)의 쥔펑(群峯) 같은 주거에서 제외된 요정의 굴뚝도 있으나 이는 응회암층과 달리 파 들어가기 어려운 지형적, 암석학적 조건 때문인 것으로 설명된다.

05_ 툰드라지대에 펼쳐지는 열카르스트(thermo karst)

툰드라(tundra)기후지역은 영구빙설기후대와 타이가(taiga)라 불리는 냉대침엽수림의 수해 사이에 전개되는 영구동토지역이다. 열카르스트(thermo karst)는 지의류나 선태류에 뒤덮인 툰드라기후지역의 대지 위에 짧은 여름 동안 일조면과 그늘진 면의 온도 차이로 생성된 일단의 요철지형으로, 형태학적으로 탄산염암에 생성되는 카르스트지형과 비슷한 데서 붙여진 이름이다.

이름은 열카르스트로 불리지만 실제로는 화학적 풍화작용인 탄산염암류의 용식작용(solution)과는 아무런 관련성이 없다. 단지 태양열에 의한 단순한 양지와 음지의 차이에서 비롯된 동결과 융해의 반복으로 생성된 위카르스트 현상을 지칭한다.

주빙하지형, 특히 열카르스트에 대한 깊이 있는 연구는 『The Periglacial Evironment』의 저자인 Hugh M. French에 의해 구체적으로 연구되었다.

French는 thermo karst를 땅속 얼음의 융해에 기초한 불규칙한 빙구(氷丘, hummock)지형이라고

툰드라지대에 펼쳐지는 thermo karst

정의하였다. cryoplanation(저온평탄화작용)과 thermoplanation(열적평탄화작용)으로 불리는 여러 가지 사면의 영력(營力, process), 즉 물리적 열적풍화작용에 의한 것이고, 석회암 분포지역에서 일어나는 화학적 영력인 용식작용과는 아무런 연관성이 없다.

다시 말하여 thermo karst는 침하와 융해침식(thermal erosion)에 의한 지형변화이며, 다음과 같은 자연적 조건에 따라 발달한다. 에컨대 기온의 온난화에 따른 연평균기온의 상승 또는 대륙도의 증가에 따른 온도차가 커질 경우 최대의 발달상을 보인다.

06_ 하와이 Kazumura 동굴의 lavatite와 lavamite

2000년 11월 18일 꿈에도 그리던 Hawaii섬의 Kilauea Caldera를 답사하였다. 1821~1982년까지 9차에 걸친 용암분출의 역사와 용암일류(熔岩溢流)의 현장 및 아직도 쏘상노도의 중앙선이 선넝하게 남아 있는 새해의 현상을 살펴보았다. 그러나 당시 Kazumura 동굴에 대해서는 알지 못했다.

이 동굴에 대해서는 한 번도 들어본 적이 없었기 때문에 2008년 Tony Waltham이 저술한 『Great Caves of the World』 39쪽의 초염기성 용암의 작품인 lava helictite와 heligmite를 보고 감탄하였다.

즉시로 하와이 Kzumura 용암동굴을 Google에서 살펴보니 수백 장의 기이한 용암동굴 사진들이 올라와 있었다.

하와이 Kazumura 동굴의 lava speleothem

물론 Kazumura 동굴의 사진뿐만 아니라 Hawaii의 수많은 용암동굴에서 촬영된 기이한 사진과 Tony Waltham이 저술한 책까지 소개되어 있었다.

이들은 모두 Kazumura 동굴을 주제로 한 하와이 사진들임에 의심의 여지가 없었으므로 용암동굴의 기이한 현상들을 살펴본 바를 여기에 소개하면 다음과 같다.

① sharks teeth – 상치현상은 우리나라의 용암동굴에서도 흔히 관찰된다.

② lava helictite와 heligmite – Tony Waltham의 발표로 처음 세상에 알려졌다.

③ lavatite와 lavamite – 통상 용암동굴 내에서 관찰되나 icicle form은 희귀하였다.

④ lava plat top – 용암 평정석순은 하와이에서 처음 보는 현상이다.

⑤ lava column – 용암동굴에서 관찰은 되나 하와이처럼 훌륭한 발달상은 드물다.

⑥ lava window – 중국에서 말하는 일종의 tian keng(天坑)과 제주 만장굴의 만쟁이 꺼멀창이다.

⑦ lava shield – 용암 동굴방패는 하와이에서 처음 관찰되는 기이현상이다.

⑧ lava fall – 염기성이 강한 용암동굴에서는 보편적으로 관찰된다.

이상의 관찰결과를 종합하여 보면 하와이 Kazumura lava tunnel과 기타 사진에서 관찰된 특색 있는 현상은 첫째는 용암곡석(lava helictites)과 용암상향곡석(lava heligmites)이고 둘째는 용암방패(lava shield)이며 셋째는 석회암동굴을 무색케 하는 lava speleothem이다.

이와 같은 현상은 소위 hawaiite라고 불리는 유동성이 강한 초염기성 용암의 산물이며, 기타 고온상태의 용암 gas 생성물(승화물)은 이탈리아 Cicily섬의 Cutrona 용암동굴과 비교연구함이 바람직하다고 본다.

지금까지 에티오피아의 Danakil 함몰대에 발달한 Dallol 화산을 비롯하여 제주도와 Sicilia섬 그리고 터키의 Cappadocia와 툰드라지대의 위카르스트(pseudo karst)현상, 하와이의 Kzumura 동굴의 lavatite와 lavamite 등 대자연의 신비로운 현상을 체험하는 몇 가지 사례들을 살펴보았다. 이상으로 세계의 카르스트 지형에 대한 정리를 마감하고자 한다.